中等职业教育机电类专业“十一五”规划教材

电工基础

（任务驱动模式）

中国机械工业教育协会
全国职业培训教学工作指导委员会机电专业委员会　组编
章振周　主编

机械工业出版社

本教材是为适应“工学结合、校企合作”培养模式的要求，根据中国机械工业教育协会和全国职业培训教学工作指导委员会机电专业委员会组织制定的中等职业教育教学计划大纲编写的。本教材主要内容包括：电路的基本概念和欧姆定律、直流电路、电容器、磁与电磁、单相交流电路、三相正弦交流电路。

本教材可供中等职业技术学校、技工学校、职业高中使用。

图书在版编目（CIP）数据

电工基础（任务驱动模式）/章振周主编．—北京：机械工业出版社，2008.8（2024.9重印）

中等职业教育机电类专业“十一五”规划教材

ISBN 978-7-111-24359-5

Ⅰ．电...　Ⅱ．章...　Ⅲ．电工学—专业学校—教材　Ⅳ．TM1

中国版本图书馆CIP数据核字（2008）第086625号

机械工业出版社（北京市百万庄大街22号　邮政编码100037）

策划编辑：荆宏智　王振国　责任编辑：赵磊磊　版式设计：霍永明

责任校对：陈延翔　封面设计：马精明　责任印制：常天培

固安县铭成印刷有限公司印刷

2024年9月第1版第14次印刷

184mm×260mm · 15印张 · 368千字

标准书号：ISBN 978-7-111-24359-5

定价：39.80元

电话服务　　　　　　　　网络服务

客服电话：010-88361066　机工官网：www.cmpbook.com

010-88379833　机工官博：weibo.com/cmp1952

010-68326294　金书网：www.golden-book.com

　机工教育服务网：www.cmpedu.com

中等职业教育机电类专业“十一五”规划教材
编审委员会

主　任　郝广发　季连海

副主任　刘亚琴　周学奎　何阳春　林爱平　李长江　李晓庆
　　　　　徐　彤　刘大力　张跃英　董桂桥

委　员　（按姓氏笔画排序）
　　　　　于　平　王兆山　王　军　王泸均　王德意　方院生
　　　　　付志达　许炳鑫　杜德胜　李　涛　杨柳青（常务）
　　　　　杨耀双　何秉戌　谷希成　张正明　张　莉　周庆礼
　　　　　孟广斌　赵杰士　郝晶卉　荆宏智（常务）　姜方辉
　　　　　贾恒旦　奚　蒙　徐卫东　章振周　梁文侠　喻勋良
　　　　　曾燕燕　蒙俊健　戴成增

策划组　荆宏智　徐　彤　何月秋　王英杰

《电工基础》编审人员

主　编　章振周
参　编　唐成棉　蔡胜华
主　审　郝晶卉

序

为贯彻《国务院关于大力发展职业教育的决定》精神，落实文件中提出的中等职业学校实行“工学结合、校企合作”的新教学模式，满足中等职业学校、技工学校和职业高中技能型人才培养的要求，更好地适应企业的需要，为振兴装备制造业提供服务，中国机械工业教育协会和全国职业培训教学工作指导委员会机电专业委员会共同聘请有关行业专家制定了中等职业学校6个专业10个工种新的教学计划大纲，并据此组织编写了这6个专业的“十一五”规划教材。

这套新模式的教材共近70个品种。为体现行业领先的策略，编出特色，扩大本套教材的影响，方便教师和学生使用，并逐步形成品牌效应，我们在进行了充分调研后，才会同行业专家制定了这6个专业的教学计划，提出了教材的编写思路和要求。共有22个省（市、自治区）的近40所学校的专家参加了教学计划大纲的制定和教材的编写工作。

本套教材的编写贯彻了“以学生为根本，以就业为导向，以标准为尺度，以技能为核心”的理念，“实用、够用、好用”的原则。本套教材具有以下特色：

1. 教学计划大纲、教材、电子教案（或课件）齐全，大部分教材还有配套的习题集和习题解答。

2. 从公共基础课、专业基础课，到专业课、技能课全面规划，配套进行编写。

3. 按“工学结合、校企合作”的新教学模式重新制定了教学计划大纲，在专业技能课教材的编写时也进行了充分考虑，还编写了第三学年使用的《企业生产实习指导》。

4. 为满足不同地区、不同模式的教学需求，本套教材的部分科目采用了“任务驱动”形式和传统编写方式分别进行编写，以方便大家选择使用；考虑到不同学校对软件的不同要求，对于“模具CAD/CAM”课程，我们选用三种常用软件各编写了一本教材，以供大家选择使用。

5. 贯彻了“实用、够用、好用”的原则，突出“实用”，满足“够用”，一切为了“好用”。教材每单元中均有学习目标，本章小结、复习思考题或技能练习题，对内容不做过高的难度要求，关键是使学生学到干活的真本领。

本套教材的编写工作得到了许多学校领导的重视和大力支持以及各位老师的热烈响应，许多学校对教学计划大纲提出了很多建设性的意见和建议，并主动推荐教学骨干承担教材的编写任务，为编好教材提供了良好的技术保证，在此对各个学校的支持表示感谢。

由于时间仓促，编者水平有限，书中难免存在某些缺点或不足，敬请读者批评指正。

中国机械工业教育协会
全国职业培训教学工作指导委员会
机电专业委员会

前　　言

当前，我国的职业教育掀起了新一轮课程改革浪潮，新理论、新观点层出不穷，但与之相应的配套教材非常匮乏。为更好地满足中等职业教育教学改革的需要，我们组织编写了这套以最新课程理论——任务驱动课程模式为依据的新教材。这套教材的主要特点有：

（1）科学性　打破以往按章节编排的思路，构建了以任务驱动课程模式理念为指导，以职业活动为主线，以项目任务为主题的完整的工作体系和全新的课程组织形式，通过项目任务加强技能训练，驱动理论学习，符合学生的认知心理规律。

（2）职业性　突出以岗位技能为重点，以职业能力为本位，以掌握必备的知识和技术为基础，同时渗透人文素养、职业道德、安全、学习方法等方面的教育，将教学与现代人才职业活动的基本素质培养有机地结合起来，使学习者具备不断开发自身潜能的本领。

（3）实用性　从职业活动工作任务的实际需要出发，以“知识和技术实用、够用”为原则来组织内容，而不再注重原来学科体系的完整性，着重体现职业教育为就业服务的本质特点，使每位学生能学有所得、学有所用。

（4）实践性　突出实践教学环节，加强了技能训练和生产实训教学，教学内容与生产、生活实际联系紧密，尽量做到理论与实践教学一体化，使学习者能够体验成功的乐趣，激发起学习的内驱力。

本套教材的编写工作得到了相关专家、领导和同仁的重视和支持，在此对为本套教材提供帮助或提出宝贵意见的人员表示感谢。

本书由章振周主编，唐成棉、蔡胜华参编，郝晶卉主审。具体编写分工为：章振周负责教材模式和结构的设计，并负责统稿，具体编写导学和课题一至课题四；唐成棉负责编写课题五至课题九，蔡胜华负责编写课题十至课题十四。同时在项目任务的实验和教材整合方面得到了周海滨、何丽欧等老师的大力支持，在此一并表示感谢。

参加本套教材编审的人员均为各校的教学骨干，使本套教材的质量得到了充分的保证。但由于时间和编者水平所限，同时，任务驱动课程模式属于起步阶段，书中难免存在某些缺点或错误，敬请读者不吝指正。

编　者

2007 年 7 月

目　录

导　学

一、电能的重要性

纵观原始社会的狩猎、畜牧经济，封建社会的务农经济，直到现代的工业经济，我们不难发现：只有工业经济的二次革命——蒸汽机革命和电能革命才能使生产力发生翻天覆地的变化，真正起到了划时代的作用。目前，蒸汽机已经过时，而电能仍在现代工业、农业、国防、科技以及日常生活中得到广泛的应用。在工农业中，绝大多数机械设备都是由电力来驱动的；在机械制造工业中，电镀、电焊、电炉冶炼金属和电子束加工等都是电能的应用；对生产过程中所涉及的一些物理量，如长度、速度、压力、温度等，都可用电的方法进行测量和自动调节；现代国防设备中的雷达、导弹、军舰等，以及交通运输中的电力机车、电车、飞机等都离不开电能；日常生活中的电灯、电话、电视机、电风扇、电冰箱、空调等更是要依靠电能才能工作；同样，电子技术发展的结晶——计算机等也完全离不开电能……

电能之所以有如此巨大的作用和应用价值，主要是因为它具有以下优点：

（1）电能生产方便　大多数其他形式的能量，都可以比较容易地利用转换设备变为电能，例如：水力发电（水能）、火力发电（热能）、原子能发电（原子能）、电池（化学能）及光电池（光能）等。

（2）电能使用方便　根据需要可较方便地将电能转换为其他形式的能，例如：电动机将电能转换为机械能，电炉将电能转换为热能，电灯将电能转换为光能，扬声器将电能转换为声能等。同时，电能之间也可以转换，例如：利用整流器可将交流电能转换为直流电，利用振荡器可将直流电转换为交流电。

（3）电能运输方便　电能可以通过导线或电磁波很方便地传输到所需的地方，而且输电设备简单，输电效率高。例如：工厂常建在原料产地或运输方便之地，而发电厂则大多数建于有能源的地方，二者之间往往有很大的距离，而由于电能的远距离输送的优势使动力基地与工业基地的位置上的矛盾得到解决。电能不仅输送方便，而且分配也很容易，自几十瓦的电灯到几千瓦的电动机，根据用电需要，都可自如分配。

（4）电能控制方便　电流的传导速度等于光速，电气设备的动作也比较迅速，对生产过程中所涉及的一些物理量，如长度、速度、温度、压力等都可以用电来迅速而准确地进行测量和自动调节，所以便于实现远距离控制和生产过程的自动化。

二、课程的性质和任务

本课程是研究电路和电磁现象的基本规律及分析方法的一门技术基础课，是学习电气安装维修专业知识和技术的理论基础。

通过本课程的学习，使学习者全面、系统、灵活地掌握直流、交流电路和电磁的基本概念、基本规律和基本分析方法，并在此基础上掌握一定的实际操作技能，为学习专业课、生产实习及今后的生产实践奠定必要的理论和实操基础。

三、教材的特点

1）体现“任务驱动课程模式”的全新理念。教材打破了以往按章节编排的思路，构建了以任务驱动课程模式理念为指导，以职业活动为主线，以项目任务为主题的完整工作体系和全新的课程组织形式。各课题都设计了“任务书”，并以此来驱动整个课题内容的学习。任务书以学习者为主体，以能力为本位，以掌握必备的知识和技术为基础，重点培养技能，同时渗透了人文素养、学习方法、职业道德、安全等方面的教育，将技术基础课的教学与现代人才职业活动的基本素质培养有机地结合起来，使学习者具备不断开发自身潜能的本领。

2）体现“分层学习”的原则。教材的编写从职业活动工作任务的实际需要出发，以“知识和技术实用、够用”为原则来组织内容，而不再注重学科体系的完整性。各课题都有“知识链接”，以此来辅助完成任务书的内容。知识链接的内容主要以“正文知识点”为主，并辅以“小知识”、“温馨提示”、“小试身手”、“想一想”、“推导示例”、“插入知识点”和“示例”。其中，正文知识点是学习本课题所必备的内容，以够用、实用为主，而示例则是帮助学习者更好地消化正文知识点，插入知识点则是对正文知识点进行补充，有利于知识的横向拓展与纵向延伸，以加强学习者基础知识的掌握。

3）体现“导学”的作用。各课题之首都有“学习指南”，以此来引导学习者有针对性地学习。学习指南的内容主要是阐明学习本课题的意义和作用，还包含学习目标、学习重点和难点及学习时数等内容，增强了本课题教与学的透明度，有利于学习者形成整体的学习思路和目标指向性。

4）体现“结构科学”的特点。各课题以“学习指南——任务书——知识链接——优化训练”的形式出现。其中，“学习指南”为学习指明方向，“任务书”将知识与技术、理论与实际集于一体，“知识链接”将必备知识与拓展知识分层，“优化训练”将学习加以巩固与深化。教材整体结构科学，它虽不注重学科体系的逻辑性和完整性，却构成了一个以工作任务为中心的相互紧密联系的完整系统，从而达到以工作任务来驱动理论学习，以理论来辅助实践，以实践来深化理论的目的，形成一体化交互式教学模式。

四、教材的框架

1. 总体框架（见表1）

表1　教材总体框架

单　元	课　题	任 务 书	内 容 简 介
第一单元 电路的基本概念和欧姆定律	课题一：电路的组成及基本物理量分析	简单直流电路的安装和测量	着重学习电路的组成及相关基本物理量的概念，它是电工电子专业知识的基础，对今后深入学习专业知识和技能有着重要的意义
	课题二：欧姆定律的应用	电源电动势和内阻的测定	着重学习部分电路欧姆定律和全电路欧姆定律的应用，它是全书的重要内容之一，是今后学习专业知识的基础

（续）

单元	课题	任务书	内容简介
第二单元 直流电路	课题三：简单直流电路分析	电阻串并联电路的连接和分析	着重学习直流电路的基本分析和计算方法，这些方法不仅适用于直流电路，也适用于交流电路，是全书的基础
	课题四：复杂直流电路分析	基尔霍夫定律的验证	着重学习基尔霍夫定律在复杂电路中的应用，支路电流法是复杂电路最根本的分析方法，是全书的重要内容之一
第三单元 电容器	课题五：电容器及其充放电现象分析	电容器的检测及充放电现象的观察	着重学习电容器的基本知识及其充放电过程，它是今后进一步学习交流电路和电子技术的重要基础
	课题六：电容器串并联连接及分析	电容器的串并联连接	着重学习电容器各种连接方式的特点、分析与计算，它是今后进一步学习电子技术的基础
第四单元 磁与电磁	课题七：磁现象探究	磁现象的观察	着重学习磁的基本知识、磁场的主要物理量及铁磁性物质的磁化等内容，探究电磁现象，它是今后深入学习电磁理论的基础
	课题八：磁场对电流作用的分析	通电导体在磁场中的受力分析	着重学习磁场对通电导体的作用分析，它是今后学习机电设备、仪器、仪表等专业知识的基础
	课题九：电磁感应现象探究	电磁感应现象的观察和分析	着重学习电磁感应定律，它是电磁学的核心内容，是今后学习电机学的基础
第五单元 单相交流电路	课题十：正弦交流电基本物理量分析	正弦交流电的基本物理量的检测与分析	着重学习正弦交流电的基本物理量及表达方式等，它是深入学习交流电的基础
	课题十一：单一参数交流电路分析	单一参数交流电路的检测与分析	着重学习 R、L、C 单一参数交流电路中电压与电流之间的关系及功率的计算和测量，它是学习交流电动机、变压器和电子技术的重要基础
	课题十二：电阻、电感和电容串并联电路分析	荧光灯电路的安装和检测	着重学习 RL、RC 及 RLC 电路的分析及相关物理量的计算，它是交流电路的重要组成部分，是今后学习电子技术的基础
第六单元 三相正弦交流电路	课题十三：三相交流电源及负载星形联结分析	星形联结的三相正弦交流电路的装接和检测	着重学习三相正弦交流电动势的特点及三相负载星形联结电路的特点、相关物理量的计算及其应用，它是今后从事电工专业岗位的重要理论基础
	课题十四：三相对称负载三角形联结分析	三相交流电动机的星形和三角形控制电路的装接和检测	着重学习三相负载的三角形联结电路的特点、相关物理量的计算及其应用，它是今后从事电工专业岗位的理论基础

2. 各课题框架（见表2）

表2　教材各课题框架

<table>
<tr><td>课题
子目录名</td><td colspan="3">设 计 意 图</td></tr>
<tr><td>课题名称</td><td colspan="3">用简明扼要的词句阐述本课题学习的关键内容</td></tr>
<tr><td>学习指南</td><td colspan="3">指明本课题的作用和学习目标、重点、难点及学时，对学习起引导作用</td></tr>
<tr><td>任务书</td><td colspan="3">培养技能和能力，掌握仪器仪表的使用方法，驱动理论知识的学习</td></tr>
<tr><td rowspan="7">知识链接</td><td rowspan="2">正文
知识点</td><td>必修内容</td><td>必备、够用、实用的知识内容与示例</td></tr>
<tr><td>选修内容</td><td>教材中带“*”的部分内容，以实现知识的延伸，有利于知识和技能的深化</td></tr>
<tr><td rowspan="5">插入
知识点</td><td>小知识</td><td rowspan="5">以知识拓展和延伸、技术应用、能力提升和职业综合素质培养为主的内容，用来辅助正文知识点，并与之形成有机的结合。其中，“小知识”主要是介绍相关背景、人物；“想一想”主要是提高知识层面，辨别知识点的交叉；“温馨提示”主要是阐述知识点的由来，衔接各知识点；“小试身手”主要是提升技能；“推导示例”主要是原理、公式的复杂推导过程</td></tr>
<tr><td>想一想</td></tr>
<tr><td>温馨提示</td></tr>
<tr><td>小试身手</td></tr>
<tr><td>推导示例</td></tr>
<tr><td>优化训练</td><td colspan="3">巩固知识，提高应用能力</td></tr>
</table>

五、学习注意问题

1）本教材以任务书、正文知识点和插入知识点三部分为主要内容，将项目任务与知识、技术有机地结合起来。在学习过程中，针对不同的地区、不同基础的学习者，可采用不同的学习方式。如学习者基础和条件不够，可先学习知识点再完成任务书；如学习者基础和条件中等，可先学习关键知识点，再完成任务书，然后总结知识点的内容；如学习者基础和条件优越，可通过参考知识点的内容，直接完成任务书，再归纳总结知识要点。

2）任务书是本教材的重点，通过完成任务书的项目内容，培养技能、职业道德和综合能力等。在执行项目前，前期的准备必须认真进行。在执行过程中，应积极参与，多看、多想、多问、多做，学会正确使用常用的电工仪表、电子仪器、电机和电器设备，学会设计电路的合理布局，并能正确连接电路，准确读取数据。若碰到问题，应尽量独立分析、解决问题；要对实验现象和数据认真记录并整理分析，用心填写心得体会，认真编写出整洁的项目报告单。

3）在学习过程中应以项目任务的学习为主，通过任务项目的学习，理解各主要物理量、基本公式及基本定律的含义，掌握公式和定律的使用条件以及各物理量的法定计量单位，并注意教材中各部分内容间的联系，切忌死记硬背，重在理解和灵活运用，这有利于学习方法的形成和自身思维的发展及今后的实际应用。

4）本教材中插入的“小知识”、“温馨提示”、“想一想”、“小试身手”等内容，都应认真去解读、去思考、去实践，这有利于知识的横向拓展与纵向延伸，提高技能和综合能力。

5）本教材中还有带“*”部分内容，对学有余力者应积极去探索，学完这部分内容有利于本身的可持续发展。

第一单元

电路的基本概念和欧姆定律

课题一　电路的组成及基本物理量分析

学习指南

本课题是从安装和测量最基本的直流电路入手，引出电路的概念、状态及其基本物理量。通过安装接线、测量和思考分析，加强学习者的动手技能和分析能力。

本课题中的基本概念和基本物理量是电工电子专业的基础，对今后深入学习专业知识有着重要的意义。

◇学习目标

1. 掌握电路的组成，学会判断电路的通路、短路和断路三种状态，理解电气设备额定值的意义。
2. 了解电路图的概念，掌握常用的电工图形符号。
3. 理解电流、电压、电位、电阻、电动势等物理量的概念，并掌握它们的单位和字母符号。
4. 掌握电阻定律的含义及应用，了解电流的热效应。
5. 理解电功和电功率的概念，并掌握其计算公式。
6. 初步掌握用万用表测量电流、电压、电位等物理量的技能。
7. 初步掌握安装和分析电路的基本方法。
8. 初步建立用生活中的经验和方法解决实际问题的意识。

◇学习重点

电流、电压、电位、电动势等基本物理量的概念和万用表的使用。

◇学习难点

电压和电位的区别和联系。

◇学习时数

10 学时。

任务书

<table>
<tr><td>项目</td><td colspan="2">简单直流电路的安装和测量</td><td>时间</td><td>2 学时</td></tr>
<tr><td>工具材料</td><td colspan="4">1.5V 电池 2 节，3V、0.15A 小灯泡 1 只、开关 1 只，导线若干，去除绝缘层的漆包线 1 根，万用表 1 只（或直流电压表、电流表）</td></tr>
<tr><td>实操要求</td><td colspan="4">1. 按项目图 1 所示电路，画出电路图并装接该照明电路
2. 在下列情况下，用万用表测量电路中的电流和端电压、负载电压：
① 开关 S 打开；
② 开关 S 闭合；
③ 将小灯泡短路（用无绝缘层的漆包线连接 A、B 两点）
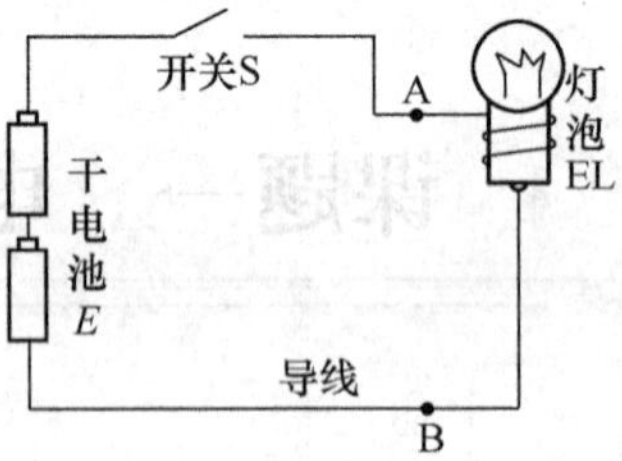

项目图 1</td></tr>
<tr><td rowspan="4">测量记录</td><td>电路状态</td><td>电流 I/A</td><td>端电压 U/V</td><td>负载电压 U_L/V</td></tr>
<tr><td>开关 S 打开</td><td></td><td></td><td></td></tr>
<tr><td>开关 S 闭合</td><td></td><td></td><td></td></tr>
<tr><td>连接 A、B</td><td></td><td></td><td></td></tr>
<tr><td>计算与思考</td><td colspan="4">1. 归纳电路三种状态下的特点
2. 连接 A、B 后，为何不允许测电流 I
3. 在通路条件下，根据灯泡的额定功率 P，计算电路中的电流 I，并与实测值进行比较
*4. 请查出你使用的仪表的准确度等级，并估算你测量某一物理量时的绝对误差和相对误差</td></tr>
<tr><td>体会</td><td colspan="4"></td></tr>
<tr><td>温馨提示</td><td colspan="4">1. 本实操任务是学习本专业的第一次专业工作，因此要认真对待，以掌握良好的学习和操作方法，特别是要明白："知识链接"中的知识学习是为了有效地完成任务，工作任务的完成是为了更好地掌握知识和提高技能
2. 归纳电路的特点，主要就是从测量数据中弄清电流的大小及电动势、端电压和负载电压的大小及关系
3. 要掌握短路的特点，你不妨在连接 A、B 后用手触摸一下连接导线和电池
4. 建议 2 人一小组进行实验</td></tr>
</table>

知识链接

1. 电路

把电源、负载、开关等通过导线的连接，并按照一定方式构成的闭合电流通路，即电流通过的路径称为电路。

2. 电路的组成及作用

电路主要由电源、负载、导线和开关四部分组成。其作用如下：

（1）电源　电源是将其他形式的能量转换为电能，并为电路提供电能的设备。

小试身手

水果电池

将一铜片和一锌片同时插入苹果，再从两金属薄片上引出两根导线，然后将两根导线头放到舌尖，会有什么感觉？或将两根导线与一发光二极管连接，会有什么现象产生？

➤ 常见电源及其能量转换：

◆ 干电池：化学能→电能

◆ 发电机：机械能→电能

◆ 光电池：光能→电能

温馨提示

电池中的有害成分主要有汞、镉、镍、铅等重金属，此外还有酸、碱等电解质溶液。废弃以后的镉镍电池和含汞电池等含有有害物质，进入环境后，会因长期的腐蚀作用而破损，导致重金属和酸碱电解液逐渐泄漏出来而污染环境，长期作用下可能直接或间接危及人们的健康。

（2）负载　负载又称用电器，是将电能转换成其他形式能量的装置。

➤ 常见负载及其能量转换：

◆ 电灯泡：电能→光能

◆ 吹风机：电能→热能

◆ 电动机：电能→机械能

◆ 扬声器：电能→声能

（3）导线　导线是用来连接电源和电器的金属线，它把电源产生的电能输送到用电器。

➤ 常用导体：

◆ 银：是很好的导电材料，氧化后仍可导电，但价格昂贵，不适宜用来作导线，常用来制造开关的触点。

◆ 铜：导电性能较好，应用广泛，但氧化后导电性能差，密度大，不能远距离拉线。

◆ 铝：导电性能较差，氧化后导电性能差，但铝的密度小，且价格便宜，可以远距离拉线。

（4）开关　开关是控制电路接通和断开的装置。

➤ 常见开关及其用途：

◆ 多位开关：几个开关并列，各自控制各自的用电器。有双联、三联，或一开、四开等。

◆ 带荧光开关：开关上带有荧光或微光指示灯，便于夜间寻找位置。

◆ 可调光开关：可进行开、关控制，并通过旋钮可以调节光线的强弱。

◆ 特殊开关：遥控开关、声光控开关、遥感开关等。

3. 电路图

用统一规定的图形符号画出的电路模型图称为电路图，如图1-1所示。几种常用的标准图形符号见表1-1。

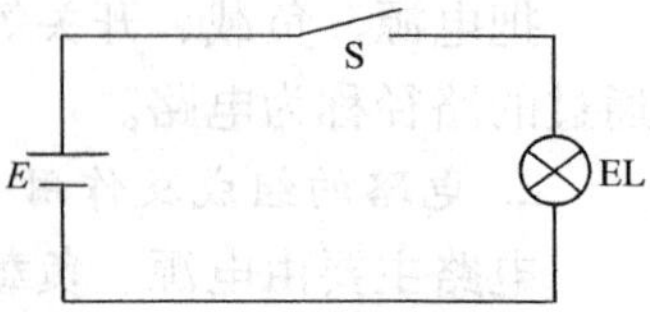

图1-1　电路图

表1-1　部分电工图形符号

图形符号	名　称	图形符号	名　称	图形符号	名　称
	开关	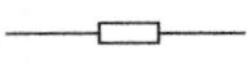	电阻器		接机壳
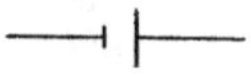	电池	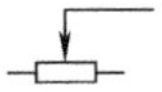	电位器		接地
	发电机	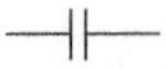	电容器		端子
	线圈		电流表	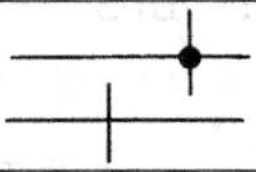	连接导线 不连接导线
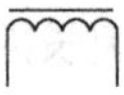	铁心线圈		电压表	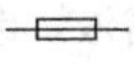	熔断器
	抽头线圈		二极管	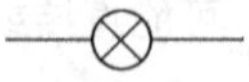	灯

4. 电路的状态

电路的工作有三种状态，分别为通路、断路和短路。

（1）通路　通路又称闭路，就是电路各部分连接成闭合回路。也就是图1-1所示电路中开关S闭合时的工作状态，这时电路中有电流通过。

温馨提示

处于通路状态的各种电气设备的电压、电流、功率等数值不能超过其规定的值（即额定值）。

（2）断路　断路又称开路或空载状态，就是电源与用电器未接成闭合回路，处于断开状态。如图1-1所示电路中开关S断开时的工作状态，这时电路中无电流通过。

（3）短路　短路就是电源输出的电流未经用电器而直接经导线流回电源，如图1-2所示，也就是将a、b用导线连接时的工作状态。短路时，电路中流过的电流比正常工作时大得多，可能会烧坏电源和其他设备，一般应严防电路发生短路，绝不允许电源直接短路（如图 1-2 所示电路中 c—d 间短接）。

但有时在调试电子设备的过程中，为了使与调试过程无关的部分设备没有电流通过，也可将电路某一部分短路（如图 1-2 所示电路中 a—b 间短接）。

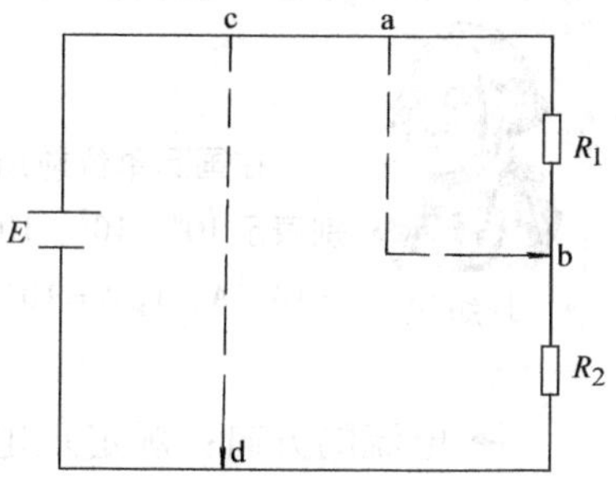

图 1-2　电路短路

5. 电路的基本物理量

(1) 电流 I　电荷的定向移动形成电流。电流既是一种物理现象，又是描述带电粒子定向运动强弱的物理量，也称电流强度，用符号 I 表示，单位为安［培］(A)。

小知识

电流的形成

要形成电流，首先要有能自由移动的电荷——自由电荷，如金属导体中自由电子的定向移动，电解溶液中正、负离子沿着相反方向的移动，阴极射线管中的电子流等，都可形成电流。其次还需将导体放入电场内，使导体中的自由电荷在电场力的作用下作定向移动。但由于电荷的积累会产生电场，且与外电场相反，很快达到静电平衡，电流又将消失，如图 1-3 所示。可见，要得到持续的电流，就必须设法使导体内始终保持一定的电场，即在导体两端保持一定的电压，才能持续不断地推动自由电荷作定向移动。

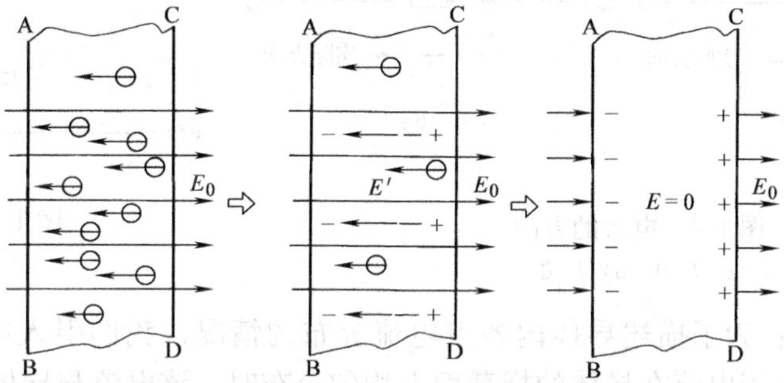

图 1-3　电荷移动后形成静电平衡的过程图

➤ 电流的大小等于单位时间内通过导体横截面的电荷量。表达式为

$$I=\frac{Q}{t} \tag{1-1}$$

式中　I——通过导体的电流（A）；

Q——通过导体横截面的电荷量（C）；

t——通电时间（s）

［例 1-1］　某导体在 0.5s 内均匀通过的电荷量为 3C，求导体中有多大电流通过？

解

$$I=\frac{Q}{t}=\frac{3\text{C}}{0.5\text{s}}=6\text{A}$$

小知识

单位换算小技巧

在国际单位前所加的 M（兆）、k（千）、m（毫）、μ（微）、n（纳）、p（皮）分别表示 10^6、10^3、10^{-3}、10^{-6}、10^{-9}、10^{-12} 数量级。如：1km = 10^3m，1kg = 10^3g，1mA = 10^{-3}A，1μA = 10^{-6}A。

➤ 电流的方向：规定正电荷运动的方向（或负电荷运动的反方向）为电流的实际方向。

◆ 参考方向：在分析电路之前，假设的正电流方向。

① $I>0$，说明电流的实际方向与参考方向一致（如图 1-4a 所示）。

② $I<0$，说明电流的实际方向与参考方向相反（如图 1-4b 所示）。

［**例 1-2**］ 如图 1-5 所示，已知 $I_1=2A$，$I_2=-1A$，请确定 I_1、I_2 的实际方向。

解 图 1-5 中 $I_1=2A>0$，因此，I_1 的实际方向和参考方向（即箭头方向）一致，由 a 经 R_1 流向 b；图 1-5 中 $I_2=-1A<0$，因此，I_2 的实际方向和参考方向（即箭头方向）相反，由 c 经 R_2 流向 d。

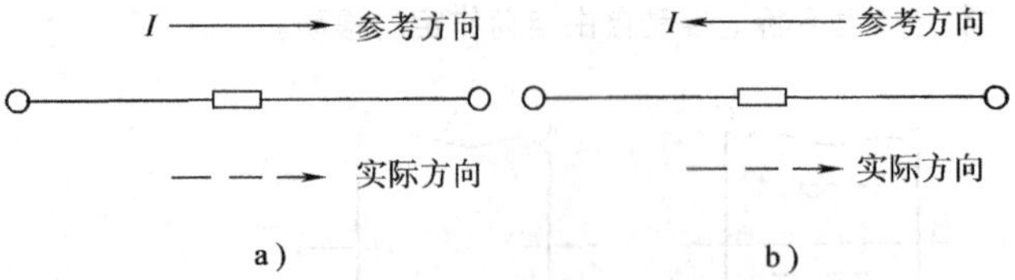

图 1-4 电流的方向

a) $I>0$ b) $I<0$

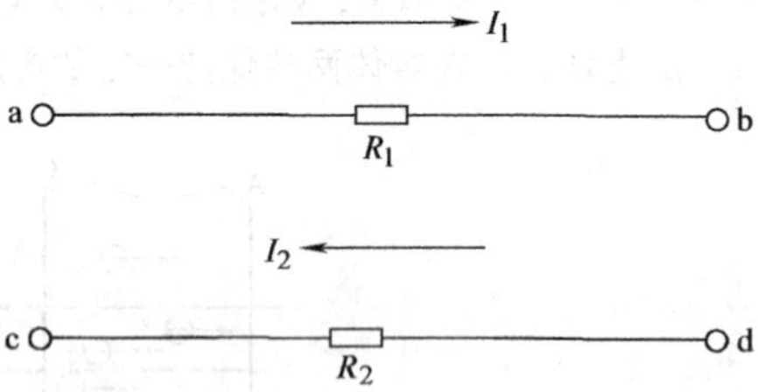

图 1-5 例 1-2 图

➤ 电流密度：为了描述导体内各点电流分布的情况，我们引入电流密度这个物理量。所谓电流密度就是当电流在导体的横截面上均匀分布时，该电流与导体横截面积的比值。电流密度用 J 来表示，即

$$J=\frac{I}{S} \tag{1-2}$$

式中 I——导体中的电流（A）；

S——导体的横截面积（mm^2）；

J——电流密度（A/mm^2）。

◆ 值得注意的是：

① 电流沿均匀导体流动时，电流在导体同一截面上各点的分布是均匀的。但是，当电流在不均匀导体或者在大块导体中流动以及在高频电路中，各点的电流分布就将不均匀了。

② 导线中允许通过的电流是随导体横截面积的不同而有所不同，当导线中通过的电流超过允许值时，导线将发热、冒烟而发生事故。

小知识

集肤效应

直流电通过导线时，导线横截面上各处的电流密度相等；而交流电通过导线时，导线横截面上电流的分布是不均匀的。越是靠近导线中心，电流密度越小；越是靠近导线表面，电流密度越大。这种交变电流在导线内趋于导线表面的现象称为集肤效应（又称趋肤效应）。

在高频电流通过导线时，由于集肤效应的影响，其中心几乎无电流，这在实际上就减小了导线的有效截面，使电阻增加，对传输高频电流来说是不利的。因此需要用多股相互绝缘的绞合导线，以增大导线的表面积来减小电阻。

➤ 电流的测量：电流的大小可用电流表（安培表）直接测量，也可用电流天平、电桥、电位差计间接测量。

◆ 电流表测量的注意事项：

① 测量交流电流使用交流电流表，测量直流电流使用直流电流表。

② 电流表必须串接到被测量的电路中。

③ 直流电流表表壳接线柱上注明的“+”、“-”记号应与被测电流的极性相一致，如图 1-6 所示。否则指针要反转，既影响正常测量，也易损坏电流表。

④ 合理选用电流表的量程。测量时，一般要先估计被测电流的大小，再选择电流表的量程。若一时无法估计，可先用最大量程挡，当指针偏转不到1/3 刻度时，再改用较小一挡去测量，直至测到正确数值为止。

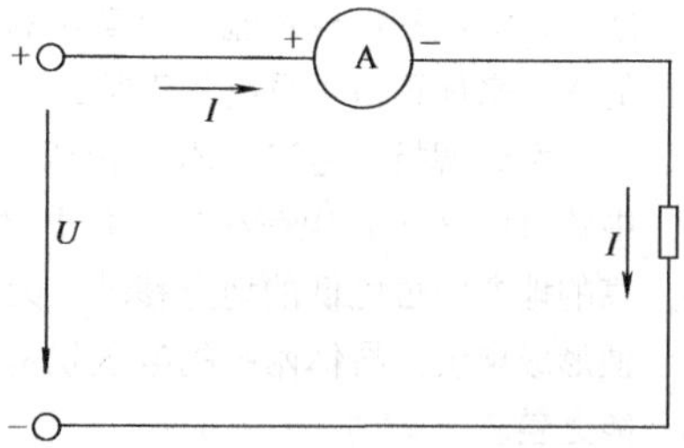

图 1-6 直流电流的测量

◆ 万用表测量电流的步骤：

温馨提示

用小量程电流表去测量大电流，会烧坏电流表；用大量程电流表去测量小电流，会影响测量的准确度。

小知识

测量误差

由于仪表的结构、工艺等自身所固有的不完善，所以总会产生一定误差（基本误差）。同时，由于温度、频率、波形的变化超出其规定条件，工作位置不当或存在外电场和外磁场的影响等，也会造成一定误差（附加误差）。误差的表达方法主要有：

① 绝对误差 Δ = 仪表指示值 A_x - 测量实际值 A_0。

在测量同一被测量时，可以用绝对误差来比较不同仪表的准确度，$|\Delta|$越小的仪表越准确。仪表的准确度 $\pm K\%$ =（最大的绝对误差 Δ_m/仪表量程 A_m）×100%。

② 相对误差 γ = 绝对误差 Δ/测量实际值 A_0。

相对误差不仅常用来表示测量结果的准确度，而且便于在测量不同大小的被测量时用来比较测量结果的准确度。

① 估算电流大小，选择量程（应用欧姆定律，在课题二中学习）。

② 电路相应部分断开后，将置于电流挡的万用表调零后串联到被测电路中，红表笔接在和电源正极相连的断点，黑表笔接在和电源负极相连的断点。

③ 读取测量出的电流值。

（2）电位 φ 和电压 U

➤电位：单位正电荷在电场中某点所具有的位能称为该点的电位，用符号 φ 表示，单位为伏［特］（V）。电位只有大小，没有方向，因此是一个标量。它是相对参考点而言的，这个参考点称为零电位点。

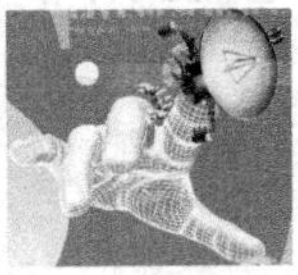

生活索引

持续的水流与电流

有一根 U 形水管，如果管子两端的水面有高度差（即水位差或水压），水就会在势能作用下，从位能高的一端流向位能低的一端。有水位差，水才会定向流动形成水流，如高处的水塔可形成一定的水压来保证供水系统的正常工作。

类比解析：电流与水流相似，图 1-7 中，导体中的自由（正）电荷在电场力作用下，也要从位能高的地方向位能低的地方移动，大量电荷定向移动便形成电流。导体两端的电压就是电场中电荷的位能之差。

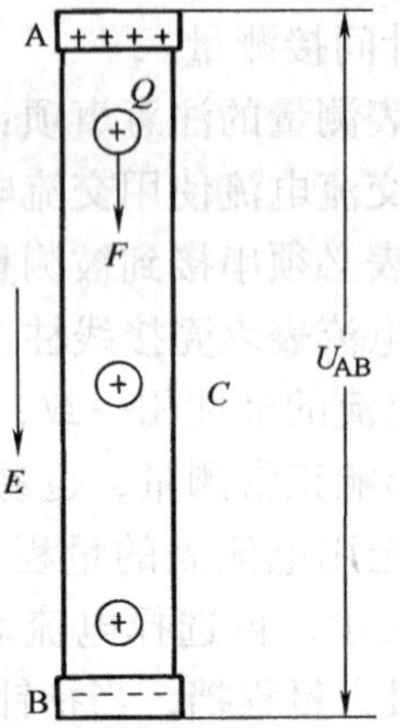

图 1-7　电场力

◆ 电位的大小：

① 在电路中电位沿着电流的方向下降。如图 1-7 所示，A 点电位比 B 点电位高。

② 电位的大小随着参考点（$\varphi=0$）的改变而改变。在电路图中用符号“⊥”表示参考点，接大地时则用符号“⏚”表示。

③ 电流为正值，表示该点电位高于参考点；电流为负值，表示该点电位低于参考点。

➤电压：又称电位差，电路中任意两点间的电压等于这两点间的电位之差，用符号 U 表示，单位为伏［特］（V）。

◆ 电压与电位的关系为

$$U_{AB}=\varphi_A-\varphi_B \tag{1-3}$$

◆ 电源电压：电源两端的电位差，又称电源的端电压。

➤电压的方向：由高电位端指向低电位端。

◆ U_{AB} 为正值，表明实际方向与参考方向一致；U_{AB} 为负值，表示实际方向与参考方向相反。

［**例 1-3**］　如图 1-8 所示，求 C、A 两点间电压 U_{CA}。

解　在图 1-8a 中 $\varphi_A=0$，$\varphi_B=3V$，$\varphi_C=9V$，则 $U_{CA}=\varphi_C-\varphi_A=9V-0=9V$

在图 1-8b 中 $\varphi_B=0$，$\varphi_A=-3V$，$\varphi_C=6V$，则 $U_{CA}=\varphi_C-\varphi_A=6V-(-3)V=9V$

由此可知，两点间电压不会随电位的参考点的变化而变化。

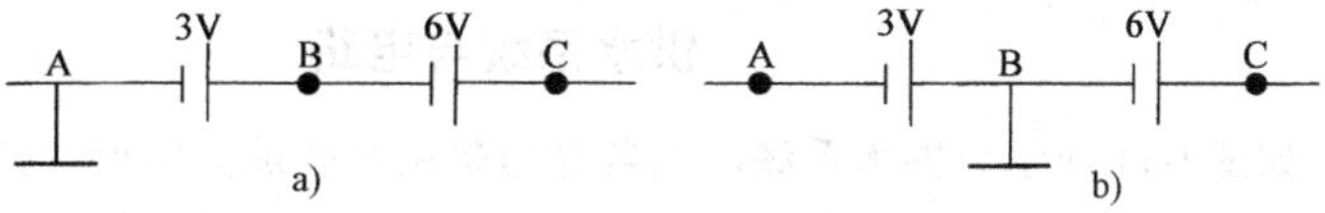

图 1-8 例 1-3 图

a) A 点接地 b) B 点接地

想一想

电位高低的判断

如果不是电场力而是外力使正电荷从 a 点移到 b 点，即外力做正功，电场力做负功，这时，φ_a、φ_b 哪个高？U_{ab} 值为正还是负？

如图 1-9 所示，负电荷将在电场力作用下，由 c 点移至 d 点，这时，φ_c、φ_d 哪个高？U_{cd} 值为正还是负？

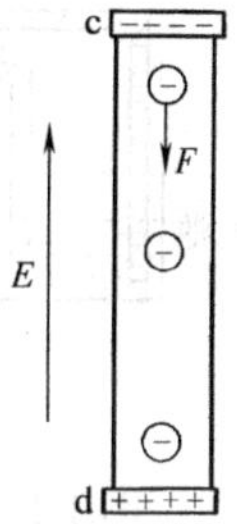

图 1-9 负电荷的移动

➤ 电压的测量：电路中两点间的电压可用电压表（伏特表）来测量。

◆ 电压表测量的注意事项：

① 测量交流电压使用交流电压表，测量直流电压使用直流电压表。

② 电压表必须并联在被测电路的两端。

③ 直流电压表表壳接线柱上注明的“+”、“-”记号，应与被测两点的电位相一致，即“+”端接高电位，“-”端接低电位，如图 1-10 所示，否则指针会反转，并易损坏电压表。

④ 合理选择电压表量程，其方法和电流表量程的选择相同。

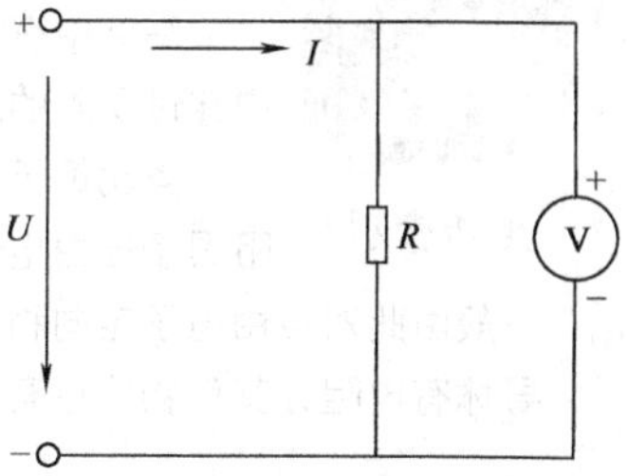

图 1-10 直流电压的测量

◆ 万用表测量电压的步骤：

① 估算电压大小，选择量程（应用欧姆定律，在课题二中学习）。如不知电压大小，应选用最大量程。

② 将万用表拨到电压挡后调零，并将其并联在被测电路两端，红表笔接在被测电路的高电位端，黑表笔接在低电位端。

③ 读取测量出的电压值。

➤ 电压和电位的区别：

① 电位随着参考点的改变而改变，它是个相对值；而电压与参考点的选取无关，它是个绝对值；

② 电位有大小，无方向；而电压既有大小，又有方向。

（3）电动势 E　电动势是表征电源将非电能转换成电能的本领，即非电场力做功能力的物理量，符号为 E，单位为伏（V）。

➤ 电动势的大小：可视为开路时电源正负极之间的电位差。

➤ 电动势的方向：由电源负极指向正极。

➤ 端电压（端电压为电源两端的电压）与电动势的关系：

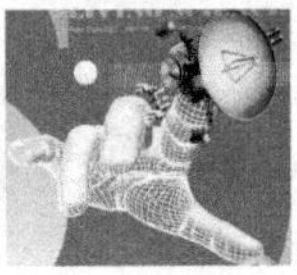

供水系统与电路

如图 1-11 所示为供水系统。水自身总是由高处流向低处，要维持不断的水流，就要有水泵把水从低处拉到高处，保证其水位差，这就形成了水的循环流动。

类比解析：如图 1-12 所示，正电荷总是从高电位向低电位移动，要得到持续电流，就要由电源的电动势把正电荷从电源的负极（低电位）拉到正极（高电位），以此形成闭合电路。

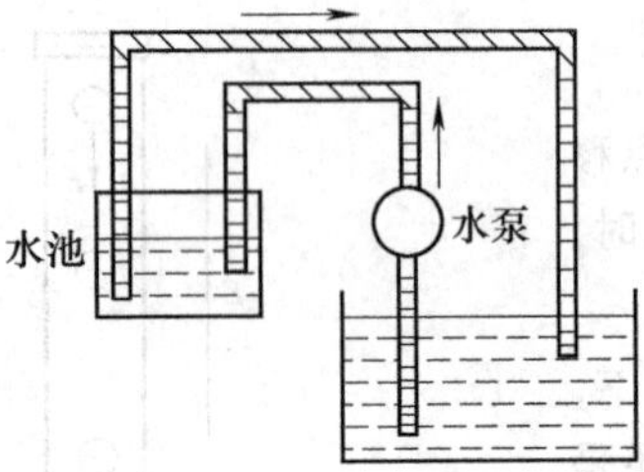

图 1-11　供水系统

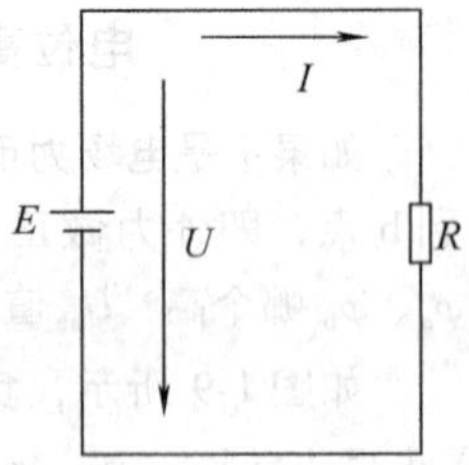

图 1-12　电路

① 端电压与电动势方向相反。

② 当电源的外电路断开时，端电压等于电源电动势。

③ 当电源的外电路短路时，端电压约等于零。

④ 当外电路接通时，端电压小于电动势。

（4）电阻 R　电阻是表征导体对电流阻碍作用的物理量，用符号 R 表示，单位为欧（Ω）。决定电阻大小的因素有材料、长短、粗细、温度、光等。

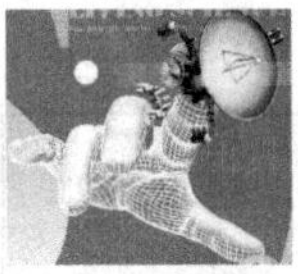

人流受阻现象的启迪

马路中有许多小商贩，人群从中穿过会受到阻碍。当这些小商贩移动时，人群从中穿过受到的阻碍将更大，穿过速度更慢，即人流量更小。

类比解析：金属导体中的自由电子在运动中要与金属正离子频繁碰撞，这种碰撞阻碍了自由电子的定向移动。当温度升高时，加剧了自由电子与正离子的碰撞几率，一般由此对自由电子定向移动的阻碍作用也更大。表示这种阻碍作用的物理量叫做电阻，不但金属导体有电阻，其他物体也有电阻。

➤电阻定律为

$$R = \rho \frac{l}{S} \tag{1-4}$$

式中　ρ——导体的电阻率（Ω·m）；

l——导体的长度（m）；

S——导体的横截面积（m^2）；

R——导体的电阻（Ω）。

◆ 电阻率 ρ：导体的电阻率 ρ 与导体的几何形状无关，而与导体材料的性质和所处的条件如温度等有关。在一定温度下，对同一种材料 ρ 是常数，而不同的物质有不同的电阻率。电阻率的大小反映了各种材料导电性能的好坏，电阻率越大，表示导电性能越差。表

1-2列出几种常用材料的电阻率。

表 1-2 几种材料的电阻率（20℃）

材料名称	电阻率 ρ/ $\Omega\cdot m$	电阻温度系数 α/ (1/℃)	材料名称	电阻率 ρ/ $\Omega\cdot m$	电阻温度系数 α/ (1/℃)
银	1.6×10^{-8}	0.0036	铁	9.8×10^{-8}	0.0062
铜	1.7×10^{-8}	0.004	碳	1.0×10^{-5}	-0.0005
铝	2.8×10^{-8}	0.0042	锰铜	44×10^{-8}	0.000006
钨	5.5×10^{-8}	0.0044	康铜	48×10^{-8}	0.000005

◆ 导体和绝缘体：通常将电阻率小于 $10^{-6}\Omega\cdot m$ 的材料称为导体，如金属；电阻率大于 $10^{7}\Omega\cdot m$ 的材料称为绝缘体，如石英、塑料；而电阻率介于导体和绝缘体之间的材料称为半导体，如锗、硅。导线的电阻要尽可能地小，因此，各种导线都用铜、铝等电阻率小的纯金属制成。为了安全，电工用具上都安装了用橡胶、木材等电阻率很大的绝缘体制作成把或套。

小知识

超导现象

我们都知道一般条件下物体都有电阻，对于一般的金属导体，温度升高时，电阻会增大。当电流通过时，会发热、升温，若物体的电阻能为零，那该多好！

1911 年荷兰物理学家昂尼斯在低温下测量物质的导电情况时发现，当温度低于 4.2K（相当于 - 268.95℃）时，导体的电阻突然下降为零，这就是超导现象。

➤ 电阻器：

◆ 电阻器的作用：电阻器是一种消耗电能的元件，在电路中用于控制电压、电流的大小，或与电容器和电感器组成具有特殊功能的电路等。

◆ 电阻器的分类：

① 按外形结构可分为固定式和可变式两大类。

图 1-13a、b 所示分别为固定电阻器和可变电阻器的外形。固定电阻器主要用于阻值不

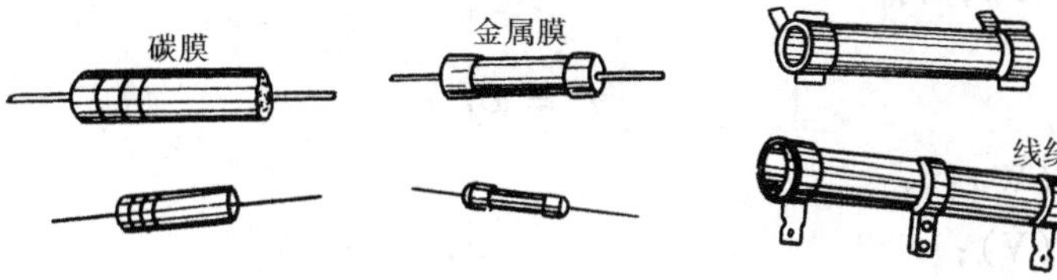

a）

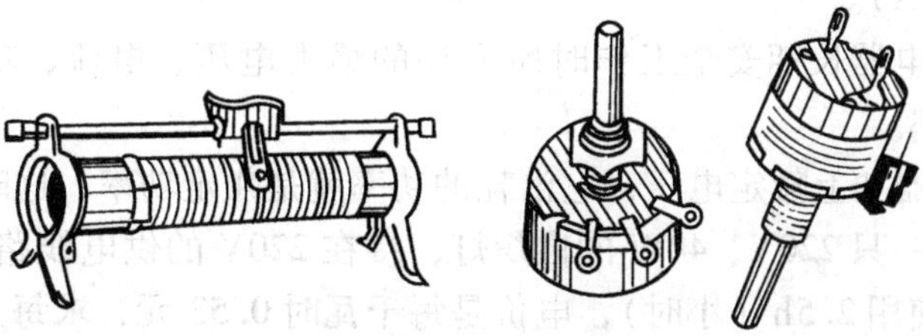

b）

图 1-13 常用的几种电阻器

a）固定电阻器 b）可变电阻器

需要变动的电路；可变电阻器，即电位器，主要用于阻值需要经常变动的电路；半可变电阻器，通常称为微调电位器或微调电阻器，主要用于阻值有时需要变动但不经常变动的电路。

② 电阻器按制造材料的不同可分为膜式（碳膜、金属膜等）和金属线绕式两类。

膜式电阻器的阻值范围较大，可从零点几欧到几十兆欧，但功率不大，一般为几瓦；金属线绕式电阻器正好与其相反，其阻值范围较小，但功率较大。

③ 按电阻器的特性，还可进一步分成高精度、高稳定性、高阻、高压、高频及各种敏感型电阻器。常见的敏感型电阻器有热敏电阻器、光敏电阻器、压敏电阻器等。

◆ 主要参数：电阻器的参数很多，在实际应用中，一般常考虑标称阻值、允许误差和额定功率三项参数。

① 标称阻值是指电阻器表面所标的阻值，它是按国家规定的阻值系列标注的。

② 允许误差就是实际阻值与标称阻值之差除以标称阻值所得的百分数。

③ 额定功率是指在规定的气压、温度条件下，电阻器长期工作时所允许承受的最大电功率。一般情况下，所选用电阻器的额定功率应为实际消耗功率的两倍左右，以保护电阻器。

（5）电功 W 与电功率 P

➤ 电功：电场力所做的功，即电路所消耗的电能，用符号 W 表示。表达式为

$$W = UIt \tag{1-5}$$

式中 W——电场力所做的功（J）；

U——导体两端电压（V）；

I——通过导体的电流（A）；

t——通电时间（s）。

◆ 在实际应用中，常用 kW · h（千瓦时，俗称度）作为电能的单位。

$$1\text{kW}\cdot\text{h} = 1\times10^3\text{W}\times60\times60\text{s} = 3.6\times10^6\text{J}$$

➤ 功率：单位时间内电流所做的功称为电功率，用它来表示电场力做功的快慢，用符号 P 表示，单位为瓦［特］（W）。

由 $P=\frac{W}{t}$，$W=UIt$，得

$$P = UI \tag{1-6}$$

式中 P——功率（W）；

U——电压（V）；

I——电流（A）。

➤ 额定值：用电器长期安全工作时所允许的最大电压、电流、功率，称为额定电压、额定电流、额定功率。

◆ 如果给用电器加上额定电压，它消耗的功率就是额定功率，这时用电器正常工作。

［**例 1-4**］ 有一只 220V、40W 的白炽灯，接在 220V 的供电线路上，求它用的电流是多少？若平均每天使用 2.5h（小时），电价是每千瓦时 0.53 元，求每月（以 30 天计）应付出的电费。

解 因为 $P=UI$

所以 $I=\frac{P}{U}=\frac{40}{220}\text{A}\approx 0.18\text{A}$

每月消耗电能为 $W=Pt=40\text{W}\times 2.5\text{h/天}\times 30\text{天}=3000\text{W}\cdot\text{h}=3\text{kW}\cdot\text{h}$

每月应付电费为 0.53×3 元 $=1.59$ 元

6. 电流的热效应

电流通过金属导体的时候，作定向移动的自由电子要频繁地跟金属正离子碰撞，从而使电子在电场力的加速作用下而获得的功率不断地传递给金属正离子，使金属正离子的热振动加剧，于是通电导体的内能增加，温度升高，这就是电流的热效应。

小知识

焦耳定律

实验表明：电流通过导体产生的热量 Q，跟通过导体的电流 I 的平方、导体的电阻 R 和通电时间 t 成正比，此关系称为焦耳定律。用公式表示为

$$Q=I^2Rt$$

如果电路中只含有电阻，即纯电阻电路，那么，电场力所做的功 UIt 与产生的热量 I^2Rt 是相等的。在这种情况下，电能完全转化为电路的热能，这时，电功的公式也可写成

$$W=I^2Rt=\frac{U^2}{R}t$$

如果不是纯电阻电路，电路中还包含电动机、电解槽等用电器，电能除部分转化为热能外，还要转化为机械能、化学能等。

优化训练

1. 观察手电筒电路，思考该电路由几部分组成？各部分起什么作用？

2. 电路有哪几种工作状态？各有什么工作特点？

3. 有一根导线，每小时通过其横截面的电荷量为900C，那么通过导线的电流是多少安？合多少毫安？多少微安？

4. 题图1-1所示为一段通电导体。试问各截面上的电流是否一样？如不一样，何处最大？何处最小？

5. 某机床供电线路需通过15A的电流，问应选用多粗的铜导线供电（设铜导线的允许电流密度为6A/mm^2）？

6. 在题图1-2中，每个电池的电压为1.5V。若分别以C点和B点为参考点，试求各点电位及A、B和A、C之间的电压。

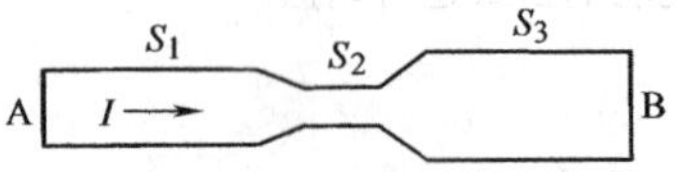

题图 1-1

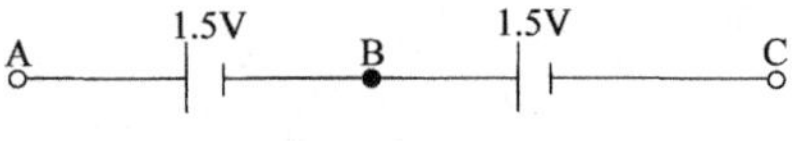

题图 1-2

7. 在题图1-3所示电路中，以O点为参考点，$\varphi_A=10V$，$\varphi_B=5V$，$\varphi_C=-5V$，试求U_{AB}、U_{BC}、U_{AC}、U_{CA}。

8. 在题图1-4所示电路中，已知电源电动势$E=3V$，求各电路电源两端的电压U_{ab}。

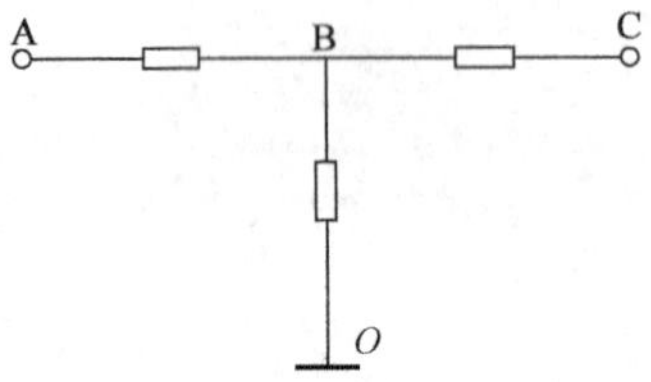

题图 1-3

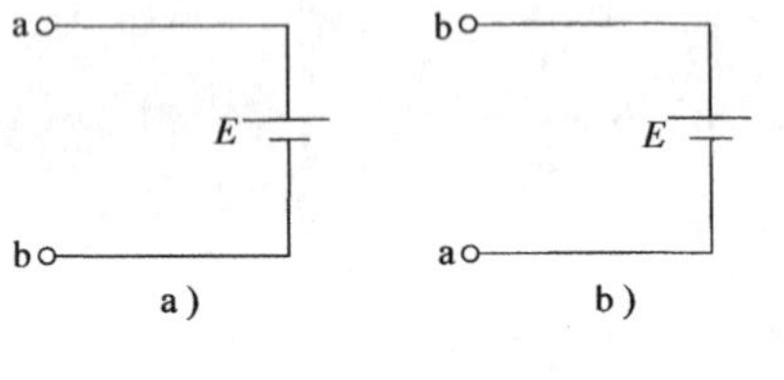

题图 1-4

9. 你知道电流、电压、电动势三个物理量的方向存在着哪些联系吗？

10. 将电路与供水系统对照，你能找出它们的相同之处吗？

11. 一根实验用的铜导线，它的横截面积为1.5mm^2，长度为0.5m，计算该导线的电阻值（温度为20℃）。

12. 若将二只1kΩ的电阻并接，你认为并接后阻碍电流的能力将如何变化？若将其串接，又将如何（提示：用电流通路面积和长度的变化来分析）？

13. 额定值为220V、100W的灯泡和220V、25W的灯泡，哪只灯泡中的灯丝电阻较大？哪只灯泡中的灯丝较粗？

14. 有的同学认为：因$P=I^2R$，故电阻消耗的功率与电阻值的大小成正比。但也有同学认为：因$P=\frac{U^2}{R}$，故电阻消耗的功率与电阻的大小成反比。你认为哪一种看法正确？

15. 下面的说法是否正确？为什么？

（1）电路中，电阻元件有时吸收功率（$P>0$），有时产生功率（$P<0$）。

（2）电源在实际电路中，总是向外供给电能（即产生功率）。

（3）任何电路或任何元件上的功率都可以用公式 $P=I^2R$ 或 $P=U^2/R$ 来计算。

（4）任何元件上的功率都可以用公式 $P=UI$ 来计算。

课题二 欧姆定律的应用

学习指南

本课题是从测量最基本的直流电路入手，引出电流与电压的关系，即部分电路欧姆定律和全电路欧姆定律。通过装接、测量和思考分析，提高学习者的动手技能和分析能力。

本课题的分析方法不仅适用于直流电路，也适用于交流电路。本课题是全书的重要内容之一，因此必须牢固掌握所述基本技能并会熟练应用。

◇学习目标

1. 熟练掌握并能应用部分电路欧姆定律和全电路欧姆定律。
2. 掌握用直流电压表、电流表、万用表测量电压、电流、电阻的技能。
3. 了解用直流单臂电桥测电阻的方法。
4. 掌握测定电源电动势和内阻的方法。
5. 初步建立多角度思考问题的意识。
6. 初步建立用“宏观”的规律解决或理解“微观”问题的意识。

◇学习重点

欧姆定律的理解与应用。

◇学习难点

全电路欧姆定律的应用。

◇学习时数

5 学时。

任务书

<table>
<tr><td>项目</td><td colspan="6">电源电动势和内阻的测定</td><td>时间</td><td colspan="2">2学时</td></tr>
<tr><td>工具材料</td><td colspan="9">1.5V电池3节，10Ω、20Ω电阻各1只，开关1只，导线若干，万用表2只（或直流电压表、电流表）</td></tr>
<tr><td>实操要求</td><td colspan="9">1. 看电阻色环，判断电阻 R_1、R_2 的阻值；用万用表（或电桥）测量电阻 R_1、R_2 的阻值，并进行比较。
2. 按项目图2装接电路
3. 测量电阻 R_1 两端的电压 U 和电路中的电流 I；将电池换成两节，换成三节，再分别测量电阻 R_1 两端的电压 U 和电路中的电流 I
4. 将 R_1 换为 R_2，按步骤“3”的测量顺序测量 R_2 两端的电压 U 和电流 I
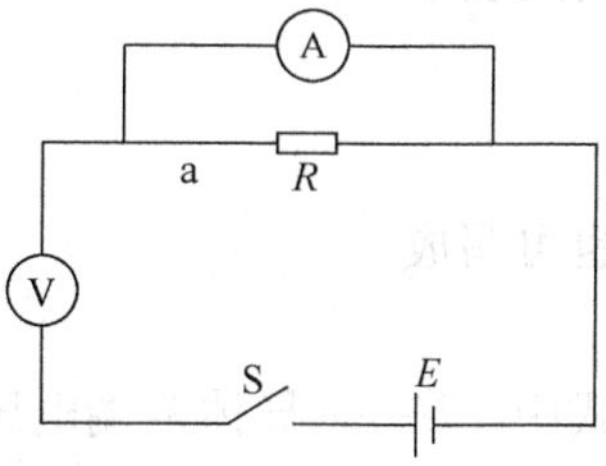

项目图2</td></tr>
<tr><td rowspan="5">测量记录</td><td>电阻</td><td>物理量</td><td>测量1</td><td>测量2</td><td>测量3</td><td>标称值 R/Ω</td><td>实测值 R/Ω</td><td>计算值 R/Ω</td><td>开路端电压 U/V</td></tr>
<tr><td rowspan="2">R_1</td><td>U_1/V</td><td></td><td></td><td></td><td rowspan="2"></td><td rowspan="2"></td><td rowspan="2"></td><td rowspan="2"></td></tr>
<tr><td>I_1/A</td><td></td><td></td><td></td></tr>
<tr><td rowspan="2">R_2</td><td>U_2/V</td><td></td><td></td><td></td><td rowspan="2"></td><td rowspan="2"></td><td rowspan="2"></td><td rowspan="2"></td></tr>
<tr><td>I_2/A</td><td></td><td></td><td></td></tr>
<tr><td>计算与思考</td><td colspan="9">1. 运用部分电路欧姆定律，计算出电阻 R 的值，并与实测值、标称值比较，看其是否相等？若不相等，试分析原因
2. 运用全电路欧姆定律计算出1节电池的电动势 E 和内阻 r，并将计算得到的 E 值与开路时电源的端电压比较，该二值相近吗？试分析原因
3. 试根据测量结果，画出电压与电流的关系曲线图
*4. 若将电流表置于“a”处，重测 U、I，计算电阻 R，并与步骤“1”中的值比较，你发现了什么？试分析原因</td></tr>
<tr><td>体会</td><td colspan="9"></td></tr>
<tr><td>温馨提示</td><td colspan="9">1. 由全电路欧姆定律，可得出电源电动势、端电压、电流和内阻有如下关系：$E=U+Ir$。将 E、r 作为未知数，用电压表和电流表测出不同阻值时的端电压 U 及电流 I，然后解二元方程组求出 E 和 r
2. 使用万用表测电流和电压时，极性不能接错
3. 测量电阻时，应切断被测电路的电源，且被测电阻至少有一端与被测电路断开
4. 建议2人一小组进行实验，结束后进行经验交流</td></tr>
</table>

知识链接

1. 部分电路欧姆定律

（1）部分电路欧姆定律　在一段不包含电源的电路中（如图 2-1 所示），流过导体的电流与这段导体两端的电压成正比，与这段导体的电阻成反比，这就是部分电路欧姆定律，用公式表示为

$$I = \frac{U}{R} \tag{2-1}$$

也可写成

$$U = IR$$

式中　U——导体两端电压（V）；
I——通过导体电流（A）；
R——导体的电阻（Ω）。

小知识

欧姆定律的发明

部分电路欧姆定律是德国科学家欧姆（1787—1854 年）在研究了一段电阻电路中电流、电压和电阻三者之间的关系后，于 1827 年得出的实验结论。

➤ 从式中可以看出：

◆ 电压 U 一定时，电阻 R 上升，则电流 I 下降。

◆ 电流 I 一定时，电阻 R 上升，则电压 U 上升。

◆ 电阻 R 一定时，电压 U 上升，则电流 I 上升。

［**例 2-1**］　某白炽灯接在 220V 电源上，正常工作时流过的电流为 455mA，试求此电灯的电阻。

解
$$R = \frac{U}{I} = \frac{220\text{V}}{455 \times 10^{-3}\text{A}} = 483.5\Omega$$

［**例 2-2**］　有一量程为 300V（即测量范围是 0 ~ 300V）的电压表，它的内阻是 40kΩ。用它测量电压时，允许流过的最大电流是多少？

解　图 2-2 所示为电压表的测量电路，根据题意，可将图 2-2a 看成图 2-2b。由于电压表的电阻是定值，所测量的电压越大，通过电压表的电流也就越大，因此，所测电压是 300V 时，流过电压表的电流最大。允许的最大电流为

$$I_m = \frac{U_m}{R} = \frac{300\text{V}}{40 \times 10^3\Omega} = 0.0075\text{A} = 7.5\text{mA}$$

（2）电阻的伏安特性曲线

➤ 线性电阻：电阻值不随其两端电压和通过的电流而改变的电阻。

➤ 线性电路：由线性电阻及线性元件构成的电路。

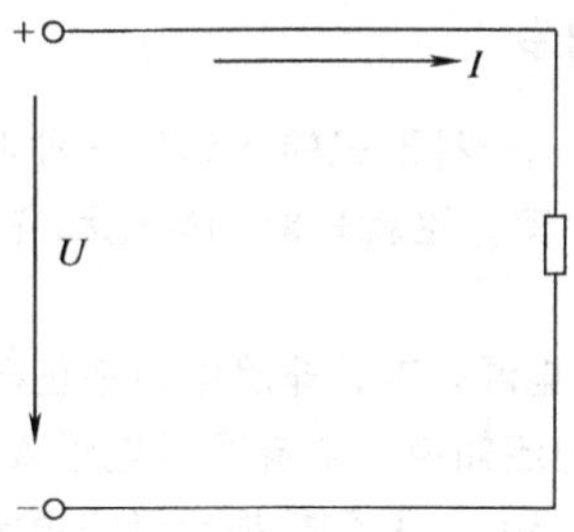

图 2-1 部分电路

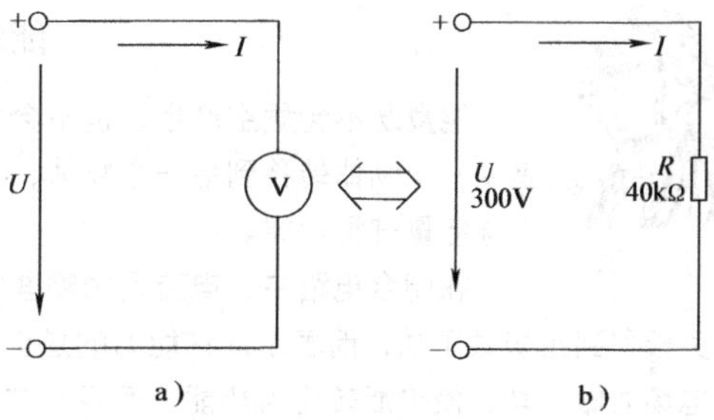

图 2-2 例 2-2 图

a) 电路 b) 等效电路

➤ 伏安特性曲线：以电压和电流为变量的图形（图 2-3）。电阻的伏安特性曲线是一条通过原点的直线，可见 R 值是一个常数。

2. 全电路欧姆定律

（1）全电路 全电路是指含有电源的闭合电路，如图 2-4 所示。图中点画线框中部分表示一个电源，电源内部一般都存在电阻，这个电阻称为内电阻，用符号 r 表示。内电阻在图上可单独画出，但由于电动势和内电阻是一个整体，互相是分不开的，因此，往往在电源符号旁边标明内电阻的数值就可以了，在图上并不单独画出内阻 r。

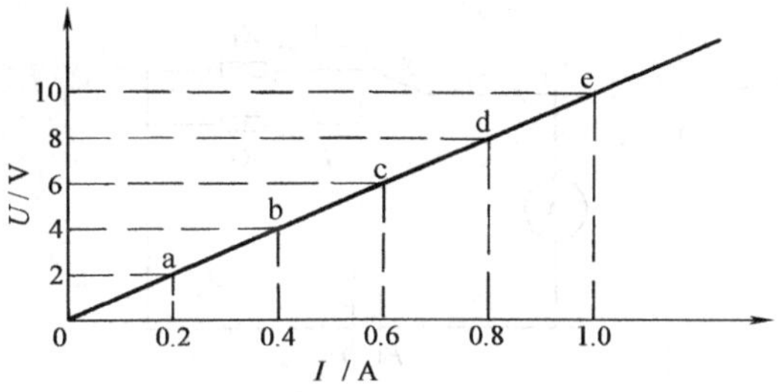

图 2-3 电阻的伏安特性曲线

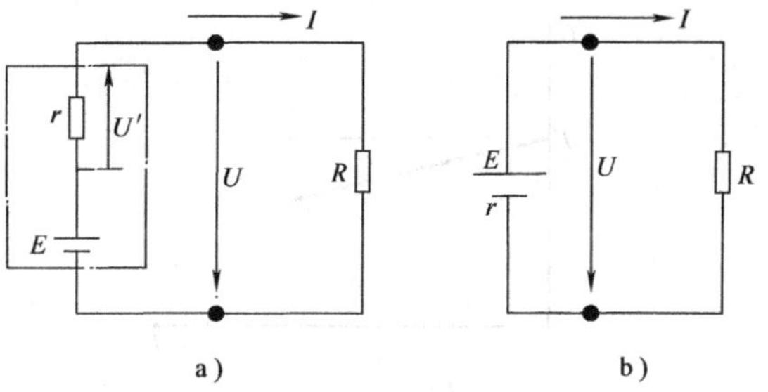

图 2-4 闭合电路

a) 全电路 b) 简化电路

（2）全电路欧姆定律 闭合电路中的电流，跟电源的电动势成正比，跟整个电路的电阻成反比，这就是闭合电路欧姆定律，即

$$I = \frac{E}{R + r} \tag{2-2}$$

（3）电源的外特性 电源的外特性是指其端电压与负载变化的关系，如图 2-5 所示。

➤ 由式 $U = E - Ir$ 可知：

◆ 当负载电阻 R 上升，则电流 I 下降，内电压 Ir 下降，端电压 U 上升。

◆ 当负载电阻 R 为无穷大，即外电路开路时，电流 $I = 0$，端电压 U 最高且等于 E。

◆ 当负载电阻 R 下降，则电流 I 上升，内电压降 Ir 上升，端电压 U 下降。

◆ 当负载电阻 $R = 0$，即外电路短路时，端电压 $U = 0$，电流达到最大值。

➤ 电源端电压的高低与电源内阻大小的关系如下：

◆ 在负载不变时，内阻 r 上升，端电压 U 下降。

小知识

能量守恒定律的启发

能量既不会凭空产生，也不会凭空消失，它只会从一种形式转化为另一种形式，或者从一个物体转移到另一个物体，而能的总量保持不变，这就是能的转化和守恒定律，也称能量守恒定律。

在闭合电路中，电流是由哪些因素决定的呢？在电源内部，非静电力把正电荷 Q 从负极移到正极做了功，而表示这种能力的是电动势。同时，我们还知道，电流通过电阻 R 和 r 时，电场力做了功，使电能转化为热能，而表示这种能力的是电压。因此，我们根据能量守恒定律，不难理解：电源的电动势等于内外电路电压降之和，即 $E=U+U'$，由于 $U'=Ir$，因此 $E=U+Ir$。根据部分电路欧姆定律，可知 $U=IR$，因此可得 $E=IR+Ir=I(R+r)$，也可写成 $I=\dfrac{E}{R+r}$。

◆ 在负载不变时，内阻 r 下降，端电压 U 上升。

◆ 在负载不变时，内阻 $r=0$（这时的电源称为理想电源），端电压不再随电流变化，端电压 U = 电动势 E。

［**例 2-3**］　在图 2-6 中，当单刀双掷开关 S 扳到位置 1 时，外电路的电阻 $R_1=14\Omega$，测得电流 $I_1=0.2\text{A}$；当 S 扳到位置 2 时，外电路电阻 $R_2=9\Omega$，测得电流 $I_2=0.3\text{A}$，求电源的电动势和内阻。

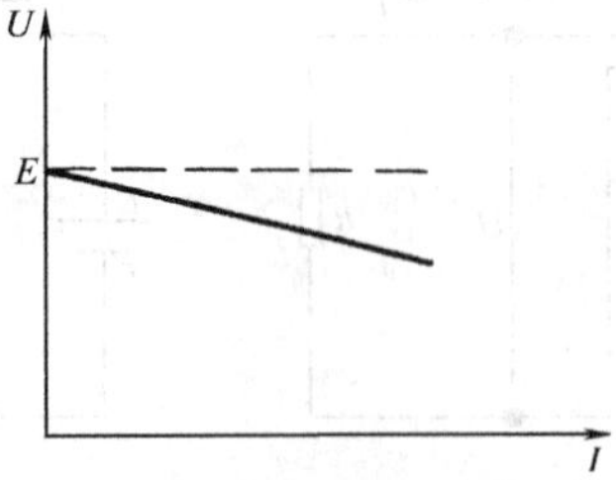

图 2-5　电源的外特性

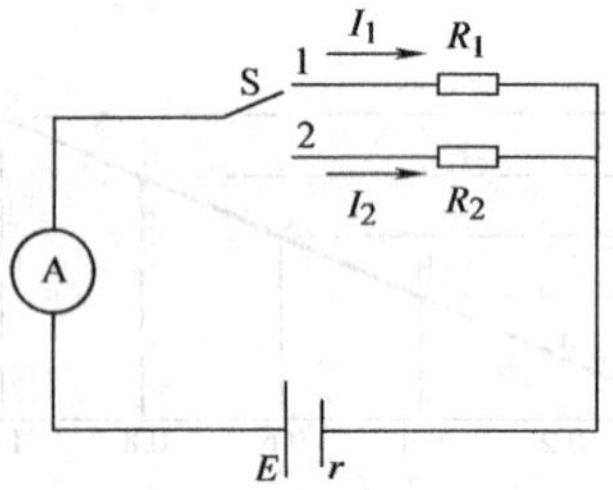

图 2-6　例 2-3 图

解　根据全电路欧姆定律，可列出联立方程

$$\begin{cases}E=I_1R_1+I_1r（\text{S 扳到位置 1 时}）\\E=I_2R_2+I_2r（\text{S 扳到位置 2 时}）\end{cases}$$

消去 E，可得　$I_1R_1+I_1r=I_2R_2+I_2r$

整理后得　$r=\dfrac{I_1R_1-I_2R_2}{I_2-I_1}=\dfrac{0.2\times14-0.3\times9}{0.3-0.2}\Omega=1\Omega$

把 r 值代入 $E=I_1R_1+I_1r$ 中，可得　$E=3\text{V}$。

3. 电阻的测量和识别

（1）电阻的测量　可用万用表的欧姆挡、电桥进行测量。

➤ 万用表测量电阻的步骤：

① 将选择开关置于所需的欧姆挡，将两表笔短接调零。

② 用两表笔分别接触被测电阻两引脚进行测量。

③ 正确读出指针所指的数值，再乘以倍率（如 $R\times100$ 挡，应乘 100）即为被测电阻的

阻值。

④ 测量结束后，应拔出表笔，将选择开关置于“OFF”挡或交流电压最大挡位。

➤ 直流单臂电桥测电阻的步骤：

① 将检流计调零，并接入被测电阻。在接入时应采用较粗较短的导线，并将接头拧紧。

② 估计被测电阻的大小，选择适当的比例臂。

③ 电桥接通后，若指针向“+”方向偏转，应增大比较臂电阻；反之减小。如此反复调节，直至检流计指针指零。

④ 计算被测电阻值：被测电阻值 = 比例臂读数 × 比较臂读数。

(2) 电阻的识别

➤ 色环表示法：电阻器的标称阻值和允许误差一般都直接标注在电阻体的表面上，体积小的电阻器则用文字符号法或色标法表示。电阻器的色环通常有四道，其中三道相距较近，作为阻值标注，另一道距前三道较远，作为误差标注，如图 2-7 所示；但也有色环间距不是很明显的电阻，其最靠近引出脚的为第一道色环。

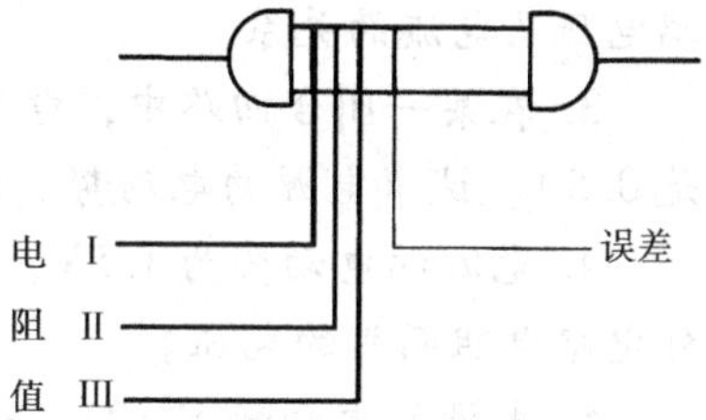

图 2-7 电阻器的色环

◆ Ⅰ、Ⅱ各代表一位数字，Ⅲ则代表零的个数。

◆ 色环颜色的电阻标注见表 2-1，色环的误差标注见表 2-2。

表 2-1 色环颜色的电阻标注

颜色	棕	红	橙	黄	绿	蓝	紫	灰	白	黑
数码	1	2	3	4	5	6	7	8	9	0

表 2-2 色环的误差标注

颜色	金	银	无色
误差	±5%	±10%	±20%

[**例 2-4**] 读取图 2-8 所示电阻的阻值。

解 电阻值为 200Ω，误差为 ±5%。

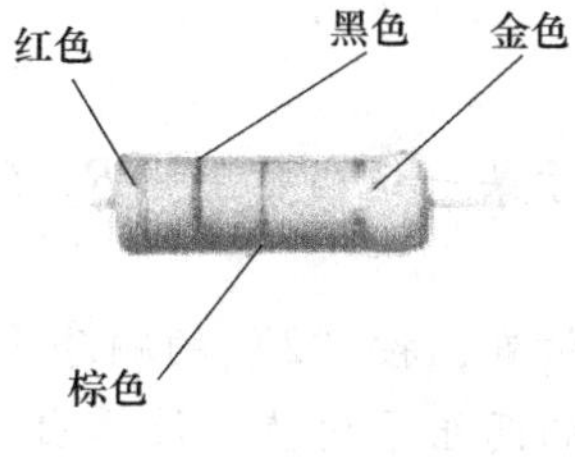

图 2-8 例 2-4 图

优化训练

1. 有一根康铜丝，横截面积为 $0.1mm^2$，长度为 1.2m，在它的两端加 0.6V 电压时，通过它的电流正好是 0.1A，求这种康铜丝的电阻率？

2. 我们来想一想闭合电路的两种特殊情况：（1）当外电路断开，即 $R\to\infty$；（2）当外电路短路，即 $R=0$。在这两种特殊情况下全电路欧姆定律应如何表示？并分析其电动势、端电压及电流的关系。

3. 在某一闭合回路中，电源内阻 $r=0.2\Omega$，外电路的路端电压是 1.9V，电路中的电流是 0.5A。试求电源的电动势、外电阻及外电阻所消耗的功率。

4. 电源的电动势为 1.5V，内阻为 0.22Ω，外电路的电阻为 1.28Ω，求电路中的电流和外电路电阻两端的电压。

5. 电源的电动势 $E=2V$，与 $R=5\Omega$ 的负载电阻连接成闭合电路，测得电源两端的电压为 1.8V，求电源的内阻 r。

6. 题图 2-1 所示是电阻的色环表示，试读出其电阻值与误差。

7. 用伏安法测电源电动势及内阻，要求如下：

① 按题图 2-2 所示电路图将电路连接好。

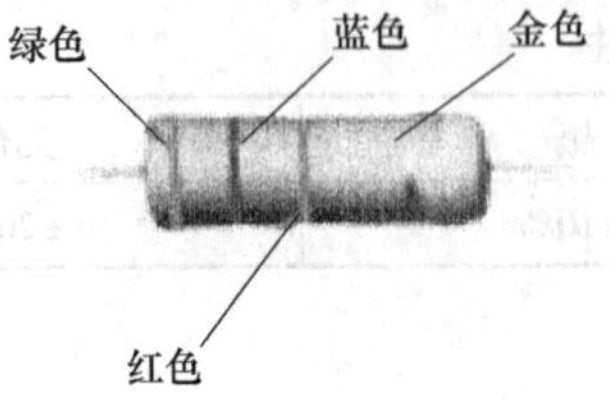

题图 2-1

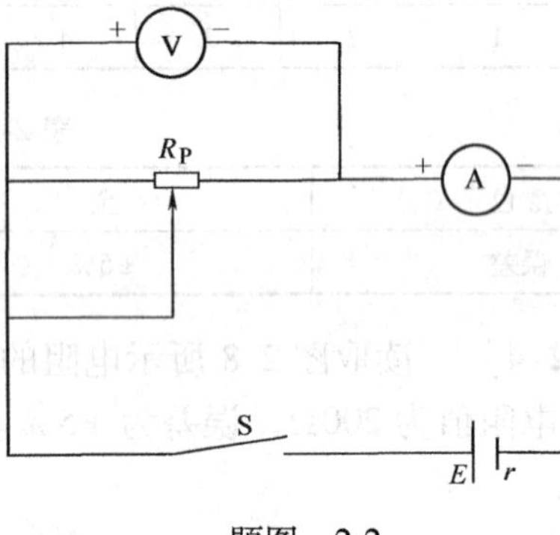

题图 2-2

② 将滑动变阻器活动触头置于某一适当位置（R_P 不为零），用万用表测出电压、电流的数值，连续测三次（R_P 不变）。

③ 改变滑动变阻器活动触头位置，按“2”的顺序重做一遍。

④ 根据测量出的电压、电流的两组平均值，计算出电源的电动势 E 和内阻 r。

第二单元

直流电路

课题三　简单直流电路分析

学习指南

直流电路和正弦交流电路是实际中用得最多的两种电路。本课题学习的直流电路是在前一课题基本概念和基本定律的基础上展开的，将着重介绍直流电路最基本的分析和计算方法。

这些分析方法不仅适用于直流电路，也适用于交流电路，甚至可应用于“电子技术”等课程中，因此，本课题是全书的基础。

◇学习目标

1. 掌握串并联电路的性质和作用，理解串联分压、并联分流和功率分配的原理，掌握简单混联电路的分析和计算方法。
2. 掌握电路中各点电位以及任意两点间电压的计算方法。
3. 掌握直流电桥电路的平衡条件及其应用。
4. 掌握负载获得最大功率的条件，并会简单计算其最大功率。
5. 了解电桥测定电阻的基本原理。
6. 了解万用表的基本工作原理。
7. 能正确地使用万用表测定不同阻值的电阻。
8. 初步建立分析电阻串并联电路的能力。

◇学习重点

串联与并联电路的性质和作用，以及电位、电压、电流、等效电阻的计算和测量。

◇学习难点

串联分压、并联分流以及较为复杂的混联电路的等效电阻、支路电流和电压的计算。

◇学习时数

12 学时。

任务书

<table>
<tr><td>项目</td><td colspan="6">电阻串并联电路的连接和分析</td><td>时间</td><td>2 学时</td></tr>
<tr><td>工具材料</td><td colspan="8">12V 直流电源，开关 1 只，电阻若干，导线若干，万用表 1 只</td></tr>
<tr><td>实操要求</td><td colspan="8">1. 电路如项目图 3 所示，现要使 R_5 获取最大功率（设电源内阻可略去不计），请在教师提供的电阻中选取相应电阻，并按图装接
2. 合上 S 测量通过 5 只电阻的电流
3. 合上 S 测量 A、B、C、D、E 点的电压
4. 再将阻值为 1kΩ 的 R_6 接在 BC 间，测量通过 R_6 的电流
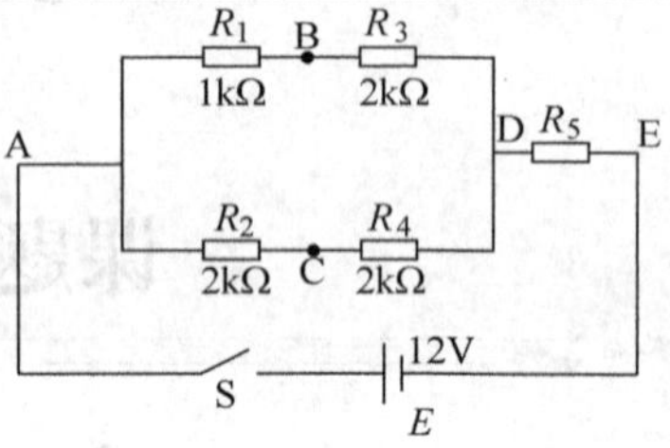

项目图 3</td></tr>
<tr><td rowspan="9">测量记录</td><td rowspan="3">电位/V</td><td>物理量</td><td>Φ_A</td><td>Φ_B</td><td>Φ_C</td><td>Φ_D</td><td>Φ_E</td><td>/</td></tr>
<tr><td>测量值</td><td></td><td></td><td></td><td></td><td></td><td>/</td></tr>
<tr><td>计算值</td><td></td><td></td><td></td><td></td><td></td><td>/</td></tr>
<tr><td rowspan="3">电压/V</td><td>物理量</td><td>U_{AB}</td><td>U_{BD}</td><td>U_{AC}</td><td>U_{CD}</td><td>U_{DE}</td><td>/</td></tr>
<tr><td>测量值</td><td></td><td></td><td></td><td></td><td></td><td>/</td></tr>
<tr><td>计算值</td><td></td><td></td><td></td><td></td><td></td><td>/</td></tr>
<tr><td rowspan="3">电流/mA</td><td>物理量</td><td>I_1</td><td>I_2</td><td>I_3</td><td>I_4</td><td>I_5</td><td>I_6</td></tr>
<tr><td>测量值</td><td></td><td></td><td></td><td></td><td></td><td></td></tr>
<tr><td>计算值</td><td></td><td></td><td></td><td></td><td></td><td></td></tr>
<tr><td>计算与思考</td><td colspan="8">1. 根据测量得到的电位值，计算相应电压，并填入记录表中的相应测量值中
2. 计算记录表中的相关计算值，并与测量值比较
3. 计算 R_5 获得的最大功率
4. 验证：① $U_{AE}=U_{AB}+U_{BD}+U_{DE}$；② $U_{AE}=U_{AC}+U_{CD}+U_{DE}$；③ $I_5=I_1+I_2=I_3+I_4$
5. 讨论接入 R_6 后对原电路的影响</td></tr>
<tr><td>体会</td><td colspan="8"></td></tr>
<tr><td>温馨提示</td><td colspan="8">1. 教师需提供 10 只以上的电阻供学生选择，且必须有相应的电阻值
2. 本课题测量和计算项目虽然很多，但是掌握了方法也是很简单的
3. 通过本课题的学习后，需对电位、电压、电流等概念及串并联电路的特点等知识进行反思，这对后续学习很有帮助</td></tr>
</table>

知识链接

1. 电阻的串联电路

（1）电阻串联电路的概念　在电路中，几个电阻依次连接，中间没有分岔支路的连接方式叫电阻的串联。图 3-1 所示为三个电阻的串联电路。

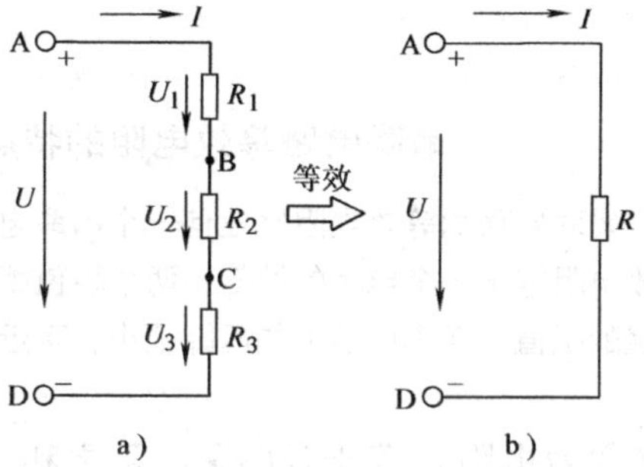

图 3-1　电阻的串联
a）电路　b）等效电路

独木桥串、并接的启示

在一座独木桥的后边不造大马路，而再架独木桥，这将使其对人流的阻碍增大。而在独木桥的旁边架起更多的独木桥，将使人流更易疏散，交通阻碍力减小。它们之间串接相当于长度变长，它们之间并接相当于横截面积增大。

现在请你回答：若将三个完全一样的导体（电阻为 R）相互串接，电阻将如何变化？变了多少？若将三个电阻并接，又将如何？

电流为何相加

由于串联电路只有唯一通路，况且电荷不会在电路中任一地方积累或消失，所以在相同时间内通过电路导线任一截面的电荷数必然相等，即各串联电阻中流过的电流相同。这就好比相互串接的大桥，通过各桥的车流量是相同的。

（2）电阻串联电路的特点

➤ 串联电路中流过每一个电阻的电流都相等，即

$$I = I_1 = I_2 = I_3 = \cdots = I_n \tag{3-1}$$

➤ 串联电路两端的总电压等于各电阻两端的电压之和，即

$$U = U_1 + U_2 + U_3 + \cdots + U_n \tag{3-2}$$

◆ n 个阻值相等的电阻串联：$U_1 = U_2 = U_3 = \cdots = U_n = \dfrac{U}{n}$

小知识

电压为何相加

如图 3-1a 所示，由电压与电位的关系可知：

$$U_{AB}=\varphi_A-\varphi_B,\ U_{BC}=\varphi_B-\varphi_C,\ U_{CD}=\varphi_C-\varphi_D$$

三式相加得

$$U_{AB}+U_{BC}+U_{CD}=\varphi_A-\varphi_B+\varphi_B-\varphi_C+\varphi_C-\varphi_D=\varphi_A-\varphi_D=U_{AD}$$

即 $U_1+U_2+U_3=U$，这就好比相串接的高架桥，它的全长等于各桥长度之和。

小知识

串联电路等效电阻的特点

主要特点有：串联电路的等效电阻比任何一个串联电阻的阻值大；两个相等阻值的电阻串联，其等效电阻等于一个电阻的两倍；两个阻值相差很大的电阻串联，则等效电阻近似等于大电阻的阻值，即小电阻上的压降很小，可近似看成短路。

➤ 串联电路的总电阻（等效电阻）等于各串联电阻之和，即

$$R=R_1+R_2+R_3+\cdots+R_n \tag{3-3}$$

◆ n 个阻值相等的电阻串联：

$$R=nR_1=nR_2=nR_3=\cdots=nR_n$$

◆ 等效电阻：在分析电路时，为了方便起见，常用一个电阻来表示几个串联电阻，这个电阻叫等效电阻。图 3-1b 所示为等效电路，R 为等效电阻。在图 3-1a 中，总电阻应等于总电压除以电流，即

$$R=\frac{U}{I}=\frac{U_1+U_2+U_3}{I}=R_1+R_2+R_3$$

➤ 串联电阻两端的电压与其电阻的阻值成正比，即

$$\frac{U_1}{R_1}=\frac{U_2}{R_2}=\frac{U_3}{R_3}=\cdots=\frac{U_n}{R_n} \tag{3-4}$$

◆ 分压公式为

$$U_n=\frac{R_n}{R}U \quad 或 \quad \frac{U_n}{U}=\frac{R_n}{R} \tag{3-5}$$

式（3-5）中的$\frac{R_n}{R}$为分压比，它表明电阻越大，分配到的电压也越大。

◆ 两个或三个电阻串联，它们的分压分别为

$$\begin{cases}U_1=\dfrac{R_1}{R_1+R_2}U\\ U_2=\dfrac{R_2}{R_1+R_2}U\end{cases} \quad 和 \quad \begin{cases}U_1=\dfrac{R_1}{R_1+R_2+R_3}U\\ U_2=\dfrac{R_2}{R_1+R_2+R_3}U\\ U_3=\dfrac{R_3}{R_1+R_2+R_3}U\end{cases}$$

➤ 串联电路中各电阻消耗的功率与其阻值成正比，即

$$\frac{P_1}{R_1}=\frac{P_2}{R_2}=\frac{P_3}{R_3}=\cdots=\frac{P_n}{R_n}=I^2 \tag{3-6}$$

想一想

请 你 推 导

根据串联电路的特点和欧姆定律，请你想一想式（3-3）、式（3-5）、式（3-6）是如何推导出来的？

（3）串联电路的应用

➤ 利用小电阻的串联来获得较大阻值的电阻。

➤ 利用串联电阻构成分压器，可使一个电源供给几种不同的电压，或从信号源中取出一定数值的信号电压。

➤ 利用串联电阻的方法，限制和调节电路中电流的大小。

➤ 利用串联电阻来扩大电压表的量程，以便测量较高的电压等。

［**例 3-1**］　一个电流为 0.2A，电压为 1.5V 的小灯泡，接到 4.5V 的电源上，应该串联多大的电阻，才能使小灯泡正常发光？

想一想

多角度解题

对于例 3-1，除用该思路解题外，还有其他思路吗？如从串联的降压电阻应承担的电压着手，来计算降压电阻 R_2。

解　总电阻　$R=\dfrac{U}{I}=\dfrac{4.5\text{V}}{0.2\text{A}}=22.5\Omega$

小灯泡灯丝的电阻　$R_1=\dfrac{U_1}{I}=\dfrac{1.5\text{V}}{0.2\text{A}}=7.5\Omega$

串联的降压电阻　$R_2=R-R_1=22.5\Omega-7.5\Omega=15\Omega$

［**例 3-2**］　如图 3-2 所示的分压器中，已知 $U=300\text{V}$，d 点是公共接点（参考点），$R_1=150\text{k}\Omega$，$R_2=100\text{k}\Omega$，$R_3=50\text{k}\Omega$，求输出电压 U_{cd}、U_{bd}？

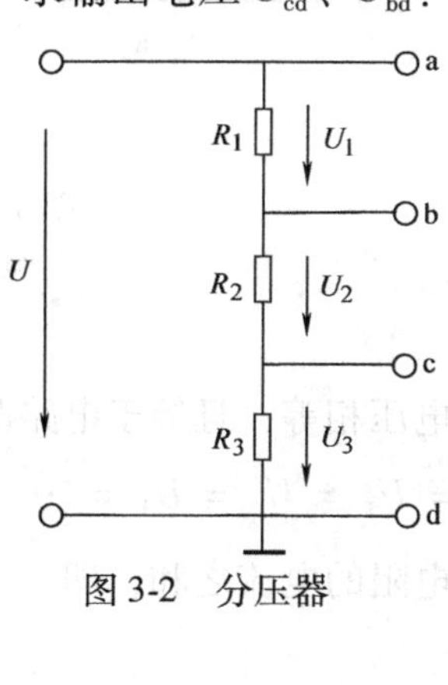

图 3-2　分压器

解 $$U_{cd}=U_3=\frac{R_3}{R_1+R_2+R_3}U=\frac{50k\Omega}{150k\Omega+100k\Omega+50k\Omega}\times300V=50V$$

$$U_{bd}=U_2+U_3=\frac{R_2}{R_1+R_2+R_3}U+U_3=\frac{50\Omega}{150\Omega+100\Omega+50\Omega}\times300V+50V=150V$$

小试身手

电路设计

由例 3-2 可知，利用几个电阻串联，可使同一电源提供多种电压。现有一电源，其电压为 300V，要求其能提供 ±150V 的电压。你能否设计？

［**例 3-3**］ 有一个表头，它的满刻度电流（即允许通过的最大电流）I_g 是 50μA，内阻 r_g 是 3kΩ。若将其改装成量程（即测量范围）为 10V 的电压表，应串联多大电阻（电路如图 3-3 所示）？

解 当表头满刻度时，表头两端的电压

$$U_g=I_gr_g=50\times10^{-6}A\times3\times10^3\Omega=0.15V$$

设量程扩大到 10V 所需串入的电阻为 R，则

$$R=\frac{U_R}{I_R}=\frac{U-U_g}{I_g}=\frac{10V-0.15V}{50\times10^{-6}A}=197k\Omega$$

即应串联一只 197kΩ 的电阻，才能把表头改装成量程为 10V 的电压表。

2. 电阻的并联电路

（1）电阻并联电路的概念 在电路中，将几个电阻的一端共同连接在电路的一个点上，把它们的另一端共同连接在另一点上，这种连接方式叫电阻的并联，如图 3-4 所示为三个电阻并联的电路。

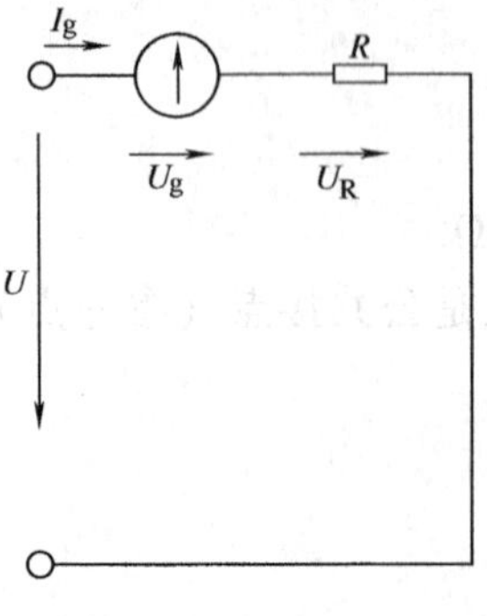

图 3-3 扩大电压表量程

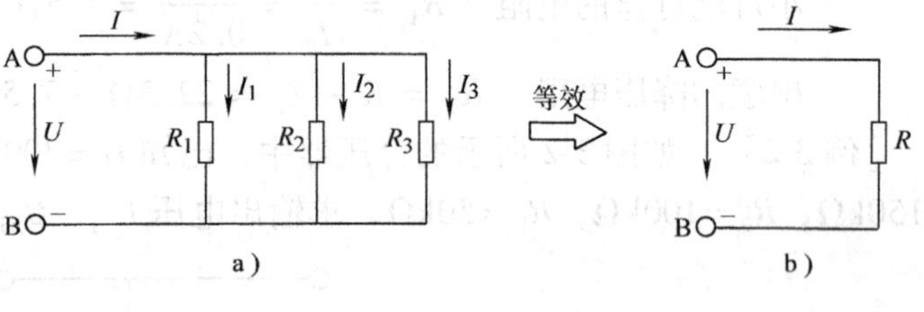

图 3-4 电阻的并联
a）电路 b）等效电路

（2）电阻并联电路的特点

➤ 电路中各并联电阻两端的电压相等，且等于电路两端的电压，即

$$U=U_1=U_2=U_3=\cdots=U_n \tag{3-7}$$

➤ 电路的总电流等于各并联电阻的电流之和，即

$$I = I_1 + I_2 + I_3 + \cdots + I_n \tag{3-8}$$

◆ 若 n 个阻值相等的电阻并联，则 $I_1 = I_2 = I_3 = \cdots = I_n = \dfrac{I}{n}$

➤ 电路的总电阻（等效电阻）的倒数等于各电阻的倒数之和，即

$$\frac{1}{R} = \frac{1}{R_1} + \frac{1}{R_2} + \frac{1}{R_3} + \cdots + \frac{1}{R_n} \tag{3-9}$$

◆ 若两个电阻并联，则

$$R = R_1 /\!/ R_2 = \frac{R_1 R_2}{R_1 + R_2}$$

式中“//”为并联符号。

◆ 若 n 个阻值相等的电阻并联，则

$$R = R_1 /\!/ R_2 /\!/ R_3 /\!/ \cdots /\!/ R_n = \frac{R_1}{n} = \frac{R_2}{n} = \frac{R_3}{n} = \cdots = \frac{R_n}{n}$$

➤ 电路中流过各并联电阻上的电流与其阻值成反比，即

$$I_1 R_1 = I_2 R_2 = I_3 R_3 = \cdots = I_n R_n \tag{3-10}$$

◆ 分流公式为

$$I_n = \frac{R}{R_n} I \quad 或 \quad \frac{I_n}{I} = \frac{R}{R_n} \tag{3-11}$$

式（3-11）中 $\dfrac{R}{R_n}$ 称为分流比，它表明了阻值越大的电阻，分配到的电流越小。

◆ 两条支路的分流公式为

$$\begin{cases} I_1 = \dfrac{R_2}{R_1 + R_2} I \\ I_2 = \dfrac{R_1}{R_1 + R_2} I \end{cases}$$

➤ 并联电路中各个电阻消耗的功率跟它的阻值成反比，即

$$P_1 R_1 = P_2 R_2 = P_3 R_3 = \cdots = P_n R_n = U^2 \tag{3-12}$$

想一想

请你推导

根据并联电路的特点和欧姆定律，请你想一想式（3-9）、式（3-11）、式（3-12）是如何推导出来的？

（3）并联电路的应用

➤ 利用电阻的并联获得较小阻值，以满足电路的要求。

➤ 利用将工作电压相同的负载并联（如电炉、照明灯等都是 220V），可使任何一个负载的工作情况不受其他负载的影响。

➤ 利用在电流表两端并接分流电阻，以扩大电流表的量程等。

[**例 3-4**] 有一个 300Ω 的电阻，分别与 600Ω、300Ω、15Ω 的电阻并联，并联后的等效电阻各是多少？

解 根据电阻并联公式有：

（1）$R = 300\Omega // 600\Omega = \dfrac{300\Omega \times 600\Omega}{300\Omega + 600\Omega} = 200\Omega$

或 $R = 300\Omega // 600\Omega = 600\Omega // 600\Omega // 600\Omega = \dfrac{600\Omega}{3} = 200\Omega$

（2）$R = 300\Omega // 300\Omega = \dfrac{300\Omega \times 300\Omega}{300\Omega + 300\Omega} = 150\Omega$

或 $R = 300\Omega // 300\Omega = \dfrac{300\Omega}{2} = 150\Omega$

（3）$R = 300\Omega // 15\Omega = \dfrac{300\Omega \times 15\Omega}{300\Omega + 15\Omega} \approx 15\Omega$

小知识

并联电路等效电阻的特点

从例 3-4 可知：并联电路的等效电阻比任何一个并联电阻的阻值小；若两个相等阻值的电阻并联，其等效电阻等于一个电阻的 1/2；两个阻值相差很大的电阻并联（最常见的也是我们最易忽略的是电路中电阻的旁边都并有一个很大阻值的物质，即空气），则等效电阻近似等于小电阻的阻值，即流过大电阻上的电流很小，近似看成开路。

[**例 3-5**] 线路电压为 220V，每根输电导线的电阻 $R_1 = 1\Omega$，电路中并联了 100 盏 220V、40W 的电灯。求：（1）只打开其中 10 盏时，每盏灯的电压和功率；（2）100 盏灯全部打开时，每盏灯的电压和功率。

解 根据题意，100 盏电灯是并联的，电灯与输电导线是串联的，其中，R_1 是每根输电导线的电阻，电路如图 3-5 所示。从图上可以看出，电灯的电压等于线路电压减去输电导线上的电压，因此，应先求出并联电灯的等效电阻 R_3，再求出电路的总电阻 R，从而算出电路中的总电流，求出输电导线上的电压，这样就求得电灯的电压和功率（其他解题思路自行思考）。

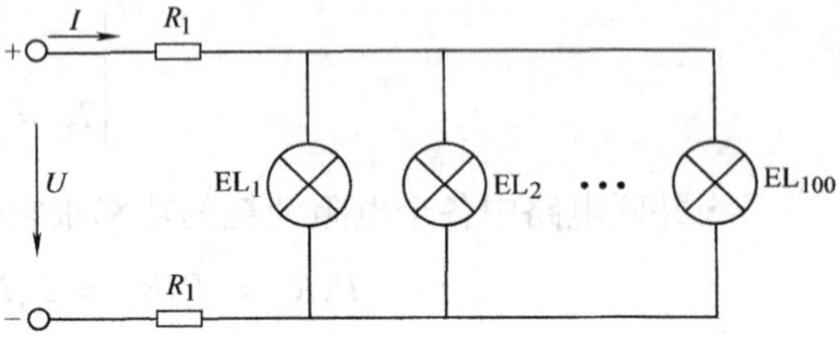

图 3-5 例 3-5 图

（1）只打开 10 盏电灯的时候

每盏电灯的电阻 $R_2 = \dfrac{U^2}{P} = \dfrac{(220\text{V})^2}{40\text{W}} = 1210\Omega$

10 盏电灯并联后的等效电阻 $R_3 = \dfrac{R_2}{10} = \dfrac{1210\Omega}{10} = 121\Omega$

电路中的总电阻 $R = R_3 + 2R_1 = 121\Omega + 2 \times 1\Omega = 123\Omega$

电路中的总电流 $I=\dfrac{U}{R}=\dfrac{220\text{V}}{123\Omega}\approx 1.8\text{A}$

两根输电导线上的电压 $U_r=2R_1I=2\times 1\Omega\times 1.8\text{A}=3.6\text{V}$

电灯的电压 $U_L=U-U_r=220\text{V}-3.6\text{V}\approx 216\text{V}$

每盏电灯的功率 $P=\dfrac{U_L^2}{R}=\dfrac{(216\text{V})^2}{1210\Omega}\approx 39\text{W}$

（2）100 盏电灯全部打开的时候，解题方法同（1），可得电灯的电压 $U_L\approx 188\text{V}$，每盏电灯的功率 $P\approx 29\text{W}$。

小知识

傍晚的灯为何较暗？

从例 3-5 中可以看出，电路中并联的用电器越多，并联部分的电阻就越小，在总电压不变的条件下，电路中的总电流就越大，因此，输电线上的电压降就越大。这样，加在用电器上的电压就越小，每个用电器消耗的功率也越小。人们在晚上七、八点钟开灯时，由于此时使用照明灯的用户较多，灯光就比深夜时暗些。

［**例 3-6**］ 有一只电流表，它的最大量程 $I_g=100\mu\text{A}$，其内阻 $r_g=1\text{k}\Omega$。若将其改装成最大量程为 1100μA 的电流表，应如何处理？

解 原电流表最大量程只有 100μA，用它直接测量 1100μA 的电流显然是不行的，必须并联一个电阻进行分流以扩大量程，如图 3-6 所示。

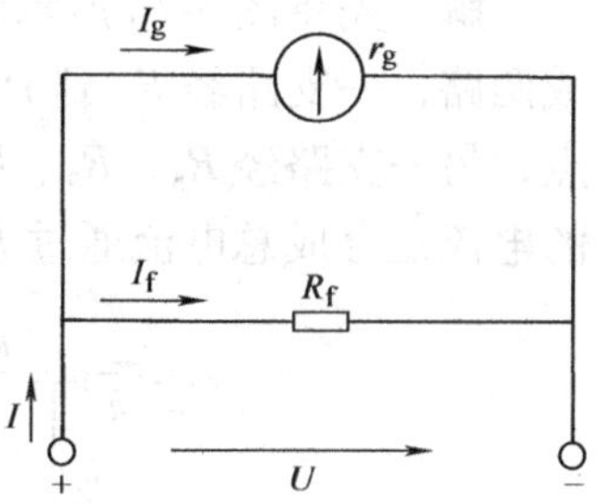

图 3-6 扩大电流量程

流过分流电阻 R_f 的电流为 $I_f=I-I_g=(1100-100)\ \mu\text{A}=1000\mu\text{A}=1\text{mA}$，电阻 R_f 两端的电压 U_f 与原电流表两端的电压 U_g 相等，因此

$$U_f=U_g=I_gr_g=100\times 10^{-6}\text{A}\times 1\times 10^3\Omega=0.1\text{V}$$

所以 $R_f=\dfrac{U_f}{I_f}=\dfrac{0.1\text{V}}{1\times 10^{-3}\text{A}}=100\Omega$

小知识

电池的串并联

把 n 个电动势相同、内阻相等的电池正、负极依次连接，就组成了串联电池组。串联电池组的电动势等于各个电池电动势之和，其内电阻等于各个电池内电阻之和。

把 n 个电动势相同、内阻相等的电池正极和正极、负极和负极相连接，就组成并联电池组。并联电池组的电动势等于一个电池的电动势，它的内阻等于一个电池内电阻的 $1/n$。

3. 电阻的混联电路

（1）电阻混联电路的概念 电路中电阻元件既有串联又有并联的连接方式，称为电阻的混联。

（2）混联电路的计算方法

➤ 简单混联电路的计算：先按串联和并联的计算方法，一步一步地把电路化简，最后就可以求出总的等效电阻。

➤ 复杂混联电路的计算：在有些混联电路里，往往不易一下子就看清各电阻之间的连接关系，难于下手分析，这时就要根据电路的具体结构，按照串联和并联电路的定义和性质，对电路进行等效变换，使其电阻之间的关系一目了然，而后进行计算。

进行电路的等效变换可采用下面的两种方法：

◆ 利用电流的流向及电流的分、合，画出等效电路图，如例3-7所示。

◆ 利用电路中各等电位点分析电路，画出等效电路图，如例3-8、例3-9所示。

（3）混联电路计算的一般步骤

➤ 首先对电路进行等效变换，把不容易看清串、并联关系的电路，进行整理、简化成容易看清串、并联关系的电路（整理电路过程中绝不能把原来的连接关系搞错）。

➤ 计算各电阻串联和并联的等效电阻，再计算电路的总等效电阻。

➤ 由电路的总等效电阻和电路的端电压计算电路的总电流。

➤ 根据电阻串联的分压关系和电阻并联的分流关系，逐步推算出各部分的电压和电流。

［**例3-7**］　图3-7a所示电路中，已知$R_1=R_2=8\Omega$，$R_3=R_4=6\Omega$，$R_5=R_6=4\Omega$，$R_7=R_8=24\Omega$，$R_9=16\Omega$，电路端电压$U=224\text{V}$，试求通过电阻R_9的电流和R_9两端的电压？

解　先将图3-7a所示的电路根据电流的流向进行整理。总电流通过电阻R_1后在C点分成两路，一支路经R_7到D点，另一支路经R_3到E点后又分成两路，其中一支路经R_8到F点，另一支路经R_5、R_9、R_6也到F点，电流汇合于F点后再经R_4到D点，与经R_7到D点的电流汇合成总电流通过R_2到B点，故画出等效电路如图3-7b所示。

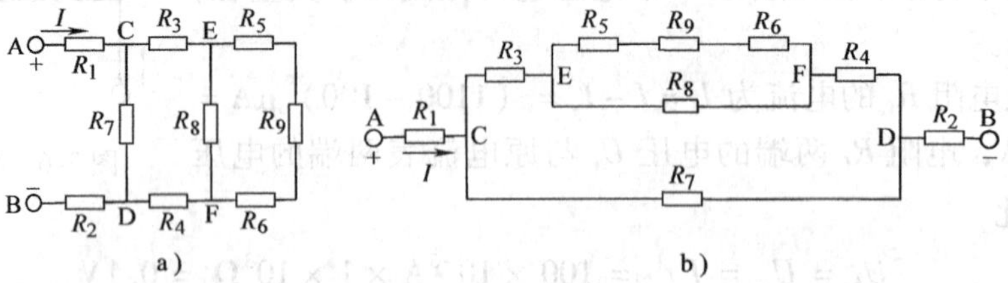

图3-7　例3-7图

a）电路　b）等效电路

然后根据电路中电阻的串、并联关系计算出电路总的等效电阻，可得

$$R = R_1 + [R_3 + (R_5 + R_9 + R_6) /\!/ R_8 + R_4] /\!/ R_7 + R_2 = 28\Omega$$

再计算电路的总电流　$I=\dfrac{U}{R}=\dfrac{224\text{V}}{28\Omega}=8\text{A}$

最后根据电阻并联的分流关系，可计算出通过R_9中的电流　$I_9=2\text{A}$

电阻R_9两端的电压　$U_9 = I_9R_9 = 2\text{A}\times16\Omega = 32\text{V}$

［**例3-8**］　图3-8a所示电路中，已知每一电阻的阻值$R=10\Omega$，电源电动势$E=6\text{V}$，电源内阻$r=0.5\Omega$，求电路中的总电流。

解　先将图3-8a所示电路中的连接点标以字母，如图3-8b所示。再进行整理：A点与C点等电位，B点与D点等电位，因此，$U_{AB}=U_{AD}=U_{CB}=U_{CD}$，即4个电阻两端的电压都相等，故画出等效电路如图3-8c所示。

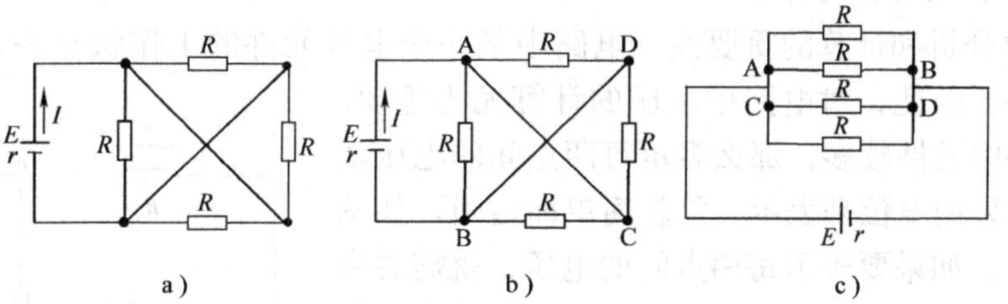

图 3-8　例 3-8 图

a）电路　b）标识电路　c）等效电路

由图 2-8c 所示可知，电路中的总电阻　$R = \frac{R}{4} = \frac{10\Omega}{4} = 2.5\Omega$

所以，电路中总的电流　$I = \frac{E}{R + r} = \frac{6\text{V}}{2.5\Omega + 0.5\Omega} = 2\text{A}$

［**例 3-9**］　图 3-9a 所示，已知 $R_1 = R_2 = R_3 = 2\Omega$，$R_4 = R_5 = 4\Omega$，求其总的等效电阻 R_{AB}。

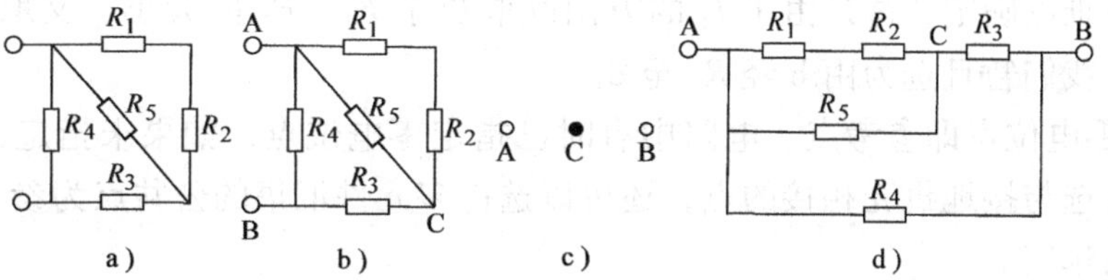

图 3-9　例 3-9 图

a）电路　b）标识电路　c）字母排列　d）等效电路

解　先在原电路中给每一个连接点标注一个字母（同一导线相连的各连接点即等电位可用同一字母），如图 3-9b 所示；再按顺序将各字母沿水平方向排列，待求端的字母置于始、终两端，如图 3-9c 所示；最后将各电阻依次填入相应的字母之间，即：R_1 与 R_2 串联在 A、C 间，R_3 在 B、C 间，R_4 在 A、B 间，R_5 在 A、C 间，如图 3-9d 所示。

由图 3-9d 所示等效电路可求出 AB 间的等效电阻

$$R_{AB} = [(R_1 + R_2)//R_5 + R_3]//R_4 = 2\Omega$$

想一想

安培表的正确使用

图 3-10a 所示为安培表外接法测电阻阻值的电路，图 3-10b 所示为安培表内接法测电阻阻值的电路。前者适用于被测电阻 R 较小的情况，而后者适用于被测电 R 较大的情况。你知道为什么吗？

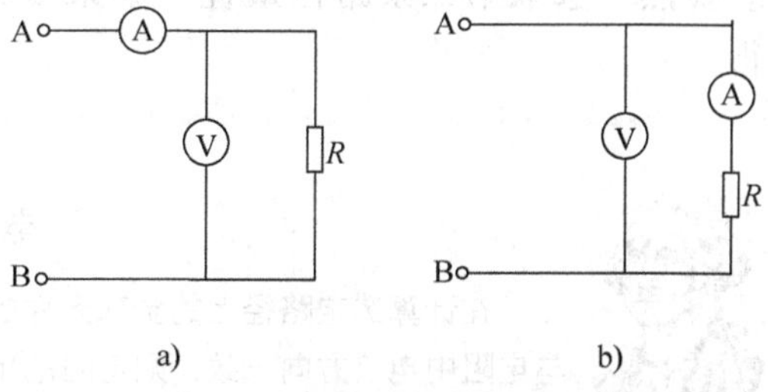

图 3-10　测量电阻的方法

a）外接法　b）内接法

4. 电路中各点电位的计算

（1）电位分析和计算的重要性　电路中某一个电气元件的工作状态往往可以用其两端的电压来反映，因此，对电路中电压的计算尤为重要。但是，当电路中元件较多，那么表示每两点间的电压就显得繁琐，如果用电位来表示，那就简单而清晰。如图3-11所示电路，如果要表示每两点间的电压，就需要有U_{ab}、U_{ac}、U_{ad}、U_{bc}、U_{bd}、U_{cd}六个电量，但如果选取其中一点为参考点，只需要用三个电位量就可清楚地比较出电路中每两点间的电压关系。所以，在电工和电子技术中，经常采用电位的分析和计算方法。

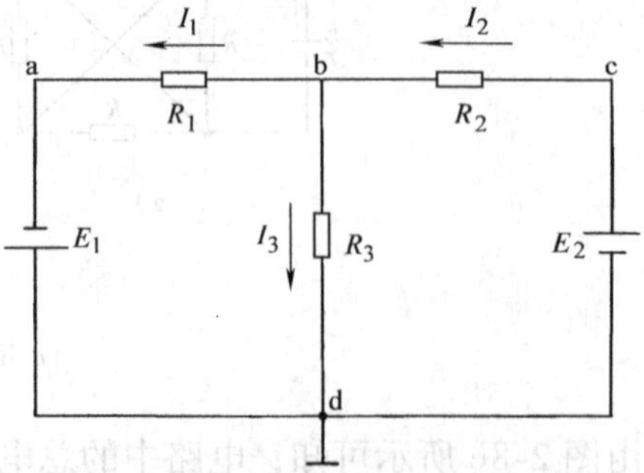

图3-11　电路图

（2）分析计算电位的基本步骤（以图3-11所示电路为例）

➤ 根据已知条件，确定部分电路或某些元件上的电流和电压的大小和方向，为选定零电位点和计算电位做好准备。

◆ 由图3-11所示可知：$U_{ab}=-E_1$，$U_{cd}=E_2$，I_1 从b经 R_1 至a，I_2 从c经 R_2 至b。而 I_3 的实际方向难以确定，这是由于 I_3 的方向既取决于 E_1、E_2 的大小，又取决于 R_1、R_2 的大小。这时，我们暂且选为由b经 R_3 至d。

➤ 选定零电位点即参考点。电路中有时已指定零电位点，如果未指定，通常规定大地电位为零，或选与接地机壳相接的点，还可以选许多元件汇集的公共点为参考点，也可以根据计算方便而选定。

◆ 如图3-11所示电路中，因 U_{ad}、U_{cd} 已知，因此可选取d点为参考点，计算a、b、c点的电位就显得简单方便。若取b点为参考点，计算其他点的电位就显得较为繁琐。

➤ 选择路径，计算各点电位。参考点选好后，要计算某点电位，可从这点出发，经电路中任意路径到参考点。将这条路径上的各段电压，按照从该点指向参考点的方向依次相加。路径可以任意选择，但选择的原则是要计算方便简单。

◆ 如图3-11所示电路中，以d点为参考点，若求a点的电位，选择的路径有三条，显然从a点→E_1→d点为最佳路径。若求b点电位，选择的路径也有三条。一条是从b点→R_1→a点→E_1→d点，其电位 $\varphi_b=U_{ba}+U_{ad}=I_1R_1-E_1$；第二条是从b点→$R_3$→d点，电位 $\varphi_b=U_{bd}=I_3R_3$；第三条是从b点→R_2→c点→E_2→d点，电位 $\varphi_b=U_{bc}+U_{cd}=-I_2R_2+E_2$。显然，选取第二条路径最佳。如果要计算某两点间的电压，可根据电压等于电位差求得。

小知识

电压正负值的确定

在计算选定路径上的全部元件的电压代数和时，若选定的绕行方向即电压参考方向与电阻中电流方向一致，则电阻的电压为正，反之为负；若绕行方向是从电源正极到电源负极即电压下降方向，则电源电压取正值，反之取负值。

［**例3-10**］　图3-12所示电路中，当开关S断开或闭合时，a点电位各为多少？

解　（1）当开关S断开时，d、c间电压为

$$U_{dc}=\varphi_d-\varphi_c=12V-(-8)V=20V$$

流过 R_1、R_2、R_3 的电流为

$$I=\frac{U_{dc}}{R_1+R_2+R_3}=\frac{20V}{2\Omega+5\Omega+3\Omega}=2A$$

a、c间电压为

$$U_{ac}=IR_1=2A\times3\Omega=6V$$

所以，a点电位为

$$\varphi_a=U_{ac}+\varphi_c=6V-8V=-2V$$

φ_a 为负值，表示a点电位比参考点电位低2V。

（2）当开关S闭合时，$\varphi_b=0$。b、c间电压为

$$U_{bc}=\varphi_b-\varphi_c=0-(-8)V=8V$$

流过 R_1、R_2 的电流为

$$I=\frac{U_{bc}}{R_1+R_2}=\frac{8V}{5\Omega+3\Omega}=1A$$

所以，a点电位为

$$\varphi_a=U_{ab}=-IR_2=-1A\times5\Omega=-5V$$

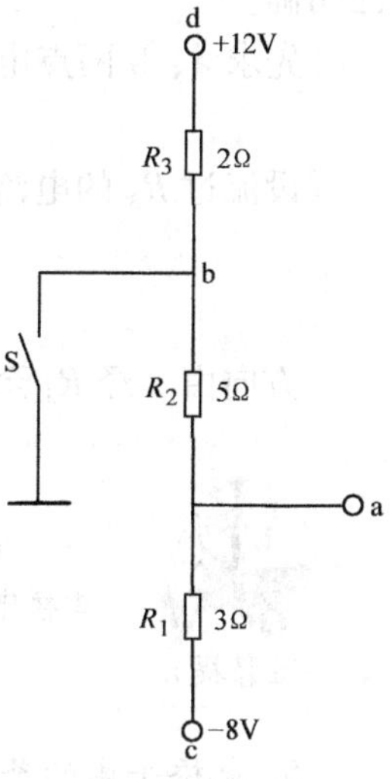

图3-12　例3-10图

［**例3-11**］　如图3-13所示电路中，已知 $E_1=20V$，$E_2=30V$，$R_1=R_3=R_4=5\Omega$，$R_2=10\Omega$，求a、b、c三点电位。

解　电阻 R_4 上无电流通过，所以无电压。$E_1\to R_3\to R_2\to R_1\to E_1$ 形成闭合回路，电流方向如图3-13所示。根据欧姆定律，得

$$I=\frac{E_1}{R_1+R_2+R_3}=\frac{20V}{5\Omega+10\Omega+5\Omega}=1A$$

因为　$\varphi_c=0$

所以　$\varphi_b=U_{bd}+U_{dc}=-IR_2-IR_3=-I(R_2+R_3)=-1A\times(10+5)\Omega=-15V$

或　$\varphi_b=U_{bh}+U_{hc}=IR_1-E_1=1A\times5\Omega-20V=-15V$

所以　$\varphi_a=U_{af}+U_{fb}+U_{bc}=0+E_2+\varphi_b=0+30V+(-15)V=15V$

［**例3-12**］　如图3-14所示电路中，已知 $E_1=6V$，$E_2=16V$，$E_3=14V$，$R_3=8\Omega$，求流过电阻 R_3 的电流。

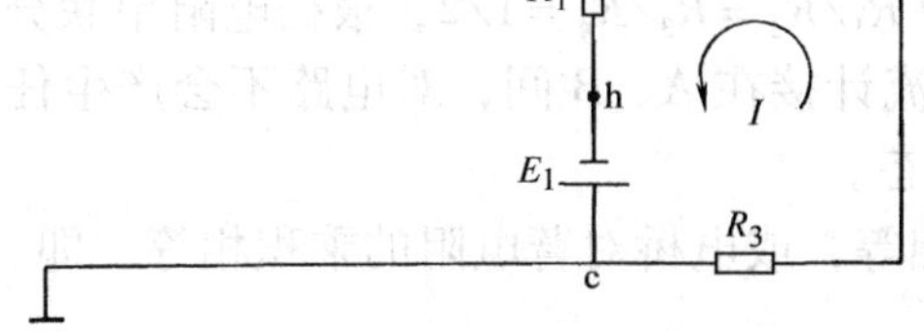

图3-13　例3-11图

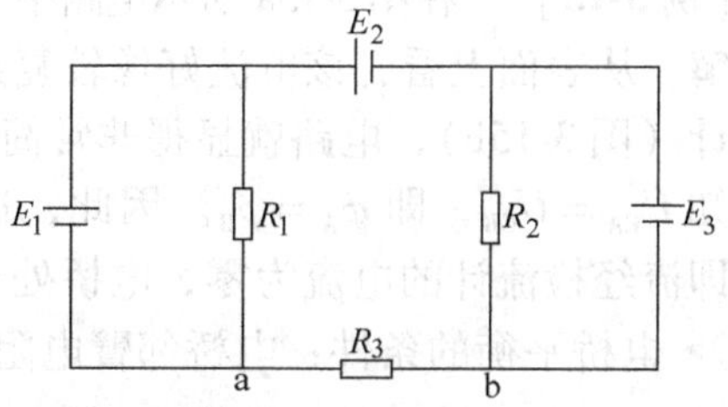

图3-14　例3-12图

解 该电路看似较为复杂，但由于 $a \to E_1 \to E_2 \to E_3 \to b$ 间无电阻存在，因此，各点电位已明确。

先求 a、b 两点电位，设 b 点为参考点，即 $\varphi_b = 0$，那么

$$\varphi_a = E_2 + E_3 - E_1 = 16V + 14V - 6V = 24V$$

设流过 R_3 的电流为 I_{ab}，则

$$I_{ab} = \frac{U_{ab}}{R_3} = \frac{\varphi_a - \varphi_b}{R_3} = \frac{24V - 0V}{8\Omega} = 3A$$

方向由 a 经 R_3 至 b。

温馨提示

在实际工作所能接触到的各种各样的电路中，特别是在自动控制和测量技术中，电桥电路是一种应用非常广泛的复杂电路。

5. 电桥平衡的条件

（1）直流电桥电路 如图 3-15a 所示，电阻 R_1、R_2、R_3、R_4 连接成四边形闭合回路，是电桥的四个“臂”，称为桥臂电阻。在一组对角顶点上接入的检流计（灵敏电流表），是电桥的桥，称为桥支路。在另一组对角顶点上接入直流电源 E 和可变电阻 RP，就组成了最简单的直流电桥，也叫单臂电桥。

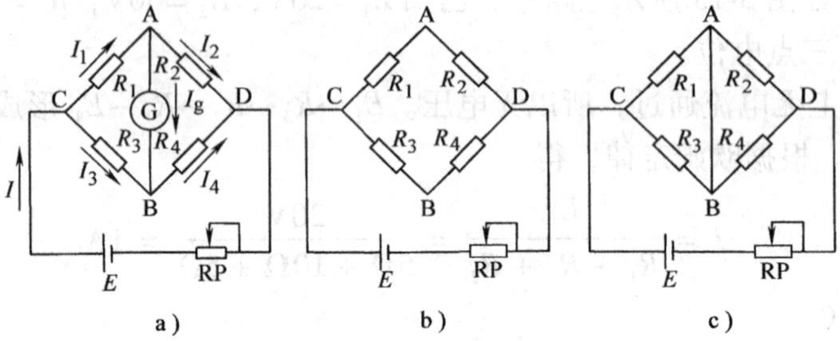

图 3-15 直流电桥电路

a）带检流计电路 b）不带检流计电路 c）桥支路短接电路

（2）直流电桥平衡

➤电桥平衡的概念：当电桥电路的 4 个桥臂电阻满足一定关系时，桥支路中没有电流通过，这种状态称之为电桥平衡。

［**例 3-13**］ 在图 3-15a 所示电路中，如果 $R_1 = R_3 = 1k\Omega$，$R_2 = R_4 = 2k\Omega$，这时电桥平衡吗?

解 从表面上看，该电流好像较复杂，用已学的知识不能计算，但是，如果我们先除去检流计（图 3-15b），电路就显得非常简单。因为 $R_1/R_2 = R_3/R_4 = 1/2$，根据电阻串联分压公式可知 $U_{CA} = U_{CB}$，即 $\varphi_A = \varphi_B$。因此，这时将检流计接在 A、B 间，对电路不会产生任何影响，即流经检流计的电流为零，电桥处于平衡状态。

➤电桥平衡的条件：电桥邻臂电阻的比值相等，或电桥对臂电阻的乘积相等，即

$$\frac{R_1}{R_2} = \frac{R_3}{R_4} \quad 或 \quad R_1R_4 = R_2R_3 \qquad (3\text{-}13)$$

➤ 电桥平衡的特点：桥支路电流为零，桥两端电压为零。在电桥处于平衡状态下，桥支路的开路（图 3-15b）或短路（图 3-15c）都不会影响各臂电流的分配。

➤ 电桥平衡电路的应用

小知识

电桥平衡条件推导

在图 3-15a 所示电路中，要求电桥平衡，也就是

$$I_g=0，U_{AB}=0，即\ \varphi_A=\varphi_B，$$

则 $U_{CA}=U_{CB}$，$U_{AD}=U_{BD}$，即 $I_1R_1=I_3R_3$，$I_2R_2=I_4R_4$。

两式相除得

$$\frac{I_1R_1}{I_2R_2}=\frac{I_3R_3}{I_4R_4}$$

由于 $I_g=0$，所以 $I_1=I_2$，$I_3=I_4$，因此 $\frac{R_1}{R_2}=\frac{R_3}{R_4}$

◆ 电桥电路在电子技术中应用很广，其中最主要的是测量电阻。同万用表电阻挡测电阻相比较，它具有较高的测量准确度。

◆ 测量电阻的原理和方法：将待测电阻 R_x 作为电桥的一个臂接在图 3-15a 所示 R_4 位置，在已知 R_1、R_2、R_3 阻值的情况下，当电桥处于平衡状态时，可根据电桥平衡条件得 $R_x=\frac{R_2R_3}{R_1}$。

小知识

滑线式电桥测电阻

单臂电桥有多种形式，学校里常用的是滑线式电桥，如图 3-16 所示。电桥的主要部分是一条 1m 长的均匀电阻线 AC。待测电阻 R_x 接在 B、C 间，作已知电阻用的电阻箱 R 接在 A、B 间，D 是滑动触头，可沿 AC 线移动，平时不跟 AC 线接触，按下后接通，松手后又断开。

由于电阻线 AC 是均匀的，AD 段的电阻跟 DC 段的电阻之比等于它们的长度比 l_1/l_2。因此，按下滑动触头后，如果检流计中没有电流通过，就可用 $R_x=\frac{l_2}{l_1}R$ 计算出 R_x 的阻值。

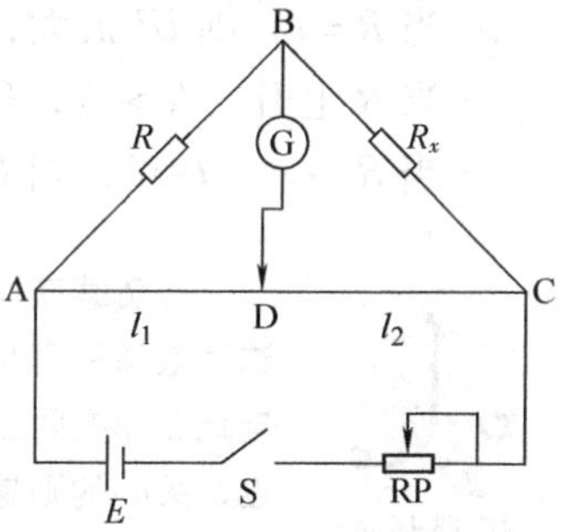

图 3-16　滑线式电桥电路

6. 负载获得最大功率的条件

（1）功率传输　任何电路都进行着由电源到负载的功率传输。由于电源可化为一个电动势 E 和内阻 r 串联的等效电源，所以，电源提供的总功率为内阻消耗的功率与负载消耗的功率之和。若内阻消耗功率增大，则负载消耗功率就将减小。

（2）负载获得最大功率的条件

➤ 负载获得最大功率的条件：负载电阻等于电源内阻，即 $R=r$，这也是电源输出最大功率的条件。

➤ 负载获得的最大功率为

$$P_{max}=\frac{E^2}{4R}=\frac{E^2}{4r} \tag{3-14}$$

➤ 功率匹配：负载电阻 R 与电源内阻 r 相等，能使负载获得最大功率，称为负载与电源功率匹配。

小知识

推 导 示 例

在什么条件下负载才能从电源获得最大功率呢？

我们知道，在图 3-17 所示电路中的负载 R 获得的功率应为

$$P = I^2R = \left(\frac{E}{R+r}\right)^2 R = \frac{E^2R}{(R+r)^2} = \frac{E^2R}{R^2+2Rr+R_2}$$

$$= \frac{E^2R}{R^2-2Rr+r^2+4Rr} = \frac{E^2}{(R-r)^2/R+4r}$$

由于上式中的 E 和 r 都可以看成常量，那么只有分母为最小值，也就是 $R=r$ 时，P 才能达到最大值。其最大值为

$$P_{max} = \frac{E^2}{4R} = \frac{E^2}{4r}$$

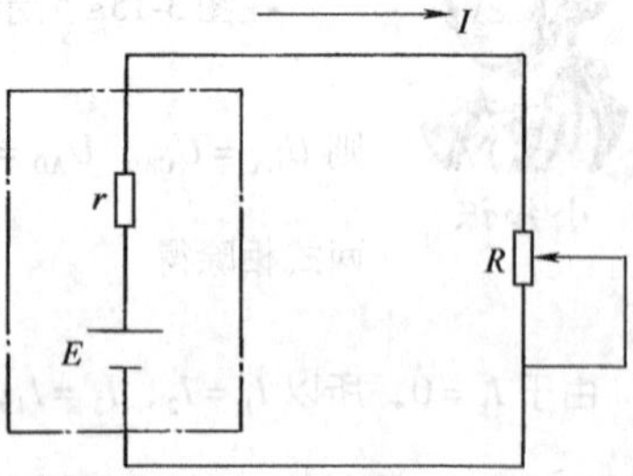

图 3-17　有源负载电路

（3）功率与负载的关系　负载功率 P（或电源输出功率）随电阻 R 变化的关系曲线如图 3-18 所示。

➤ 当 $R=0$，端电压 $U=0$，则 $UI=0$，即 $P=0$。

➤ 当 R 上升（$R<r$），端电压 U 上升，则 UI 上升，即 P 上升。

➤ 当 $R=r$，则 UI 最大，即 $P=P_{max}$。

➤ 当 R 上升（$R>r$），I 下降，则 UI 下降，即 P 下降。

➤ 当 $R\to\infty$，$I\approx0$，则 $UI\approx0$，即 $P\approx0$。

温馨提示

当负载获得最大功率，即 $R=r$ 时，内阻上消耗的功率和负载消耗的功率相等，这时效率只有 50%，显然是不高的，因此，若要电源高效率地工作，则往往不能使电路工作在匹配状态。但在电子技术或其他控制、通信电路中，效率高低属次要问题，关心的则是获得最大功率的问题，这就要求负载与电源达到匹配，使电路尽可能工作在 $R=r$ 附近。

[例 3-14]　在图 3-19 所示的电路中，$R_1=4\Omega$，电源的电动势 $E=36V$，内阻 $r=0.5\Omega$，R_2 为变阻器。要使电阻 R_1 获得的功率最大，R_2 的值应为多大？这时 R_1 获得的功率是多大？

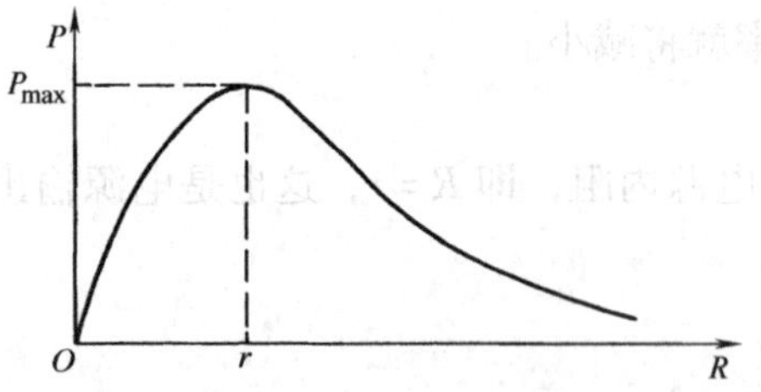

图 3-18　功率-负载关系曲线

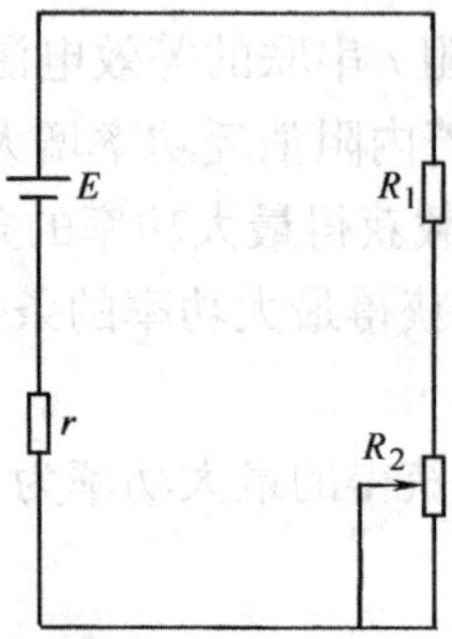

图 3-19　例 3-14 图

解 （1）可以把 R_2 看成电源内阻的一部分，这样，内阻就为（R_2+r）。利用负载获得最大功率的条件，可得

$$R_1 = r + R_2$$

即 $R_2 = R_1 - r = 4\Omega - 0.5\Omega = 3.5\Omega$

这时 R_1 获得的最大功率 $P_{1\max} = \dfrac{E^2}{4R_1} = \dfrac{36^2}{4\times4}\text{W} = 81\text{W}$

（2）当 R_2 是外阻时，由于 $P=\left(\dfrac{E}{r+R_1+R_2}\right)^2R_1$，可以看出，当 $R_2=0$ 时 P 最大，这时 R_1 获得的最大功率 $P_{1\max}=\left(\dfrac{E}{r+R_1}\right)^2R_1=\left(\dfrac{36\text{V}}{0.5\Omega+4\Omega}\right)^2\times4\Omega=256\text{W}$。

［**例 3-15**］ 图 3-20a 所示为变压器耦合的单管功率放大器电路。输出变压器的作用是使扬声器的阻抗放大，与功率放大晶体管能得到最佳匹配，以获得最大功率的输出。已知参数有 E_C、E_S、r_S、R_1、R_2、R_3、C_1、C_2、β，变压器的变比 $K=2$。根据电子技术相关知识，将图 3-20a 所示电路转换为交流等效电路图如图 3-20b 所示，再将其等效变化成图 3-20c 所示电路，并计算得到图 3-20c 所示 I 虚线框中的 E_S' 和 r_S'（假设 $E_S'=10\text{V}$，$r_S=32\Omega$）。要想电路中扬声器获得最大功率，应选用以下哪只扬声器为佳？提示：Ⅱ虚线框中变压器的变比 $K=\sqrt{R_{fz}'/R_{fz}}$，其中 R_{fz}' 是一次侧等效阻抗。

A 4Ω、0.8W　　B 8Ω、0.8W　　C 4Ω 、0.3W　　D 8Ω、0.5W

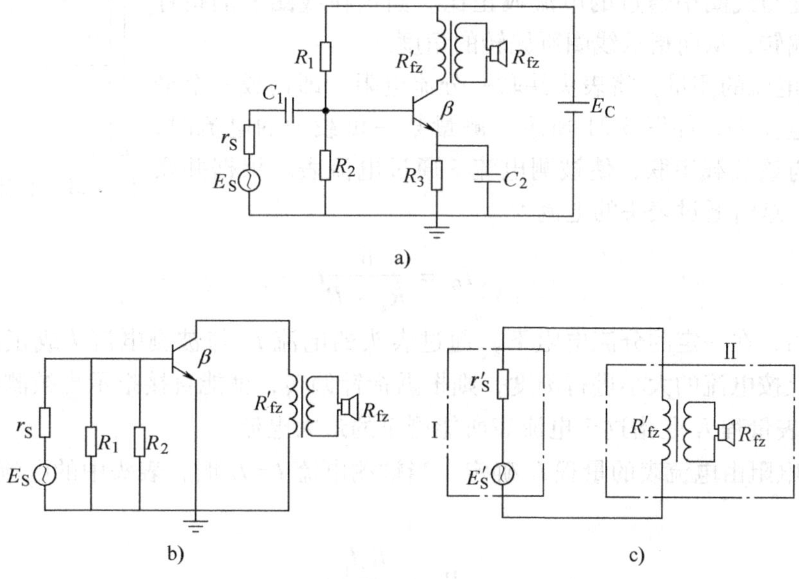

图 3-20 例 3-15 图

a）单管功率放大电路 b）交流等效电路 c）等效简化电路

解 要想扬声器 R_{fz} 上获得最大功率，就要使负载阻抗与电源阻抗相等，即

$$R_{fz}' = R_s' = 32\Omega$$

因为
$$K=\sqrt{\frac{R'_{fz}}{R_{fz}}}$$

即
$$R_{fz}=\frac{R'_{fz}}{K^2}=\frac{32\Omega}{2^2}=8\Omega$$

若忽略变压器的损耗，则扬声器获得的最大功率为
$$P_{R_{fz}max}=P'_{R_{fz}max}=\frac{E'^2_S}{r'_S}=\frac{(10V)^2}{4\times32\Omega}\approx0.8W$$
因此要想扬声器获得最大功率应选择8Ω、0.8W的扬声器。

7. 万用表

（1）万用表的基本结构

➤ 表头：它是一个很灵敏的测量机构，起着把电流转换为仪表指针的机械转角的作用。

◆ 表头内部有一个可动线圈，其电阻称为表头内阻，用 R_g 表示。

◆ 当指针指示满标度时，线圈中所通过的电流称为满偏电流，用 I_g 表示。

➤ 测量线路：它起着把各种被测量（电压、电阻）转换为电流，并传到表头的作用。

➤ 转换开关：它起着转换测量种类和量程的作用。

*（2）万用表的基本原理

当被测量通过测量线路转换成电流，并传到表头中的可动线圈后，与永久磁铁互相作用而产生磁场力，可动线圈发生偏转，所偏转的角度与线圈中通过的电流成正比。固定在线圈上的指针随线圈一起偏转，从而指示线圈所偏转的角度。

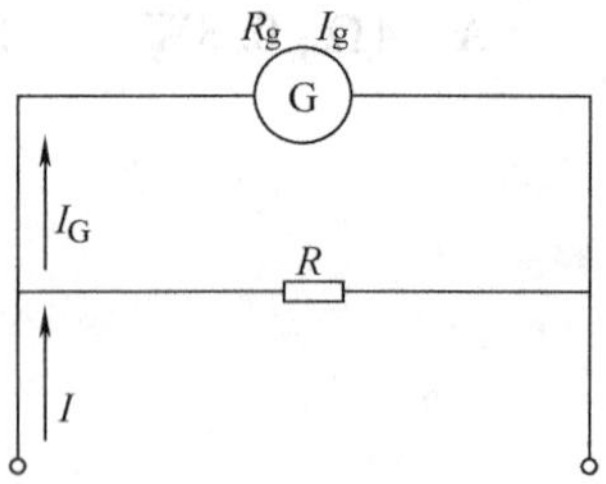

图3-21　直流电流表示意图

➤ 直流电流的测量：将表头并联一分流电阻，即构成一个最简单的直流电流表，如图3-21所示。测量某一负载中的电流时，要将电流表与该负载串联，使被测电流 I 通过电流表。根据并联电路的性质，这时通过表头的电流为
$$I_G=\frac{R}{R_g+R}I$$

上式表明，在一定的分流电阻下，通过表头的电流 I_G 与被测电流 I 成正比。所以，只要在标度盘上按电流的大小进行刻度，则根据指针偏转，就能直接指示出被测电流的值。

◆ 电流表量程 I_L 是指这个电流表所能测量的最大电流。

◆ 分流电阻由电流表的量程 I_L 确定。当被测电流 $I=I_L$ 时，表头中的电流 $I_G=I_g$，由欧姆定律算出
$$R=\frac{R_gI_g}{I_L-I_g}$$

◆ 实际的万用表是利用转换开关，将电流表制成多量程的，如图3-22所示。

➤ 直流电压的测量：将表头串联一分压电阻 R，即构成一个最简单的直流电压表，如图3-23所示。测量时，要将电压表并联到被测电压 U 的两端，这时通过表头的电流为
$$I=\frac{U}{R_g+R}$$

由于表头内阻 R_g 和分压电阻 R 的值是不变的，因此，通过表头的电流与被测电压成正比。所以，只要在标度盘上按电压的大小进行刻度，则根据指针的偏转，就能指示被测电压的值。

◆ 电压表的量程 U_L 是指这个电压表所能测量的最大电压。

◆ 分压电阻根据电压表的量程确定。显然，当被测电压 $U=U_L$ 时，通过表头的电流 $I=I_g$，用欧姆定律即可求出分压电阻的值为

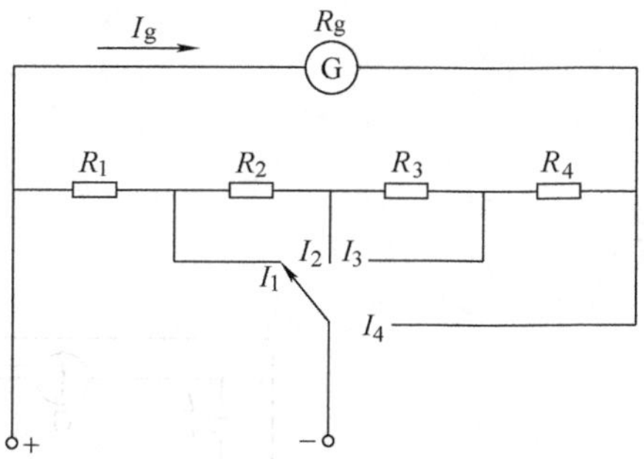

图 3-22　实际直流电流表示意图

$$R=\frac{U_L-I_gR_g}{I_g}$$

◆ 在万用表中，用转换开关分别将不同数值的分压电阻与表头串联，就能得到几个不同的电压量程。

➤ 交流电压、电流的测量：测交流量的原理基本与测直流的相同，只是在测交流量时，交流量首先要通过整流电路转换为直流量，再传输给可动线圈。

◆ 图 3-24 所示是交流电压表的基本原理电路图。二极管 VD1 和 VD2 均具有单向导电的性能（二极管符号为 + ▷|−，电流只能从“+”流向“−”，而不能从“−”流向“+”），在交流电压的正半周时，若 VD2 不导通，则 VD1 导通，此时有电流通过表头；相反，在交流电压的负半周时，则 VD2 导通，VD1 不导通，这时，被测的交流电流在 AB 之间被 VD1 断开，并被 VD2 所短路，因而没有电流通过表头。所以，虽然被测电压是交流电压，但通过表头的却是单方向的电流，即直流电流，这就使指针所偏转的角度基本上与被测的交流电压 U 成正比，从而测出被测电压的值。

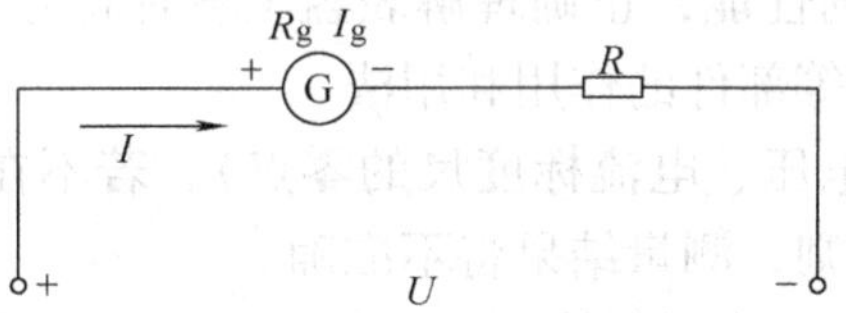

图 3-23　直流电压表示意图

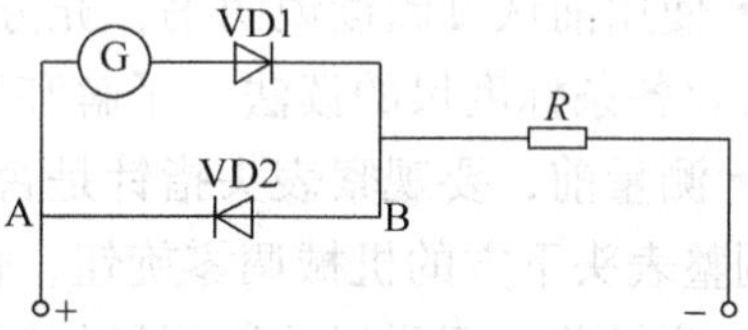

图 3-24　交流电压表示意图

◆ 交流电流的测量原理类同交流电压的测量。

➤ 电阻的测量：在万用表中装有欧姆表的电路，可以用来测量电阻，其基本原理如图 3-25 所示。G 是内阻为 R_g、满偏电流为 I_g 的电流表；R 是可变电阻，也叫调零电阻；电池的电动势是 E，内阻是 r。

当红、黑表笔相接时（图 3-25a），调节 R 的阻值，使指针指到满刻度，表明红、黑表笔间的电阻为零。此时，电流表的满偏电流为

$$I_g=\frac{E}{R_g+r+R}$$

当红、黑表笔不接触时（图 3-25b），电路中没有电流，指针不偏转，即指着电流表的零点，表明表笔间的电阻是无穷大。

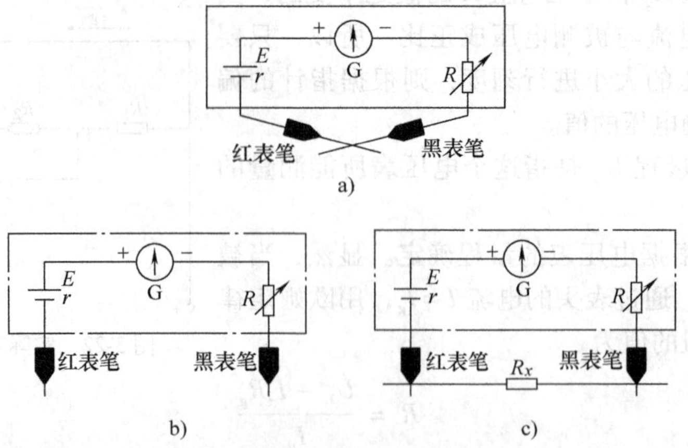

图 3-25　欧姆表示意图

a）两表笔短接　b）两表笔不接触　c）两表笔接入电阻

当红、黑表笔间接入某一电阻 R_x 时（图 3-25c），则通过电流表的电流为

$$I = \frac{E}{R_g + r + R + R_x}$$

R_x 改变，I 随着改变。可见每一个 R_x 值都有一个对应的电流值 I。在刻度盘上直接标出与 I 对应的电阻 R_x 的值，只要用红、黑表笔分别接触待测电阻的两端，就可以从表盘上直接读出它的阻值。

◆ 用欧姆表来测电阻是很方便的，但是电池用久了，它的电动势和内阻都要变化，那时欧姆表指示的电阻值误差就相当大了，所以，欧姆表只能用来粗略地测量电阻。

（3）使用万用表时的注意事项

➤ 使用前认真阅读说明书，充分了解万用表的性能，正确理解表盘上各种符号和字母的含义及各条标度尺的读法，了解和熟悉转换开关等部件的作用和用法。

➤ 测量前，要观察表头指针是否处于零位（电压、电流标度尺的零点），若不在零位，则应调整表头下方的机械调零旋钮，使其指零。否则，测量结果将不准确。

➤ 测量前，还要根据被测量的项目和大小，把转换开关拨到合适的位置。量程的选择，应尽量使表头指针偏转到标度尺满刻度偏转的 2/3 左右。如果事先无法估计被测量的大小，可在测量中从最大量程挡逐渐减小到合适的挡次。每次拿起表笔准备测量时，一定要再校对一下测量项目、量程是否拨对、拨准。

➤ 测量时，要根据选好的测量项目和量程挡，明确应往哪一条标度尺上读数，并应清楚标度尺上一个小格代表多大数值，读数时眼睛应位于指针正上方。对有弧形反射镜的表盘，当看到指针与镜里的像重合时，读数最准确。一般情况下，除了应读出整数值外，还要根据指针的位置再估计读取一位小数。

➤ 测量直流电流及电压时，为防止指针反方向偏转，在将电表接入电路时，要注意“+”、“-”端的位置。如果事先不知道被测电流的方向和被测电压的极性，可将任意一支表笔先接触被测电路或元器件的任意一端，另一支表笔轻轻地试触一下另一被测端，若表头指针向右（正方向）偏转，说明表笔正负极性接法正确，若表头指针向左（反方向）偏转，说明表笔极性接反了，交换表笔即可测量。

➤ 测量电流时，万用表必须串联到被测电路中。如果将电流表误与负载并联，因它的内阻很小，近似于短路，会导致仪表被烧坏。更不可将电流表直接接在电源的两端，否则，将会造成更坏的后果。

➤ 测量电压时，万用表必须并联在被测电压的两端。当测量高电压时，则要在测量前将电源切断，将表笔与被测电路的测试点连接好，待两手离开后，再接通电源进行读数，以保证人身安全。

➤ 测量电阻前必须先将被测电路的电源切断，绝不可在被测电路带电的情况下进行测量；接着调整欧姆挡零点，每次更换倍率挡时，都应重新调零；然后将表笔跨接在被测电阻或电路的两端进行测量。

➤ 在测量过程中，严禁拨动转换开关选择量程，以免损坏转换开关触点，同时也要避免误拨到过小量程挡而撞弯指针或烧坏表头。

➤ 测量结束，应将万用表转换开关拨到最高交流电压挡，防止下次测量时不慎损坏表头。这样做也可避免将转换开关拨到欧姆挡，两支表笔偶然相碰短路，消耗表内电池的电能。

优化训练

1. 在题图3-1中，已知$E=220V$，$R_1=25\Omega$，$R_2=55\Omega$，$R_3=30\Omega$。求：(1) 开关S打开时电路中的电流及各电阻上的电压；(2) 开关S合上后，各电压是增大还是减小，为什么？

2. 三个电阻R_1、R_2、R_3串联，若$R_1=100\Omega$，电路的总电阻为500Ω，当电流为0.2A时流过电阻R_3所产生的电压降为50V。试计算：(1) 电阻R_2两端的电压；(2) 电阻R_2的电阻值；(3) 电源电压；(4) 每个电阻消耗的功率。

3. 一只60W、110V的灯泡若接在220V电源上，问需串联多大的降压电阻？

4. 有一个表头，量程是$100\mu A$，内阻r_g为$1k\Omega$。如果把它改装成一个量程分别为3V、30V、300V的多量程电压表，如题图3-2所示。试计算R_1、R_2、R_3的阻值。

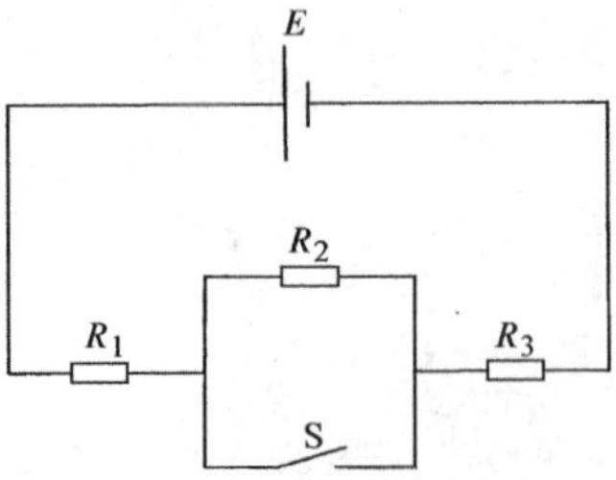

题图 3-1

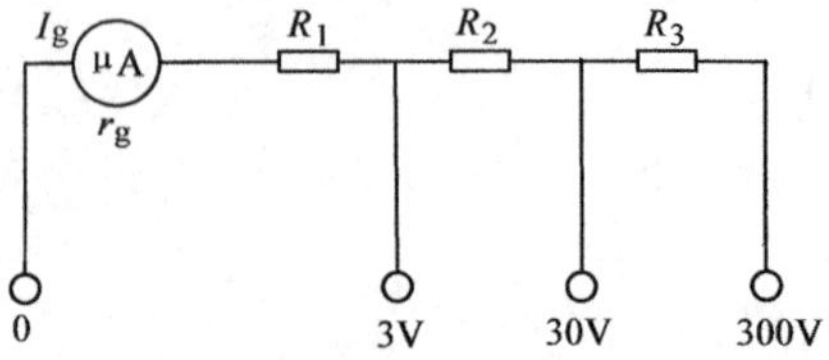

题图 3-2

5. 三个电阻并联，$R_1=2\Omega$，$R_2=4\Omega$，$R_3=4\Omega$。设总电流$I=10A$，求总电阻R、总电压U及各条分路上的电流I_1、I_2、I_3。

6. 在题图3-3所示电路中，已知$R_1=100\Omega$，两个安培表的指示分别是$I=3A$，$I_1=2A$，问I_2及R_2应该是多少？

7. 有一个表头，量程为$500\mu A$，内阻为$4k\Omega$，如果将表头改为量程为10A的电流表，问应并联多大的分流电阻？

8. 在题图3-4中，已知$U=36V$，$R_1=100\Omega$，$R_3=10\Omega$，R_2为$0\sim50\Omega$。试求当电位器R_2动触头滑到最上端和最下端时，总电流I各是多少？

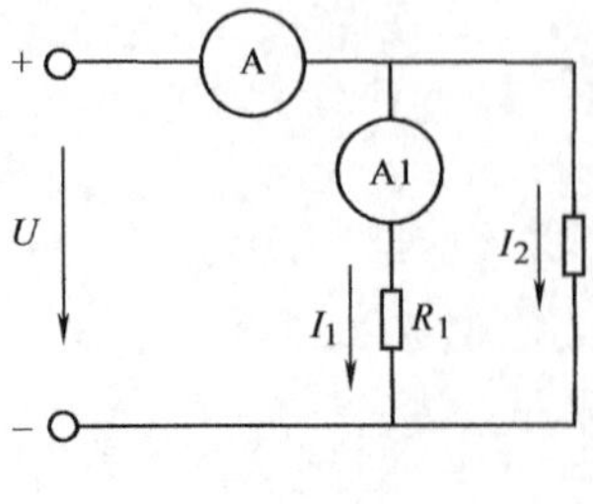

题图 3-3

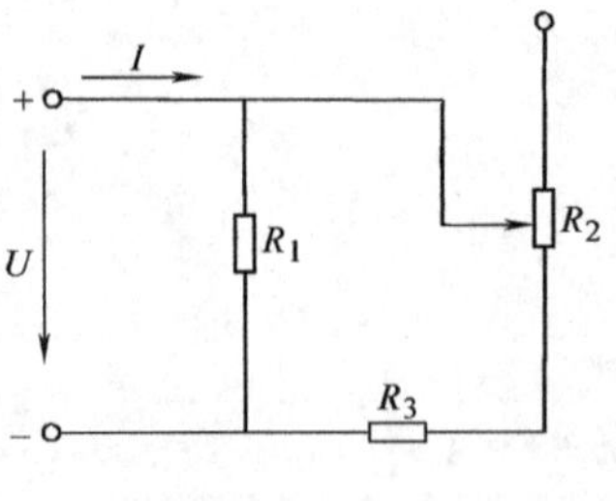

题图 3-4

9. 试计算题图 3-5a、b 所示的等效电阻 R_{AB}？$R_1=R_2=R_3=R_4=30\Omega$，$R_5=60\Omega$，$R_6=400\Omega$，$R_7=300\Omega$，$R_8=400\Omega$，$R_9=120\Omega$，$R_{10}=240\Omega$。

10. 题图 3-6 所示是一个简单的供电线路图。其中 R_{01} 和 R_{02} 为输电导线的电阻，R_1 和 R_2 为负载，已知 $U=100V$，$r=0.2\Omega$，$R_{01}=0.25\Omega$，$R_{02}=0.5\Omega$，负载电阻 $R_2=9\Omega$，其消耗功率为 900W。求电动势 E 的大小和 R_1 消耗的功率？

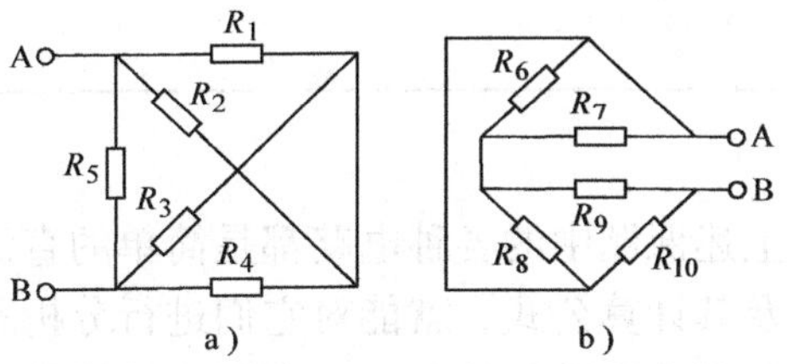

题图 3-5

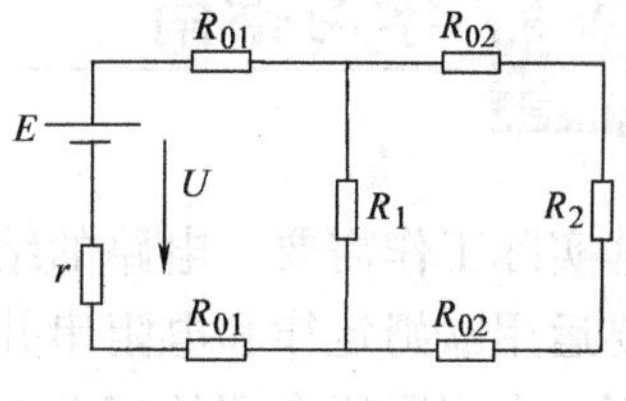

题图 3-6

11. 求题图 3-7 所示各电路中 A 点的电位。

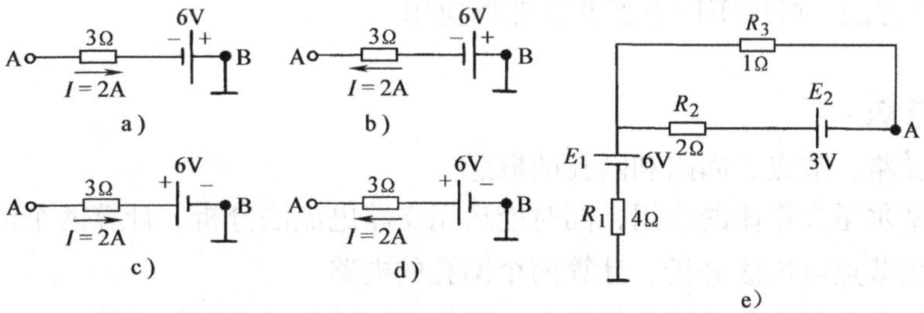

题图 3-7

12. 直流电桥平衡的条件是什么？平衡时具有什么特点？

13. 题图 3-8 所示电桥电路，已知电桥处于平衡状态，且 $R_1=10\Omega$，$R_2=5\Omega$，$R_3=20\Omega$，$R_5=3\Omega$，$E=15V$。试求：(1) R_4 的阻值是多少？(2) 电桥平衡时各支路电流。

14. 在什么条件下，负载可以获得最大功率？此时负载获得的最大功率是多少？

15. 在题图 3-9 所示电路中，已知 $E=24V$，$r=4.5\Omega$，$R_1=9\Omega$，$R_2=6\Omega$，求当 R_3 为何值时，电源可对外提供最大功率？最大功率是多少？

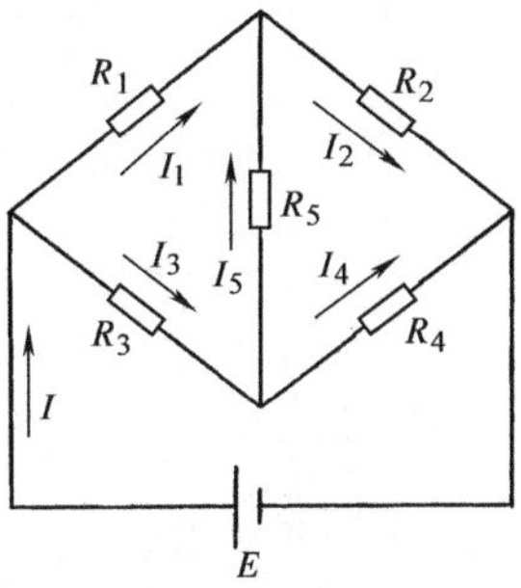

题图 3-8

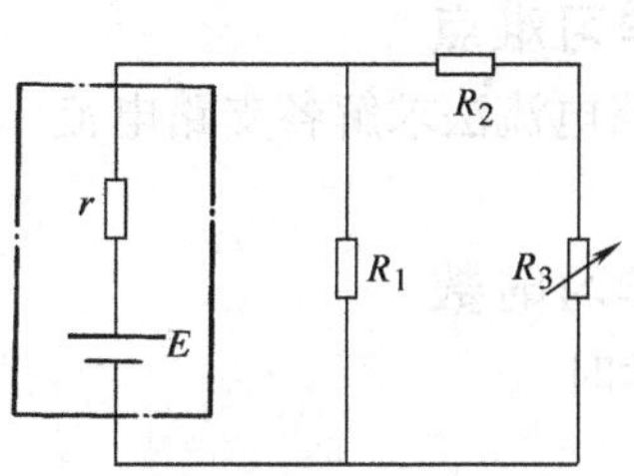

题图 3-9

课题四　复杂直流电路分析

学习指南

根据实际工作需要，电路的结构形式很多。上述课题中的各种电路都是简单的直流电路，只要运用欧姆定律和电阻串并联电路的特点及其计算公式，就能对它们进行分析和计算。然而，本课题所介绍的复杂电路就无法用串并联关系进行简化，也不能直接用欧姆定律来求解，但可结合基尔霍夫定律等来分析。

这些分析方法不仅适用于直流电路，也适用于交流电路，是学习电工电子专业的最根本的电路分析方法，必须牢固掌握并会熟练应用。

◇学习目标

1. 理解支路、节点、回路和网孔的概念。
2. 掌握基尔霍夫定律的应用，同时能运用支路电流法分析、计算两个网孔的电路。

*3. 了解用节点电压法分析、计算两个网孔的电路。

*4. 初步建立电压源和电流源的概念，了解它们的特性及等效变换。

5. 了解应用戴维南定理分析和计算两个网孔的电路。

*6. 了解应用叠加原理求解线性电路中各支路电流的方法。

7. 进一步提高装接技术和测量技术。
8. 进一步提高分析电路的能力。

◇学习重点

基尔霍夫定律、支路电流法。

◇学习难点

支路电流法求解各支路电流。

◇学习时数

9 学时。

任务书

<table>
<tr><td>项目</td><td>基尔霍夫定律的验证</td><td>时间</td><td>2 学时</td></tr>
<tr><td>工具材料</td><td colspan="3">电阻 510Ω/0.5W 1 只、1kΩ/1W 1 只、300Ω/0.5W 1 只，直流电压表（量程为 30V）1 只，直流电流表（量程为 30mA）3 只，直流稳压电源（0～30V、1A）2 台，开关 2 只，连接导线若干</td></tr>
<tr><td>实操要求</td><td colspan="3">1. 按项目图 4 所示连接电路
2. 将 E_1 调至 6V，E_2 调至 12V，检查无误后接通电源，并测量各支路电流和各元器件两端的电压
3. 将 E_1 调至 10V，E_2 调至 20V，重做上述实验
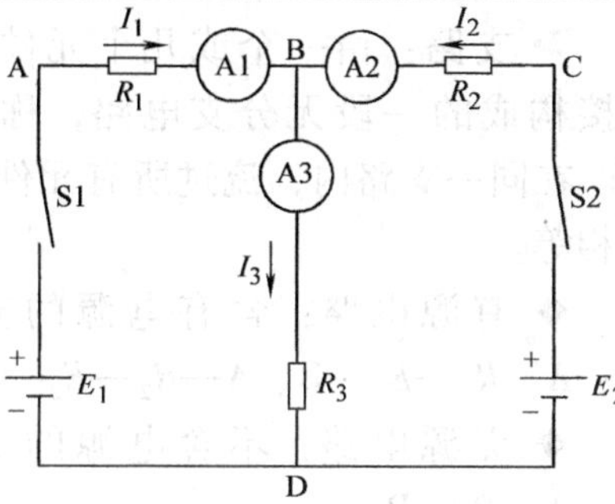

项目图 4</td></tr>
</table>

<table>
<tr><td rowspan="5">测量记录</td><td colspan="2">电源电压</td><td>I_1 /mA</td><td>I_2 /mA</td><td>I_3 /mA</td><td>U_{AB} /V</td><td>U_{BC} /V</td><td>U_{CD} /V</td><td>U_{DA} /V</td><td>U_{DB} /V</td></tr>
<tr><td rowspan="2">$E_1=6V$
$E_2=12V$</td><td>测量值</td><td></td><td></td><td></td><td></td><td></td><td></td><td></td><td></td></tr>
<tr><td>计算值</td><td></td><td></td><td></td><td></td><td></td><td></td><td></td><td></td></tr>
<tr><td rowspan="2">$E_1=10V$
$E_2=20V$</td><td>测量值</td><td></td><td></td><td></td><td></td><td></td><td></td><td></td><td></td></tr>
<tr><td>计算值</td><td></td><td></td><td></td><td></td><td></td><td></td><td></td><td></td></tr>
</table>

<table>
<tr><td>计算与思考</td><td>1. 根据实验数据，计算汇于节点 B、节点 D 的电流是否满足基尔霍夫第一定律
2. 根据实验数据，计算两个网孔各段的电压是否满足基尔霍夫第二定律
3. 根据电路，计算记录栏中的相关计算值，并与实验值比较
4. 试说明应用基尔霍夫定律解题时，支路电流出现负值的含义及原因</td></tr>
<tr><td>体会</td><td></td></tr>
<tr><td>温馨提示</td><td>1. 若实验条件不允许，则电压表和电流表可用万用表代替，稳压电源 E_1 和 E_2 可分别用一节 2 号电池和 2 节 2 号电池代替
2. 若实验时间不够，则可测某一次的数值
3. 在测量电压和电流时，要注意其方向，否则易损坏仪表</td></tr>
</table>

知识链接

1. 复杂电路

（1）复杂电路　无法用串并联关系进行简化的电路，称为复杂电路，如图 4-1 所示。复杂电路不能直接用欧姆定律来求解，可结合基尔霍夫定律来分析。

（2）复杂电路结构的几个名词（以图 4-1b 所示电路为例）

➤ 支路：由一个或几个元件首尾相接构成的一段无分支电路，称为支路。在同一支路内，流过所有元件的电流相等。

◆ 有源电路：含有电源的支路，如：A—R_1—E_1—B、A—R_2—E_2—B。

◆ 无源电路：不含电源的支路，如：A—R_3—B。

◆ 在图 4-1b 中共有三条支路，即二条有源支路，一条无源支路。

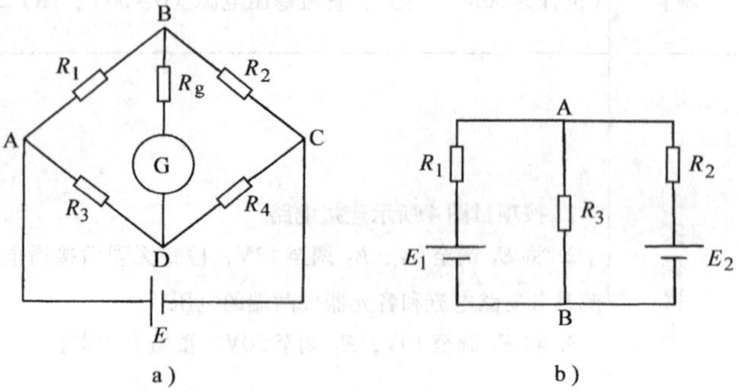

图 4-1　复杂电路

a）复杂电路（一）　b）复杂电路（二）

➤ 节点：三条或三条以上支路的汇聚点称为节点。

◆ 在图 4-1b 中共有 2 个节点，即 A、B 点。

想一想

数　　数

在图 4-1a 所示电路中，共有几条支路？几个节点？几个回路？几个独立回路？几个网孔？

➤ 回路：电路中任意一个闭合路径称为回路。在选用回路时，要至少包含一个未曾选用过的新支路，这些回路叫独立回路。

◆ 在图 4-1b 中共有三条回路，二条独立回路。

◆ 回路为 A—R_1—E_1—B—R_3—A、A—R_2—E_2—B—R_3—A、A—R_1—E_1—B—E_2—R_2—A。

➤ 网孔：内部不含支路的回路称为网孔。

◆ 在图 4-1b 中共有两个网孔，即：A—R_1—E_1—B—R_3—A、A—R_2—E_2—B—R_3—A。

2. 基尔霍夫定律

（1）基尔霍夫第一定律（节点电流定律）——KCL

➤ KCL 的作用：是用来确定连接在同一节点上的各支路中的电流关系。

➤ KCL 表述 1：在任一时刻，流进一个节点的电流之和恒等于流出这个节点的电流之和，即

$$\sum I_i = \sum I_o \tag{4-1}$$

小知识

何为“$\sum$”？

“$\sum$”是数学求和的符号，一般表示为“$\sum_{i=m}^{n} a_i$”的形式，其下方字母 m 表示代数式中 i 的初始值，其上方字母 n 表示代数式中 i 的终值，其右方 a_i 表示含 i 的代数式，如

$$\sum_{i=3}^{n} \frac{1}{i+1} = \frac{1}{3+1} + \frac{1}{4+1} + \frac{1}{5+1} + \cdots + \frac{1}{n+1}$$

另外，我们经常把 i 从 1 到 n 的取值求和简写成“$\sum a_i$”的形式，如

$$\sum 2i = 2\times1 + 2\times2 + 2\times3 + \cdots + 2\times n$$

➤ KCL 表述 2：电路中任一个节点上，电流的代数和恒等于零，即

$$\sum I = 0 \tag{4-2}$$

◆ 规定：流入节点的电流为“+”，流出节点的电流为“-”。

➤ KCL 理论依据：电流的连续性原理和电荷守恒。

➤ KCL 的几点说明：

◆ 应用 KCL 进行计算时，应首先假定各支路电流的正方向。当某支路电流的正方向与实际方向相同时，电流为正值，否则为负值。

◆ KCL 通常用于节点（如图 4-2 所示的 A 点），但也可以将节点推广到电路的一个闭合面（广义节点，如图 4-3 所示的 S）所包围的部分电路。

◆ 节点电流定律对于电路中每个节点都适用。如果电路中有 n 个节点，即可得到 n 个方程，但其中只有（$n-1$）个方程是独立的。

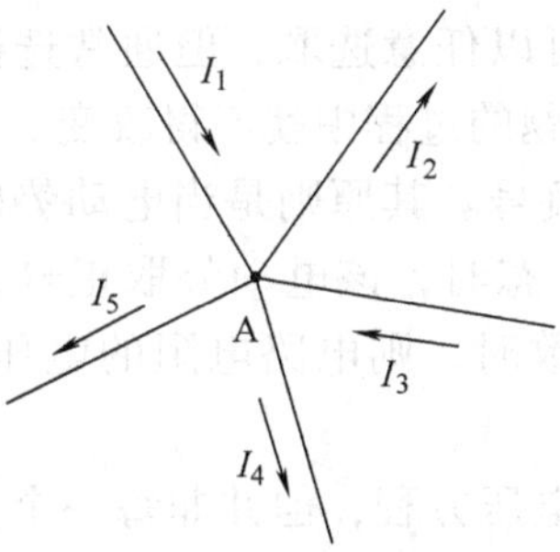

图 4-2 节点电流

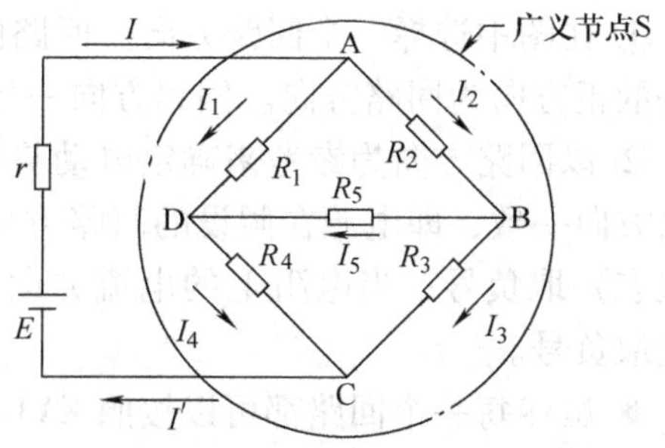

图 4-3 流经封闭面的电流

［**例 4-1**］ 在图 4-3 所示电路中，已知 $I=10\text{A}$，$I_2=5\text{A}$，$I_3=6\text{A}$，求 I'、I_1、I_4、I_5。

解 对广义节点 S（由点画线所包围的部分）$I'=I=10\text{A}$

对节点 A $I=I_1+I_2$

$I_1=I-I_2=10\text{A}-5\text{A}=5\text{A}$

对节点 B $I_2=I_3+I_5$

$I_5=I_2-I_3=5\text{A}-6\text{A}=-1\text{A}$

对节点 C $I_3+I_4=I'$

$$I_4 = I' - I_3 = 10\text{A} - 6\text{A} = 4\text{A}$$

电流 I_5 为负值，表示 I_5 的实际方向与假设方向相反。所以电流 I_5 的大小为 1A，方向应是由 D 经 R_5 至 B。

（2）基尔霍夫第二定律（回路电压定律）——KVL

➤ KVL 的作用：是用来确定回路中各电压间的相互关系。

➤ KVL 表述 1：在任一闭合回路中，各个电阻上电压的代数和等于各个电动势的代数和，即

$$\sum IR = \sum E \tag{4-3}$$

➤ KVL 表述 2：对于电路中的任一回路，沿回路绕行方向的各段电压的代数和等于零，即

$$\sum U = 0 \tag{4-4}$$

➤ KVL 理论依据：能量守恒定律。

➤ KVL 的几点说明：

➤ KVL 规定了电路中任一回路内电压必须服从其约束，至于回路内是些什么元件与定律无关，因此，无论是线性电路还是非线性电路，无论是直流电路还是交流电路，该定律都是适用的。

> **推导示例**
>
> 当单位正电荷从电路中任一点出发，沿任一闭合回路绕行一周，电荷所失去的电能（电位降）应等于它所获得的电能（电位升），这样才能保持单位正电荷在出发点所具有的电能不变，即 $\sum U = 0$。这实质上就是能量守恒定律的逻辑推论，它反映了电压与路径无关这一性质。

◆ 在列回路电压方程式（根据 KVL 定律所列出的方程式）前，应首先确定电动势及电压降极性的正负。一般方法是：

① 在图中选择一个回路方向。回路的方向原则上可以任意选取，但通常选数值大的电动势的正方向为回路方向。回路方向一旦选定后，在解题的过程中就不得改变。

② 以回路方向为参考来确定电动势和电压降的正负号。其原则是当电动势的正方向与回路方向一致，即电源在假设的回路方向下处于放电状态时，该电动势取正号，反之（充电状态）取负号；当电阻上的电流方向与回路方向一致时，则电路电阻的电压降为正号，反之取负号。

◆ 虽然每一个回路都可以按照 KVL 定律列出回路电压方程，但并非每一个方程都是独立的。如果一个复杂电路有 b 条支路，n 个节点，那么独立的方程只有 $b-(n-1)$ 个，也就是电路的网孔数。

◆ KVL 定律不仅适用于由电源及电阻等实际元件组成的回路（图 4-4），也适用于不闭合的虚拟回路（不全由实际元件组成的回路，如图 4-5 所示）。

> **试一试**
>
> 请列出图 4-5 所示电路中的“B—R_4—R_2—A—B”回路的电压方程。

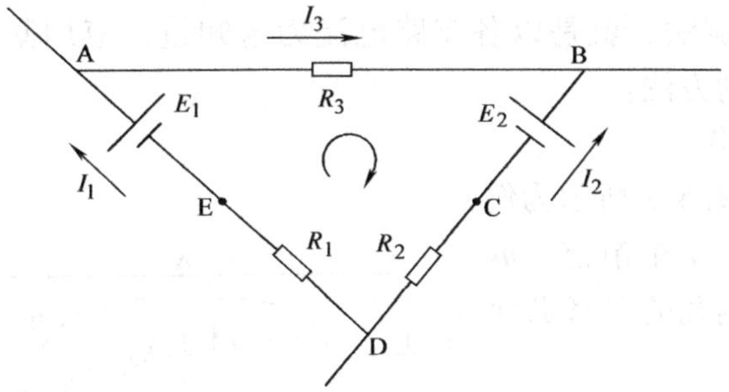

图 4-4 回路电压

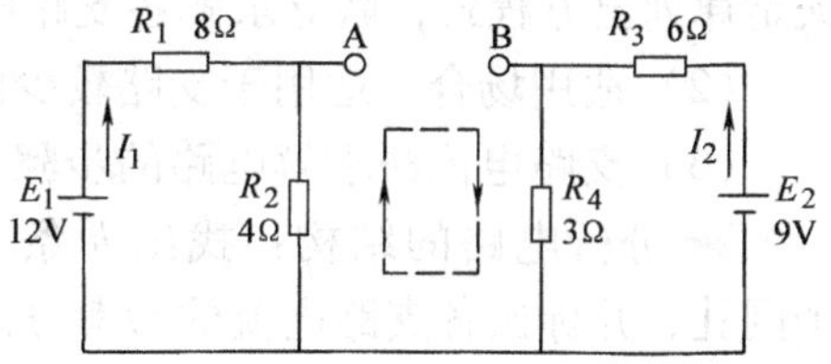

图 4-5 不闭合的虚拟回路

[**例 4-2**] 如图 4-6 所示电路中，已知 $R_1=R_2=R_3=R_4=10\Omega$，$E_1=12V$，$E_2=9V$，$E_3=18V$，$E_4=3V$，用基尔霍夫第二定律求回路中的电流及 E、A 两端的电压。

解 由于 $E_2+E_3>E_1+E_4$，所以绕行方向可设为逆时针。由于该电路为无分支电路，所以绕行方向即可作其电流方向。现由 KVL 定律列出回路电压方程为

$$-E_1+E_2+E_3-E_4=IR_1+IR_2+IR_3+IR_4$$

则
$$I=\frac{-E_1+E_2+E_3-E_4}{R_1+R_2+R_3+R_4}=\frac{-12V+9V+18V-3V}{4\times10\Omega}=0.3A$$

$$U_{EA}=-IR_3+E_3-IR_4-E_4=-0.3A\times10\Omega+18V-0.3A\times10\Omega-3V=9V$$

或
$$U_{EA}=-E_2+IR_2+IR_1+E_1=-9V+0.3A\times10\Omega+0.3A\times10\Omega+12V=9V$$

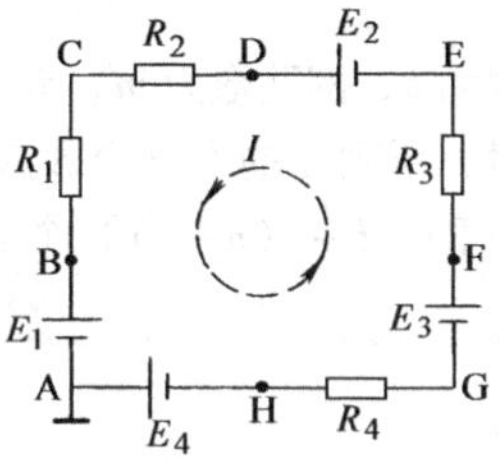

图 4-6 例 4-2 图

试一试

例 4-2 所示电路也可直接用欧姆定律进行计算，请你自行试一试。

试一试

图 4-7 所示电路是我们以后要学习的《电子技术》课程中最为基本的放大电路，已知 U_{CC}、U_{BB}、R_C、R_B、U_{CE}、U_{BE}，请你列出回路Ⅰ、Ⅱ的回路方程。

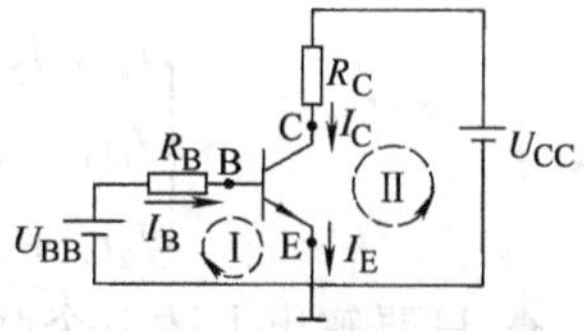

图 4-7 基本放大电路

3. 支路电流法

（1）支路电流法的概念　所谓支路电流法，就是以各支路电流为未知量，应用基尔霍夫定律列出方程式，联立求解各支路电流的方法。

（2）适用场合　适用于支路较少的电路。

（3）支路电流法求解电路的步骤（以图 4-8 所示为例）

➤ 分析电路的结构：找出 b 条支路、n 个节点、m 个网孔，并标出各支路电流的参考方向和网孔的回路绕行方向。

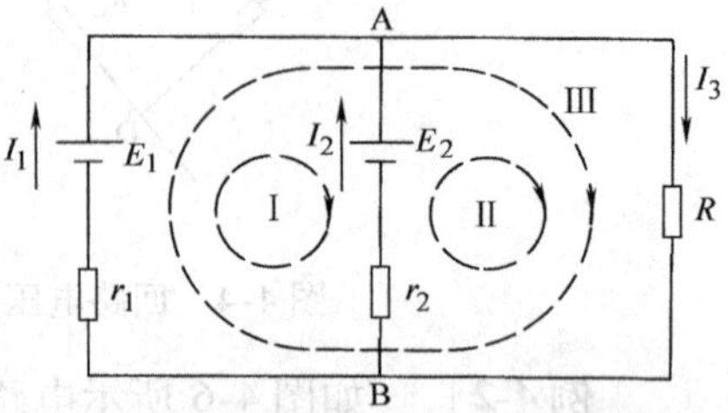

图 4-8　支路电流法示例图

◆ 如图 4-8 所示，电路有三条支路，有三个未知量。需要三个独立方程式联立求解各支路电流。

◆ 设定各支路电流方向与绕行方向，如图 4-8 所示。

➤ 用 KCL 定律任选（$n-1$）个节点，并列出节点电流方程。

◆ 根据基尔霍夫第一定律可得

对节点 A　$I_1 + I_2 = I_3$

对节点 B　$I_3 = I_2 + I_1$

◆ 很明显，两个方程实际上是一个方程，所以对两个节点的电路，只能列出一个独立的节点电流方程。

➤ 用 KVL 定律列出 m 个独立的回路电压方程。

温馨提示

如果电路的支路数为 b、网孔数为 m、节点数为 n，那么 $b = m + (n-1)$，即用支路电流法求解电路时，所列出的方程个数应等于支路数 b，其中列出（$n-1$）个节点电流方程，列出 m 即 [$b-(n-1)$] 个回路电压方程。

◆ 根据基尔霍夫第二定律可得

对回路 Ⅰ　$I_1 r_1 - I_2 r_2 = E_1 - E_2$

对回路 Ⅱ　$I_2 r_2 + I_3 R = E_2$

对回路 Ⅲ　$I_1 r_1 + I_3 R = E_1$

◆ 上述三个方程式中的任何一个方程，都可以从其他两个方程式中导出，所以只有两个回路电压方程是独立的。

➤ 将节点电流方程、回路电压方程组成联立方程组，解出各支路电流。

◆ 列出三个独立方程

$$\begin{cases} I_1 + I_2 = I_3 \\ I_1 r_1 - I_2 r_2 = E_1 - E_2 \\ I_2 r_2 + I_3 R = E_2 \end{cases}$$

◆ 只要解出上述三个联立方程，就可求得三条支路电流。

［**例 4-3**］　在图 4-9 所示电路中，已知 $E_1 = 250\text{V}$，$E_2 = 239\text{V}$，$R_1 = 1\Omega$，$R_2 = 0.5\Omega$，$R_3 = 30\Omega$，试求各支路电流并进

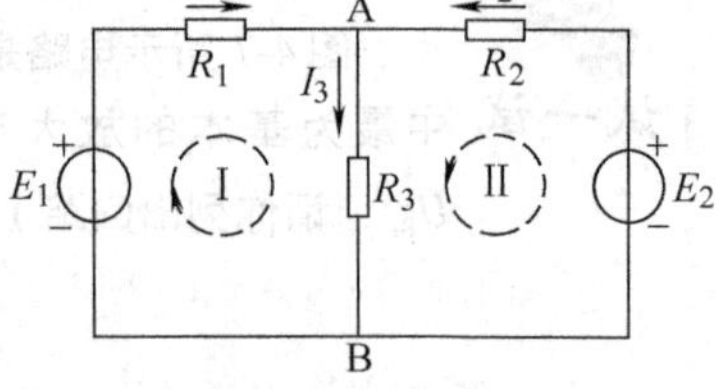

图 4-9　例 4-3 图

行验算。

解 设各支路电流与绕行方向如图 4-9 所示，根据基尔霍夫定律可得

对节点 A $I_1+I_2-I_3=0$

对网孔Ⅰ $I_3R_3+I_1R_1=E_1$

对网孔Ⅱ $I_2R_2+I_3R_3=E_2$

将已知数据代入方程得

$$\begin{cases} I_1+I_2-I_3=0 \\ 30I_3+I_1=250 \\ 0.5I_2+30I_3=239 \end{cases}$$

联立求解得：$I_1=10\text{A}$，$I_2=-2\text{A}$，$I_3=8\text{A}$。I_2 为负值，表明 I_2 的实际方向与所设参考方向相反，即 E_2 处于充电状态。

对未选用的回路 A—R_2—E_2—B—E_1—R_1—A 应用 KVL 验证，即

$$\sum E=E_1-E_2=250\text{V}-239\text{V}=11\text{V}$$

$$\sum IR=I_1R_1-I_2R_2=10\text{A}\times1\Omega-(-2)\text{A}\times0.5\Omega=11\text{V}$$

方程式平衡，计算无误。

*4. 节点电压法

（1）节点电压法的概念 以节点电压（两个节点之间的电压）为未知量，先求出节点电压，再根据有源电路欧姆定律求出各支路电流，该方法称为节点电压法。用节点电压法求解的公式为

$$U_{AB}=\frac{\sum(E/R)}{\sum(1/R)} \tag{4-5}$$

试一试

请你根据有源电路欧姆定律和基尔霍夫第一定律，推导式（4-4）中节点电压 U_{AB} 的求解公式，即

$$U_{AB}=\frac{\sum(E/R)}{\sum(1/R)}$$

式中，分母各项的符号都是正的，分子各项的符号按以下原则确定：凡电动势的方向指向 A 节点时取正号，反之取负号。

（2）适用场合 适用于支路较多而节点很少的复杂直流电路。

（3）用节点电压法解题的步骤（以图 4-10 所示电路为例）

➤ 选定参考点和节点电压的方向。

◆ 可以把图 4-10a 改画成图 4-10b，这个电路具有两个节点 A 和 B。

◆ 设定节点电压 U_{AB} 的方向（图 4-10b）。

➤ 求出节点电压。

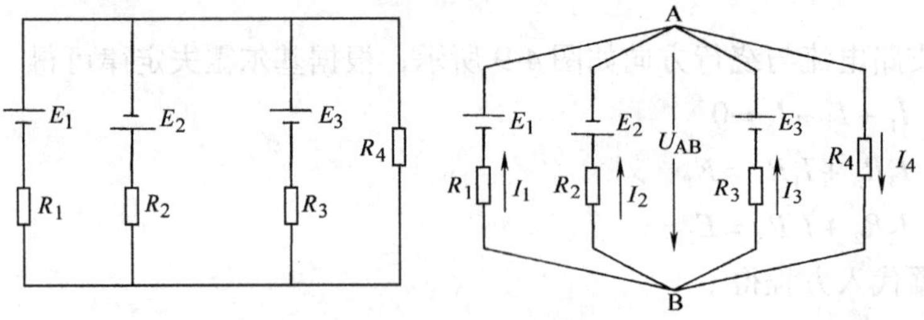

a）　　　　　　　　　　　　b）

图 4-10　两节点复杂直流电路

a）电路　b）等效电路

◆ 节点电压 $U_{AB}=\dfrac{\sum(E/R)}{\sum(1/R)}=\left(\dfrac{E_1}{R_1}-\dfrac{E_2}{R_2}+\dfrac{E_3}{R_3}\right)\bigg/\left(\dfrac{1}{R_1}+\dfrac{1}{R_2}+\dfrac{1}{R_3}+\dfrac{1}{R_4}\right)$

➤ 根据有源支路欧姆定律求出各支路电流。

◆ 各支路电流分别为

$$I_1=\frac{E_1-U_{AB}}{R_1},I_2=\frac{-E_2-U_{AB}}{R_2},I_3=\frac{E_3-U_{AB}}{R_3},I_4=\frac{U_{AB}}{R_4}$$

［**例 4-4**］　在图 4-11 所示电路中，已知 $E_1=E_2=E_3=10\mathrm{V}$，$R_1=R_4=5\Omega$，$R_2=R_3=10\Omega$。试应用节点电压法求各支路电流。

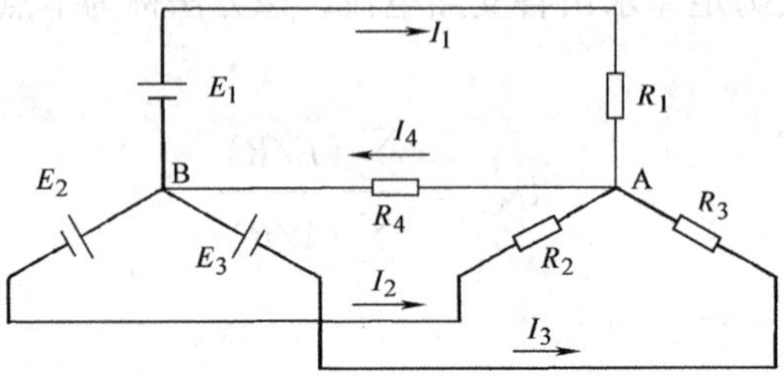

图 4-11　例 4-4 图

解　负载两端的电压 U_{AB} 即为节点电压。由式（4-4）可得

$$U_{AB}=\frac{\sum(E/R)}{\sum(1/R)}=\frac{\dfrac{E_1}{R_1}+\dfrac{E_2}{R_2}+\dfrac{E_3}{R_3}}{\dfrac{1}{R_1}+\dfrac{1}{R_2}+\dfrac{1}{R_3}+\dfrac{1}{R_4}}=\frac{\dfrac{10\mathrm{V}}{5\Omega}+\dfrac{10\mathrm{V}}{10\Omega}+\dfrac{10\mathrm{V}}{10\Omega}}{\dfrac{1}{5\Omega}+\dfrac{1}{10\Omega}+\dfrac{1}{10\Omega}+\dfrac{1}{5\Omega}}\approx 6.67\mathrm{V}$$

试一试

请读者用支路电流法求各支路电流，以验证节点电压法的正确性。

各支路电流　$I_1=\dfrac{E_1-U_{AB}}{R_1}=\dfrac{10\mathrm{V}-6.67\mathrm{V}}{5\Omega}=0.67\mathrm{A}$

$$I_2 = \frac{E_2 - U_{AB}}{R_2} = \frac{10V - 6.67V}{10\Omega} \approx 0.33A$$

$$I_3 = \frac{E_3 - U_{AB}}{R_3} = \frac{10V - 6.67V}{10\Omega} \approx 0.33A$$

$$I_4 = I_1 + I_2 + I_3 = 0.67A + 0.33A + 0.33A = 1.33A$$

*5. 电压源和电流源及其等效变换

（1）电压源　用一个恒定电动势 E 与内阻 r_0 串联表示的电源称为电压源。大多数电源，如干电池、蓄电池、发电机等都可以看作电压源。电压源的符号如图 4-12a 或 4-12b 所示。

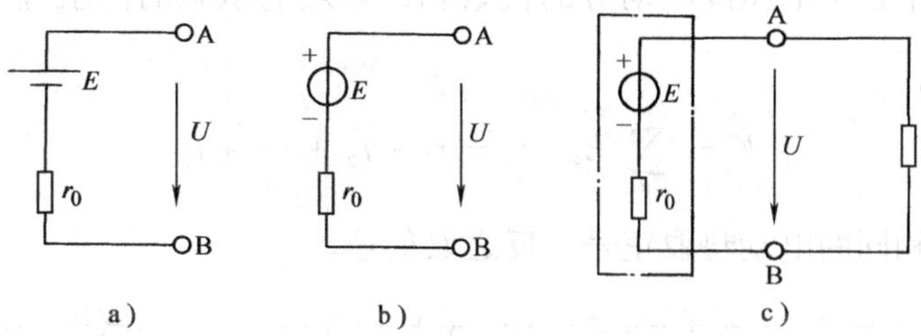

图 4-12　电压源的符号及输出

a）电压源符号（一）　b）电压源符号（二）　c）电压源的输出

➤ 电压源性能特点：电压源的内阻越小越好。

温馨提示

在电路分析中，除了会遇到像电阻元件那样的无源元件以外，还会遇到电压源和电流源这样的有源元件。掌握电压源和电流源的概念以及它们之间的等效变换，能使某些复杂电路的分析、计算大为简化。

➤ 理想电压源：内阻 $r_0 = 0$ 时的电压源称为理想电压源，其符号如图 4-13 所示。

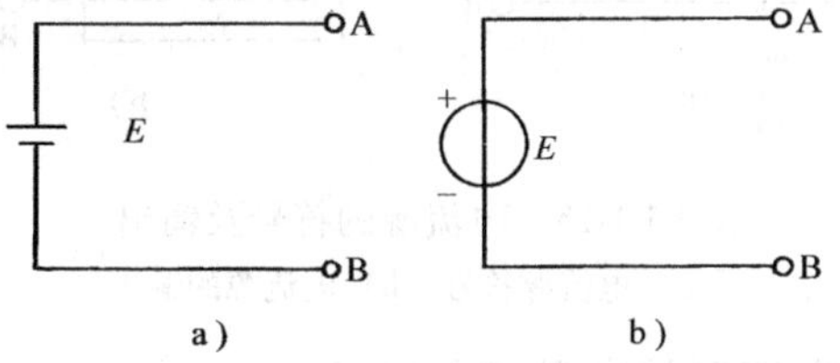

图 4-13　理想电压源

a）理想电压源符号（一）　b）理想电压源符号（二）

推导示例

当电压源向负载输出电压时，如图 4-12c 所示，电源的端电压 U 总是小于它的恒定电压 E。端电压与输出电流之间有如下关系

$$U = E - Ir_0$$

由于式中 E、r_0 均为常数，所以随着 I 的增加，内阻 r_0 上的电压降增大，输出电压 U 就降低，因此，要求电压源的内阻越小越好。

◆ 理想电压源的输出电压不随负载 R 变化，也不受输出电流影响。电源始终输出恒定电压，且等于电源电压 E。

◆ 理想电压源实际上不存在，因为电源总是有内阻的。

◆ 在实际应用中，稳压电源、新电池或内阻 r_0 远小于负载电阻 R 的电源都可看成理想电压源。

◆ 理想电压源绝对不允许短路，否则电源的输出电流将为无穷大。

◆ 电压源可看成一个理想电压源与一个电阻 r_0 的串联组合。

➤ 电压源串联：当 n 个电压源串联时，可以合并为一个等效电压源，如图 4-14 所示。等效电压源的 E 等于各个电压源电动势的代数和，等效电压源的内阻 r_0 等于各串联电压源内阻之和，即

$$E = \sum_{k=1}^{n} E_k,\ r_0 = r_1 + r_2 + \cdots + r_n \tag{4-6}$$

式中，凡方向与 E 相同的电动势取正号，反之取负号。

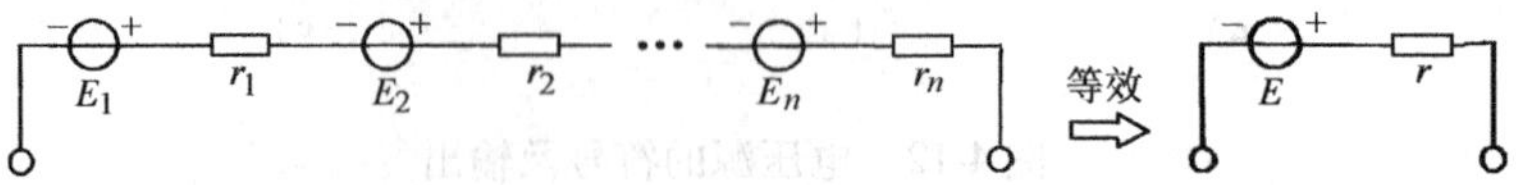

图 4-14　串联电压源合并

（2）电流源　用一个恒定电流 I_S 与内阻 r_S 并联表示的电源称为电流源。实际中的稳流电源、光电池、串励直流发电机等都可以看作电流源。电流源的符号如图 4-15a 所示。

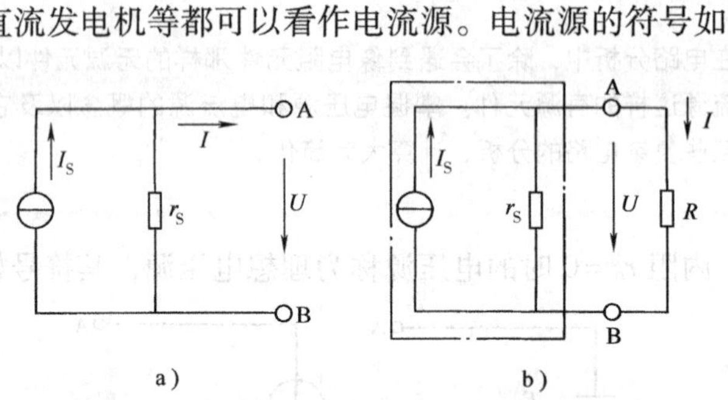

图 4-15　电流源的符号及输出

a）电流源符号　b）电流源的输出

➤ 电流源性能特点：电流源的内阻越大越好。

推导示例

当电流源向负载 R 输出电流时，如图 4-15b 所示，它所输出的电流 I 总是小于电流源恒定电流 I_S。电流源的端电压 U 与输出电流 I 之间有如下关系

$$I = I_S - \frac{U}{r_S}$$

由上式可知，电流源内阻 r_S 越大，则负载变化而引起的电流变化就越小，也就是说电流源输出越稳定，电流 I 越接近 I_S 值。

➤ 理想电流源：内阻 $r_S \to \infty$ 的电流源称为理想电流源，其符号如图 4-16 所示。

◆ 不论由负载变化引起的端电压如何变化，它所输出的电流恒定不变，而且等于电流源的恒定电流 I_S，即 $I = I_S$。

◆ 理想电流源的端电压与负载电阻 R 的大小有关，即 $U = IR = I_SR$，可见负载电阻 R 越大，U 也就越大。

◆ 实际上理想电流源是不存在的，因为电源内阻不可能为无穷大。但可使它远远大于负载电阻，这样就可视为理想电流源。

◆ 电流源可看成一个理想电流源与一个电阻 r_S 的并联组合。

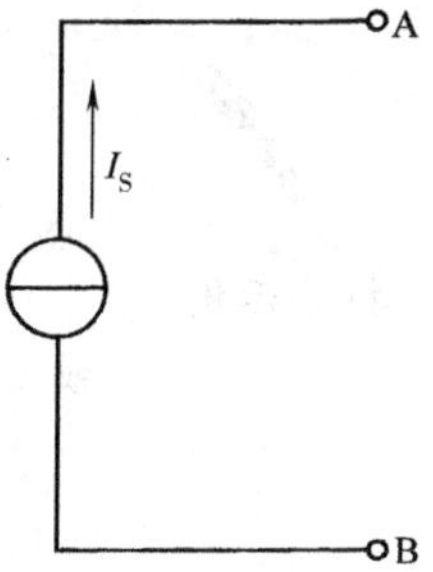

图 4-16 理想电流源

➤ 电流源并联：当 n 个电流源并联时，可以合并为一个等效电流源，如图 4-17 所示。等效电流源的电流 I_S 等于各个电流源的电流的代数和，等效内阻 r_S 的倒数等于各并联电流源内阻的倒数之和，即

$$I_S = \sum_{k=1}^{n} I_{Sk},\ \frac{1}{r_S} = \frac{1}{r_1} + \frac{1}{r_2} + \cdots + \frac{1}{r_S} \tag{4-7}$$

式中，凡参考方向与 I_S 相同的电流取正号，反之取负号。

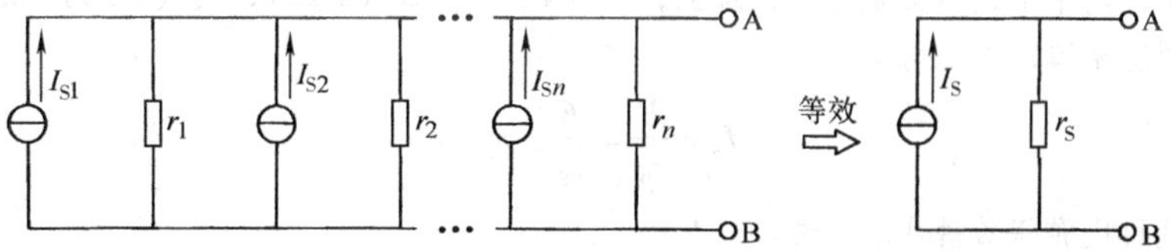

图 4-17 并联电流源合并

（3）电压源与电流源的等效变换

➤ 电压源与电流源等效变换的条件

$$I_S = \frac{E}{r_0} = \frac{E}{r_S},\ r_0 = r_S \tag{4-8}$$

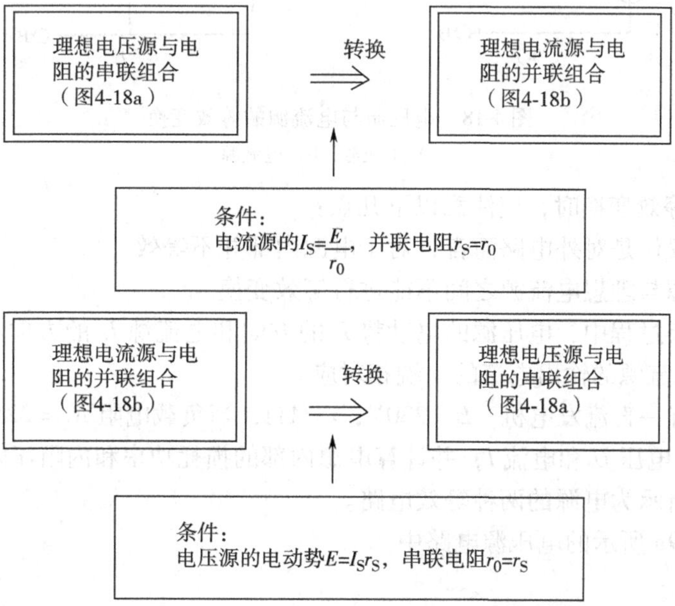

推导示例

在满足什么条件时，电压源和电流源可以互相等效。

我们已经知道，对于电压源，其输出电压为

$$U = E - Ir_0 \tag{4-9}$$

或

$$I = \frac{E - U}{r_0} = \frac{E}{r_0} - \frac{U}{r_0} \tag{4-10}$$

式（4-10）中$\frac{E}{r_0}$为电压源的短路电流。

对于电流源，其输出电流为

$$I = I_S - \frac{U}{r_S} \tag{4-11}$$

或

$$U = I_S r_S - I r_S \tag{4-12}$$

如果要求这两个电路对负载等效，那么，式（4-9）和式（4-12）、式（4-10）和（4-11）的右侧两项必须对应相等，由此可得

$$I_S = \frac{E}{r_0} = \frac{E}{r_S},\ r_0 = r_S$$

上式就是这两种电源等效替代的条件。

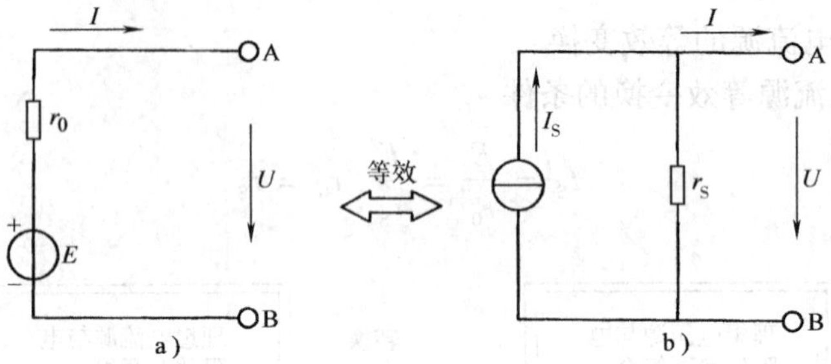

图 4-18　电压源与电流源的等效变换

a）电压源　b）电流源

➤ 两种电源等效变换时，应注意以下几点：

◆ 等效变换仅仅是对外电路而言，对于电源内部并不等效。

◆ 理想电压源与理想电流源之间不能进行等效变换。

◆ 在等效变换过程中，电压源的电动势 E 的方向和电流源 I_S 的方向必须保持一致，即电压源的正极与电流源的输出电流的一端相对应。

［**例 4-5**］　有一直流发电机，$E = 230\text{V}$，$r = 1\Omega$，当负载电阻 $R_L = 22\Omega$ 时，用电源的两种等效电路分别求电压 U 和电流 I，并计算电源内部的损耗功率和内阻压降，看是否相等？

解　图 4-19 所示为电源的两种等效电路。

（1）在图 4-19a 所示的电压源电路中

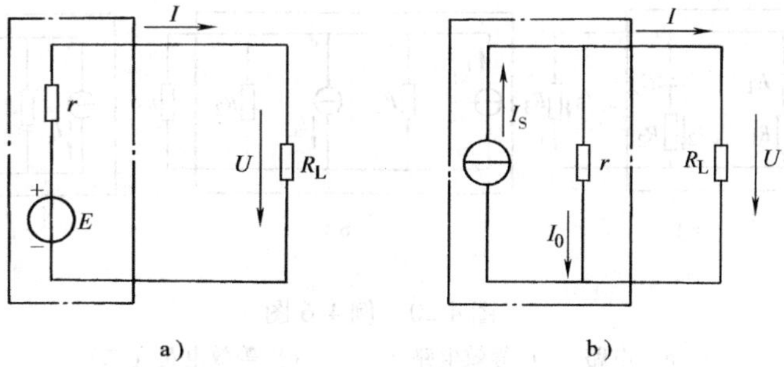

图4-19 例4-5图
a）等效电路（一） b）等效电路（二）

$$I=\frac{E}{r+R_L}=\frac{230V}{1\Omega+22\Omega}=10A$$
$$U=IR_L=10A\times22\Omega=220V$$

在图4-19b所示的电流源电路中

$$I_S=\frac{E}{r}=\frac{230V}{1\Omega}=230A$$
$$I=\frac{r}{R_L+r}I_S=\frac{1\Omega}{22\Omega+1\Omega}\times230A=10A$$
$$U=IR_L=10A\times22\Omega=220V$$

（2）在图4-19a所示的电压源电路中

$$U_r=Ir=10A\times1\Omega=10V$$
$$P_r=I^2r=(10A)^2\times1\Omega=100W$$

在图4-19b所示的电流源电路中

$$U_r=I_0r=(I_S-I)r=(230-10)A\times1\Omega=220V$$
$$P_r=I_0{}^2r=(I_S-I)^2r=(230A-10A)^2\times1\Omega=48400W$$

想一想

你从例4-5中发现了什么吗？

［**例4-6**］ 在图4-20a所示的电路中，已知$E_1=12V$，$E_2=24V$，$R_3=50\Omega$，$R_1=R_2=20\Omega$，试求I_3。

解 （1）将图4-20a中的含源支路当成电压源，将其等效变换为电流源，如图4-20b所示。

$$I_{S1}=\frac{E_1}{R_1}=\frac{12V}{20\Omega}=0.6A$$
$$I_{S2}=\frac{E_2}{R_2}=\frac{24V}{20\Omega}=1.2A$$

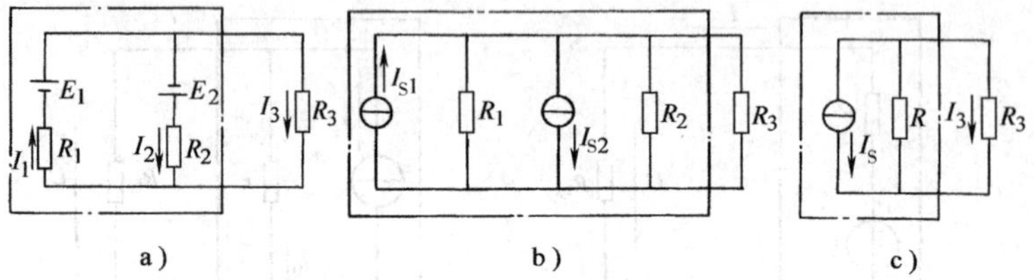

图 4-20　例 4-6 图

a）电路　b）等效电路（一）　c）等效电路（二）

（2）将两个并联电流源合并成一个电流源，如图 4-20c 所示。

$$I_S = I_{S2} - I_{S1} = 1.2A - 0.6A = 0.6A$$

$$R = R_1 /\!/ R_2 = 20\Omega /\!/ 20\Omega = \frac{20\Omega}{2} = 10\Omega$$

（3）根据等效概念，在图 4-20c 中通过 R_3 的电流等于图 4-20a 所示电流 I_3。

$$I_3 = -\frac{R}{R + R_3}I_S = -\frac{10\Omega}{10\Omega + 50\Omega} \times 0.6A = -0.1A$$

因为 I_S 与 I_3 方向相反，故取负号，即 I_3 实际方向由下经 R_3 向上。

6. 戴维南定理

（1）基本概念

➤ 二端网络：任何具有两个出线端的部分电路都称为二端网络。

◆ 有源二端网络：网络中有电源存在，如图 4-21a 所示。它总是可以用一个等效电源来替代。

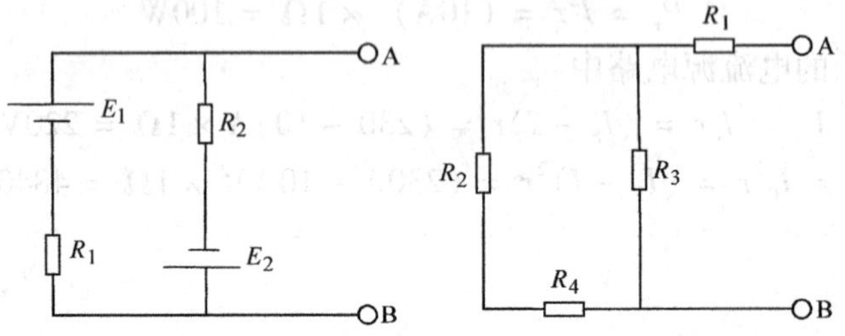

图 4-21　二端网络

a）有源二端网络　b）无源二端网络

◆ 无源二端网络：网络中没有电源存在，如图 4-21b 所示。它总是可以用一个等效电阻来替代。

➤ 线性电路：参数不随外加电压及通过其中的电流而变化，即电压和电流成正比的电路。

（2）戴维南定理　任何一个线性有源二端网络，都可以用一个具有恒定电动势和内阻串联的等效电源来代替。

➤ 恒定电动势 = 有源二端网络的开路电压。

➤ 内阻 = 无源二端网络的等效电阻（网络所有电源都不起作用，电压源短接，电流源切断）

（3）适用场合　适用于只需研究复杂直流电路中某一个支路的电流、电压等。

（4）戴维南定理简化一个有源二端网络的步骤

① 把复杂电路分成待求支路和有源二端网络两部分，如图 4-22a 所示。点画线方框外为有源二端网络，方框内为待求支路。

② 移开待求支路，求出有源二端网络的开路电压 U_{AB}，如图 4-22b 所示。

③ 将网络内各电压源短路，电流源切断，求出二端网络的等效电阻 R_{AB}，如图 4-22c 所示。

④ 画出有源二端网络的等效电路，其电源的电动势 $E_0=U_{AB}$，内阻 $r_0=R_{AB}=\dfrac{R_1R_2}{R_1+R_2}$。然后在等效电路两端接入待求支路，如图 4-22d 所示。这时就可用欧姆定律或基尔霍夫定律求待求支路的电流，其值为

$$I_3=\frac{E_0}{r_0+R_3}$$

温馨提示

根据戴维南定理对一个有源二端网络进行简化，简化的关键在于正确理解和求出有源二端网络的开路电压和等效电阻。同时，在代替时应将有源二端网络的电源极性与开路电压（如图 4-22 所示的 U_{AB}）保持一致，如果求得的开路电压值是负值，则电动势方向与原设定方向相反。

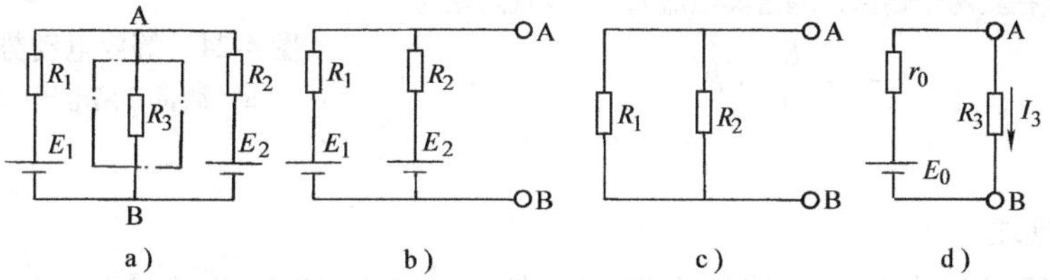

图 4-22　用戴维南定理计算复杂电路

a）电路　b）移开待求支路后的电路　c）等效电阻求法　d）等效电路

［例 4-7］　在图 4-23a 所示的桥式电路中，已知 $R_1=R_2=R_4=R_5=5\Omega$，$R_3=10\Omega$，$E=6.5V$，求 R_5 所在支路的电流。

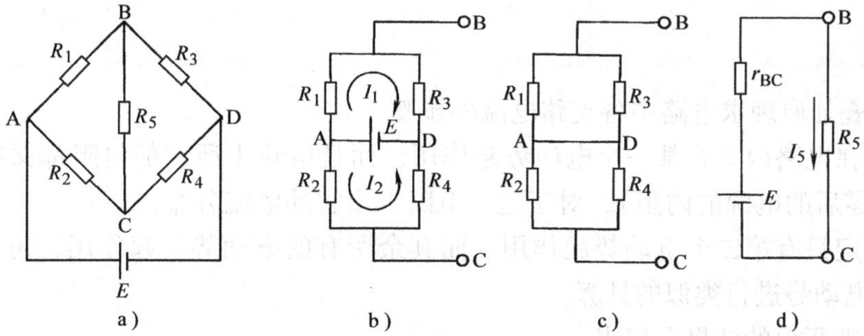

图 4-23　例 4-7 图

a）桥式电路　b）移去 R_5 后的电路　c）等效电阻求法　d）等效电路

解　断开 R_5 所在支路，求开路电压 U_{AB}（如图 4-23b 所示）和输入端电阻 r_{BC}（如图 4-23c所示）。

$$U_{BD} = \frac{R_3}{R_1 + R_3}E = \frac{10\Omega}{5\Omega + 10\Omega} \times 6.5\text{V} \approx 4.33\text{V}$$

$$U_{CD} = \frac{R_4}{R_2 + R_4}E = \frac{5\Omega}{5\Omega + 5\Omega} \times 6.5\text{V} = 3.25\text{V}$$

$$U_{BC} = U_{BD} + U_{DC} = U_{BD} - U_{CD} = 4.33\text{V} - 3.25\text{V} = 1.08\text{V}$$

$$r_{BC} = R_1 /\!/ R_3 + R_2 /\!/ R_4 = \frac{5\Omega \times 10\Omega}{5\Omega + 10\Omega} + \frac{5\Omega}{2} \approx 5.83\Omega$$

画出等效电路，如图 4-23d 所示。根据欧姆定律求电流 I_5

$$I_5 = \frac{U_{BC}}{r_{BC} + R_5} = \frac{1.08\text{V}}{5.83\Omega + 5\Omega} \approx 0.1\text{A}$$

小知识

等效电动势和内阻的测量

有源二端网络的等效电动势和内阻还可用实验方法求得。如图 4-24a 所示，用高内阻的电压表测量其开路电压 U_0，这就是等效电动势 E_0。再按图 4-24b 所示电路接线，用低内阻的电流表同一个已知电阻 R 串联在其两个端点，测量其电流 I，则等效内阻为

$$r_0 = \frac{E_0}{I} - R$$

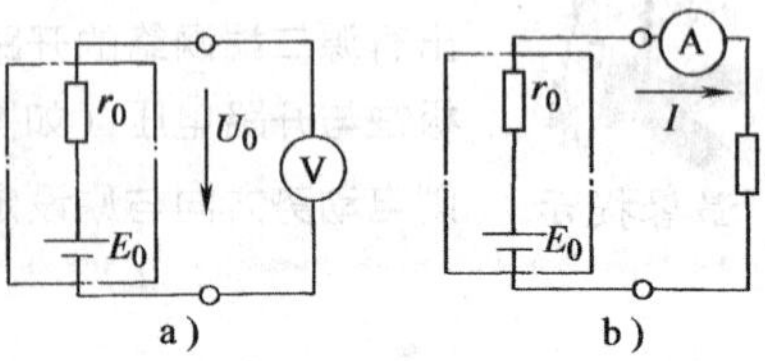

图 4-24　等效电动势和内阻的测量
a）测量开路电压　b）测量电流

*7. 叠加原理

（1）叠加原理的内容　在线性电路中，任一支路中的电流（或电压）等于各个电源单独作用时，在此支路中所产生的电流（或电压）的代数和。

温馨提示

叠加原理是反映线性电路基本性质的一个重要原理，它只能用来求电路的电压或电流，而不能用来计算功率。

（2）用叠加原理求电路中各支路电流的步骤

① 假定在电路内只有某一个电动势起作用，而且电路中所有的电阻都保持不变（包括电动势等于零后的电源的内阻），对于这个电路求出它的电流分布。

② 再假定只有第二个电动势起作用，而其余所有的电动势不起作用，再进行计算。即依次对所有电动势进行类似的计算。

③ 最后把所得的结果合起来。

[**例 4-8**]　如图 4-25 所示，已知 $E_1 = E_2 = 17\text{V}$，$R_1 = 2\Omega$，$R_2 = 1\Omega$，$R_3 = 5\Omega$，应用叠加原理求各支路中的电流。

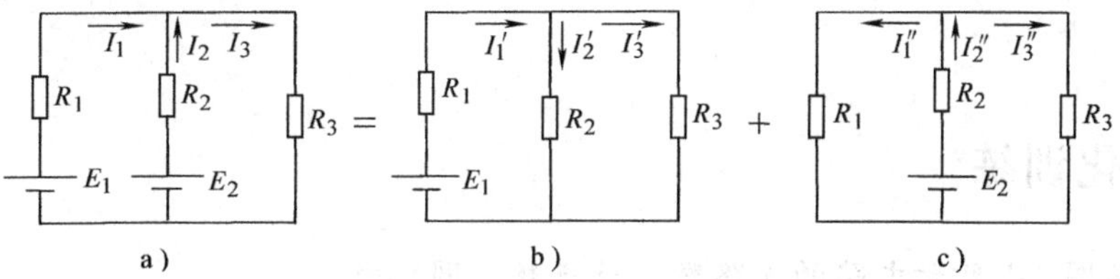

图4-25 例4-8图

a）电路 b）E_1 单独作用的情况 c）E_2 单独作用的情况

解 （1）设 E_1 单独作用时，如图4-25b所示，则

$$I_1' = \frac{E_1}{R_1 + \dfrac{R_2 R_3}{R_2 + R_3}} = \frac{17\text{V}}{2\Omega + \dfrac{1\Omega \times 5\Omega}{1\Omega + 5\Omega}} = 6\text{A}$$

$$I_2' = \frac{R_3}{R_3 + R_2} I_1' = \frac{5\Omega}{5\Omega + 1\Omega} \times 6\text{A} = 5\text{A}$$

$$I_3' = I_1' - I_2' = (6-5)\text{A} = 1\text{A}$$

（2）设 E_2 单独作用时，如图4-25c所示，则

$$I''_2 = \frac{E_2}{R_2 + \dfrac{R_1 R_3}{R_1 + R_3}} = \frac{17\text{V}}{1\Omega + \dfrac{2\Omega \times 5\Omega}{2\Omega + 5\Omega}} = 7\text{A}$$

$$I''_1 = \frac{R_3}{R_1 + R_3} I''_2 = \frac{5\Omega}{2\Omega + 5\Omega} \times 7\text{A} = 5\text{A}$$

$$I''_3 = I''_2 - I''_1 = (7-5)\text{A} = 2\text{A}$$

（3）将各支路电流叠加起来，即求其代数和

$I_1 = I_1' - I''_1 = 1\text{A}$（方向与 I_1' 相同，与 I''_1 相反）

$I_2 = I''_2 - I_2' = 2\text{A}$（方向与 I''_2 相同，与 I_2' 相反）

$I_3 = I_3' + I''_3 = 3\text{A}$（方向与 I_3'、I''_3 均相同）

优化训练

1. 指出题图 4-1 所示电路的支路数、节点数、网孔数。

2. 列出题图 4-1 所示电路中节点 b、c 的节点电流方程。

3. 题图 4-2 所示为晶体管放大器的直流简化电路，该电路的电流参考方向如图 4-2 所示。已知 $I_B=0.05\text{mA}$，$I_C=1\text{mA}$，$I_2=0.5\text{mA}$，求 I_1、I_E 和 I。

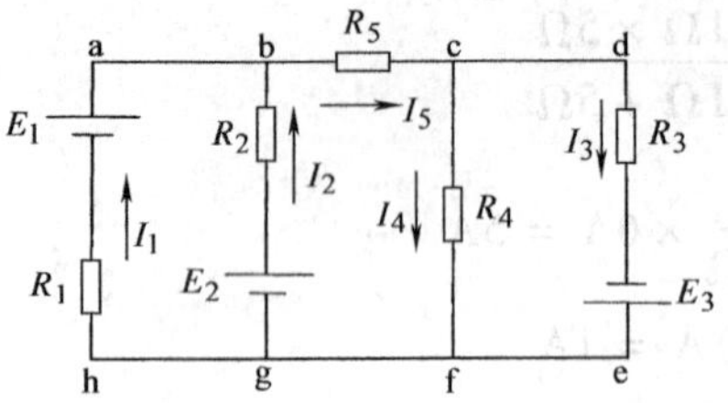

题图 4-1

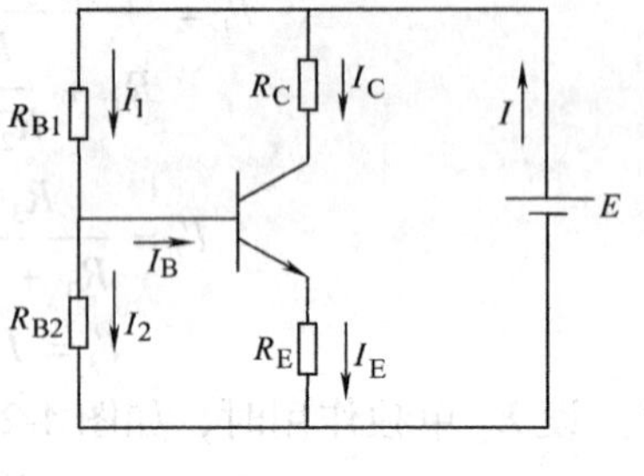

题图 4-2

4. 题图 4-3 所示，已知 $E_1=12\text{V}$，$E_2=6\text{V}$，$R_1=R_2=1\Omega$，$R_3=10\Omega$，求电路中的电流。

5. 题图 4-4 所示，已知 $E_1=26\text{V}$，$E_2=6\text{V}$，$R_1=20\Omega$，$R_2=10\Omega$，$R_4=5\Omega$，电压表的读数为 16V，试求电阻 R_3 的阻值。

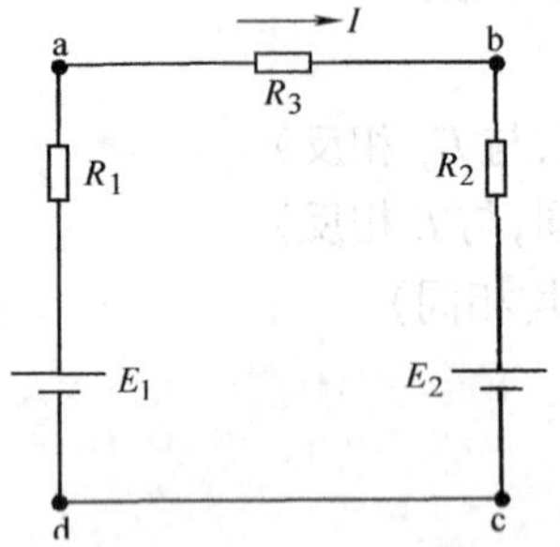

题图 4-3

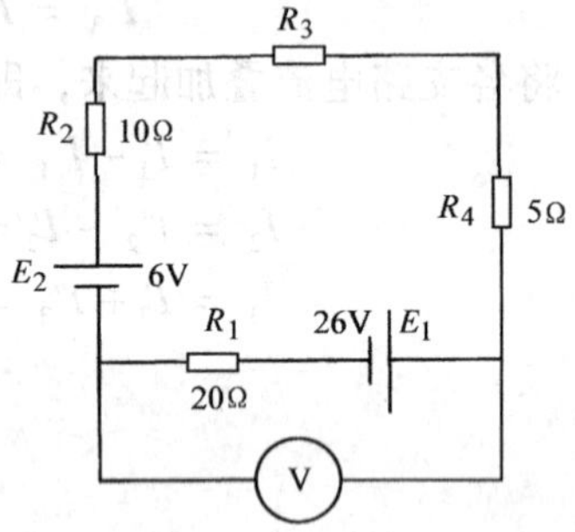

题图 4-4

6. 题图 4-5 所示，已知 $E_1=40\text{V}$，$E_2=5\text{V}$，$E_3=25\text{V}$，$R_1=5\Omega$，$R_2=10\Omega$，$R_3=10\Omega$，用支路电流法计算各支路电流。

7. 题图 4-6 所示，已知 $R_1=5\Omega$，$R_2=1\Omega$，$R_3=10\Omega$，$R_4=5\Omega$，$E_1=10\text{V}$，$E_2=5\text{V}$，求各支路电流。

8. 将题图 4-7 所示电路化简成等效电流源。

9. 将题图 4-8 所示电路化简成等效电压源。

10. 在题图 4-9 所示电路中，已知电压源 $E_1=17\text{V}$，$r_1=1\Omega$，$E_2=34\text{V}$，$r_2=2\Omega$，$R_3=5\Omega$，试用电源互换方法求支路电流 I_3。

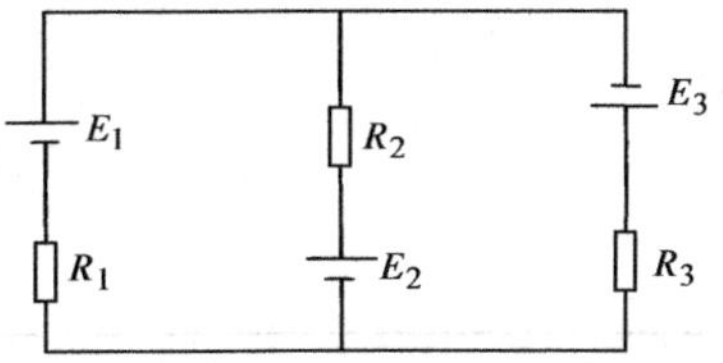

题图 4-5

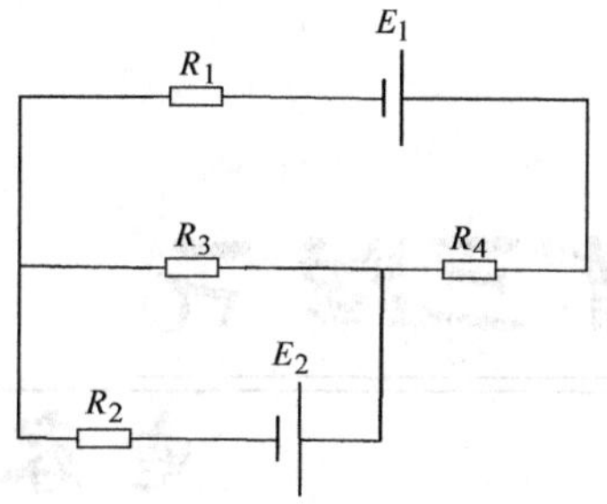

题图 4-6

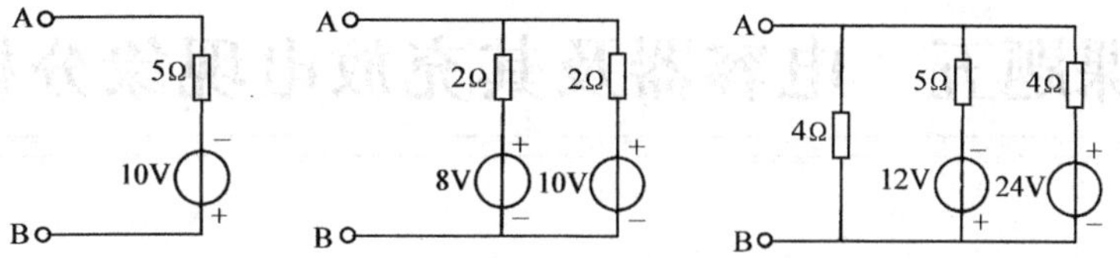

a) b) c)

题图 4-7

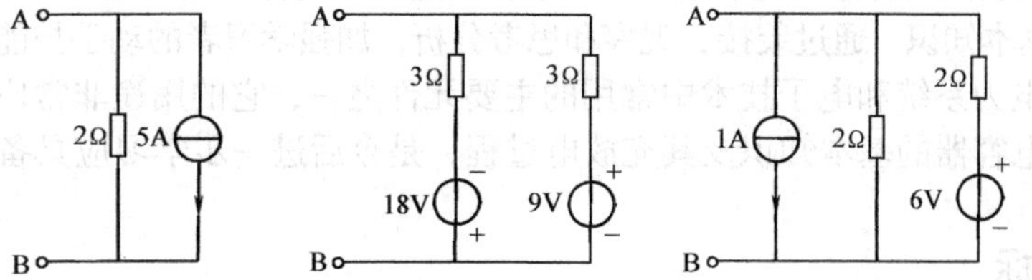

a) b) c)

题图 4-8

11. 有一个直流有源二端网络，测得其开路电压为 100V，短路电流为 10A，问外接 10Ω 负载电阻时，负载电流为多少？

12. 在题图 4-10 所示电路中，已知 $R_1=4\Omega$，$R_2=2\Omega$，$R=3.6\Omega$，$E_1=5\text{V}$，$E_2=15\text{V}$，试用戴维南定理求通过支路 R 中的电流 I_R 和电压 U_R。

13. 在题图 4-11 所示的电路中，已知 $E_1=10\text{V}$，$E_2=20\text{V}$，$R_1=4\Omega$，$R_2=2\Omega$，$R_3=8\Omega$，$R_4=6\Omega$，$R_5=6\Omega$，求通过 R_4 的电流。

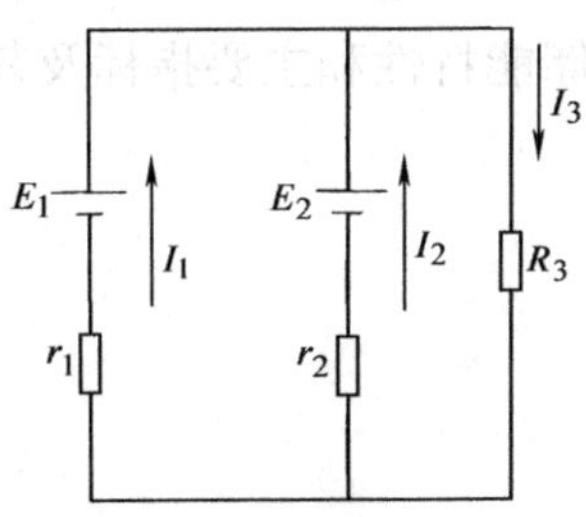

题图 4-9

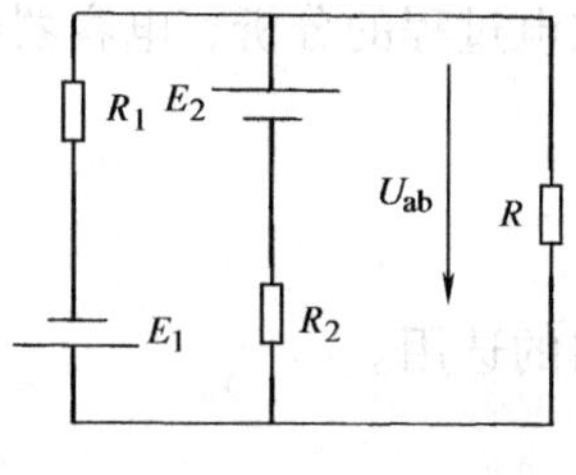

题图 4-10

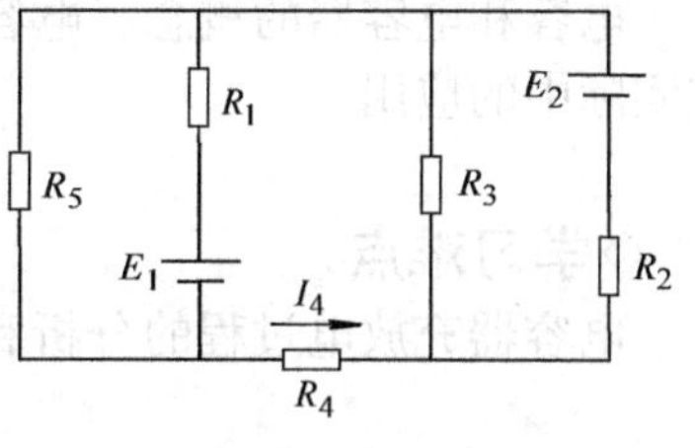

题图 4-11

第三单元

电容器

课题五　电容器及其充放电现象分析

学习指南

本课题是从装接电容器的充放电电路入手，通过观察电容器充放电现象，引出电容器与电容的概念及其基本知识。通过装接、观察和思考分析，加强学习者的动手技能和分析能力。

电容器是电力系统和电子技术中常用的主要元件之一，它的用途非常广泛。正确理解并掌握本课题中电容器的基本知识及其充放电过程，是今后进一步学习应具备的必要条件。

◇学习目标

1. 理解电容和电容器的概念。
2. 能分析决定平行板电容器电容大小的因素。
3. 理解电容器的充放电过程和特点。
4. 了解电容器的储能特性。
5. 掌握电容的简单计算及单位和主要指标。
6. 了解常用电容器的种类及选用。
7. 掌握用万用表判断电容器好坏及电容量大小的技能。
8. 提高学生的观察、分析能力和动手技能。

◇学习重点

电容和电容器的概念、电容器充放电过程的分析、电容器的储能特性和主要指标及其在实际中的应用。

◇学习难点

电容器充放电过程的分析和电容器的选用。

◇学习时数

5 学时。

任务书

项目	电容器的检测及充放电现象的观察	时间	1学时
工具材料	直流电源，小灯泡（2.5V、0.15A）1个，双向开关1只，无标识电容器若干（内含3300μF以上电容1只），电流表2只，电压表1只，导线若干		

实操要求

1. 实验安装前，用万用表检测电容器质量的好坏，粗略比较电容量的大小，并选出容量值最大的电容器用于实验
2. 按项目图5所示，装接一个电容器充放电电路
3. 在下列情况下，观察电流表、电压表的指针偏转情况和小灯泡亮度的变化情况，并做好记录：
   ① 开关S合向触点1的瞬间；
   ② 开关S合向触点2的瞬间

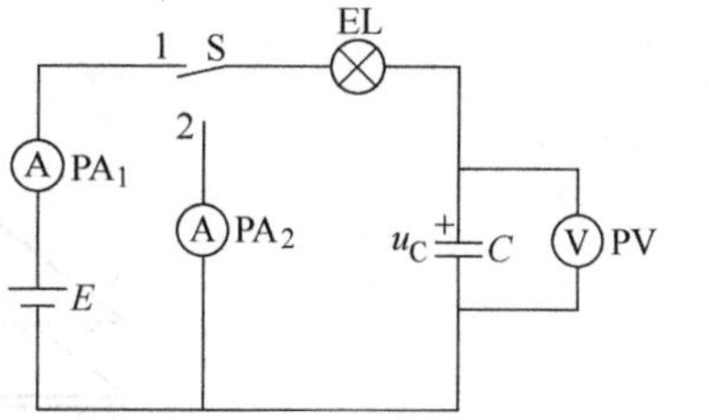

项目图5

观察与记录

电路状态	电容器状态	电流表PA_1	电流表PA_2	电压表PV	灯泡EL
开关S合向触点1的瞬间					
开关S合向触点2的瞬间					

思考

1. 在本项目中为何要选择大容量值的电容器
2. 在充电过程中小灯泡亮度为什么会如此变化？电压表指针为什么会如此偏转
3. 在放电过程中小灯泡亮度为什么会如此变化？电压表和电流表指针为什么会如此偏转
4. 当开关S合向触点1、2的瞬间，归纳电路中电流及电容器两端电压的变化规律

体会

温馨提示

1. 在实验装接之前，要养成首先检测各元器件质量好坏的良好习惯
2. 无标识电容器指的是教师在实验前先用不透明的纸包盖电容器上的标称容量，学生检测比较完电容器容量后，再让学生打开包扎的纸与电容器上的标称容量核对
3. 用万用表检测电容器质量的好坏时，通常使用万用表的电阻挡（R×100或R×1k）。电容器容量越大，万用表的电阻挡量程也要相应变大
4. 记录栏中“电容器状态”栏应填写“充电”或“放电”，“电流表”和“电压表”栏应填写指针偏转变化情况，“灯泡”栏应填写亮度变化规律
5. 建议2人一小组进行实验，无条件做实验的学校，可以让教师做演示实验，学生直接观察、记录，并进行分析

知识链接

1. 电容器的基本知识

（1）电容器　电容器是用来储存电荷的装置，它由被绝缘介质隔开的两个导体组成，如图 5-1 所示。组成电容器的两个导体叫做极板，中间的绝缘物质叫做电容器的介质。

➤电容器的基本特点：①储存能量；②隔直流、通交流。

➤最常见的电容器：平行板电容器，如图 5-1 所示。

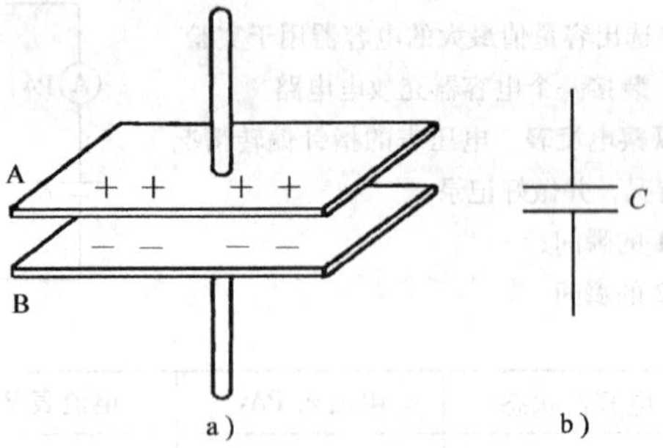

图 5-1　电容器及图形符号

a）电容器　b）图形符号

> 温馨提示
>
> 通常说的“容器”是指能容纳或盛放物品的用具，而实际上也可将电容器理解为容纳“电荷”的容器。任何彼此绝缘但又相互靠近的导体，都可以看成一个电容器。

（2）电容量

➤电容器储存电能的过程：把电容器的两个极板分别与电源 E 的正、负极相连接，电容器的极板间就有了电压 U。在电场力的作用下，自由电子定向运动，结果使 A 极板带正电荷，B 极板带等量的负电荷，如图 5-1a 所示，直至两极板间的电压与电动势相等时电荷的移动才停止。这样，在两个极板间的介质中建立了电场，电容器就储存了一定量的电荷和电场能量。

➤电容量：电容器任意一个极板上所储存的电荷量 Q 与两极板间的电压 U 的比值叫电容量，简称电容，用符号 C 表示。比值 C 是一个常数，但对于不同的电容器，这一比值则不相同。其数学表达式为

$$C=\frac{Q}{U} \tag{5-1}$$

式中　Q——极板上的电荷量（C）；

U——两极板间的电压（V）；

C——电容量（F）。

➤ 物理意义：表征电容器的储能特性。表现为电容器的两个极板间的电压随着所带电量的增加而增加。

➤ 常用单位：微法（μF）和皮法（pF）。法拉（F）不作为常用单位，是因为在实际应用中，法拉这一单位太大。

温馨提示

电容器和电容量都可以简称电容，且都可以用 C 表示，但两者的含义不同，电容器是储存电荷的装置，而电容量是衡量电容器在一定外加电压作用下储存电荷能力大小的物理量，两者不可混淆。

小知识

法拉第（1791～1867），英国著名物理学家和化学家。法拉第出生于家境贫寒的铁匠家庭，靠自学成为科学家。1812 年进入皇家学院实验室任大化学家戴维的助手，1825 年任英国皇家学院实验室主任，1824 年被选为伦敦皇家学会会员，他还是法国科学院院士。1846 年他荣获伦福德奖章和皇家勋章。

法拉第在物理学方面的主要贡献是对电磁学进行了比较系统的研究。1831 年他总结电磁感应定律，并发明了电动机和发电机。1833～1834 年他发明了电解定律，他还建立了电场、磁场、磁力线等重要概念。

后人为纪念法拉第，用他的名字命名电容的单位，简称“法”。

（3）平行板电容器　平行板电容器由两块平行且靠得很近而又彼此绝缘的金属板组成，如图 5-1a 所示。它的电容量与极板面积 S 及电介质的介电常数 ε 成正比，与极板间的距离 d 成反比。其数学表达式为

$$C=\frac{\varepsilon S}{d} \tag{5-2}$$

式中　C——电容量（F）；

ε——某种电介质的介电常数（F/m）；

S——每块极板的有效面积（m^2）；

d——两极板间的距离（m）。

小试身手

电容量与哪些因素有关

按图 5-2 所示电路进行实验，让平行板电容器带电后，若不改变两极板所带的电荷量和它们之间的距离，只改变两极板的正对面积，通过观察电压表指针的偏转情况，可以看出，电容器正对面积越小，电压表指针显示的电压值越大，这表示平行板电容器的电容量随着两极板正对面积的减少而减少。

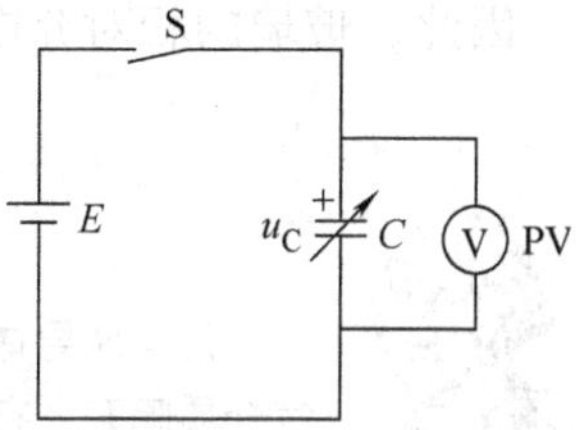

图 5-2　实验电路

若保持两极板所带电荷量及它们的正对面积不变，只改变两极板间的距离，或者保持两极板所带电荷量及它们的距离、正对面积不变，只在极板间添入不同的电介质，这两种情况下请你想一想：平行板电容器的电容又将如何变化？

➤ 特性：结构固定的平行板电容器的电容量是一个确定值，其大小仅与电容器的极板面积大小、相对位置以及极板间的电介质有关，而与两极板间电压的大小、极板所带电荷量的多少无关。

➤ 电介质的介电常数：用 ε 表示，它由介质的性质决定，不同介质的介电常数是不同的。

◆ 真空中的介电常数：用 ε_0 表示，$\varepsilon_0 = 8.85 \times 10^{-12}\mathrm{F/m}$。

◆ 相对介电常数：某种介质的介电常数 ε 与 ε_0 之比，用 ε_r 表示，即 $\varepsilon_r = \dfrac{\varepsilon}{\varepsilon_0}$ 或 $\varepsilon = \varepsilon_r \varepsilon_0$，相对介电常数是没有单位的。

常用电介质的相对介电常数见表 5-1。

表 5-1　常用电介质的相对介电常数

介 质 名 称	相对介电常数 ε_r	介 质 名 称	相对介电常数 ε_r
石 英	4.2	聚苯乙烯	2.2
空 气	1	三氧化二铝	8.5
硬 橡 胶	3.5	玻璃	5～10
酒 精	35	无线电瓷	6～6.5
纯 水	80	超高频瓷	7～8.5
云 母	7	五氧化二钽	11.6

［**例 5-1**］　有一平行板电容器，当两极板间的电介质是空气时，电容量是 24μF；当两极板间的电介质换用玻璃时，电容量是 108μF。求玻璃的相对介电常数（空气的介电常数为 1）。

解　由式（5-2）可知，当电容器的其他条件都相同时，电容量的大小与电介质的相对介电常数成正比，即

$$C_1 = \varepsilon_1 C_0 \quad C_2 = \varepsilon_2 C_0 (C_0 \text{ 为真空里的电容})$$

则

$$\frac{C_1}{C_2} = \frac{\varepsilon_1}{\varepsilon_2}$$

因此，玻璃的相对介电常数 $\varepsilon_2 = \dfrac{C_2}{C_1}\varepsilon_1 = \dfrac{108\mu\mathrm{F}}{24\mu\mathrm{F}} \times 1 = 4.5$。

小知识

生活中的电容

任何两导体之间都存在着电容。如两根输电线之间，每根输电线与大地之间都被空气介质隔开，存在着电容。另外在电子仪器中，导线和仪器的金属外壳之间、线圈的匝间也存在电容。这些电容通常叫做分布电容。一般情况下，这个电容值很小，它的作用可忽略不计。虽然它的数值很小，但有时会给传输线路或仪器设备的正常工作带来干扰。如果传输线很长或所传输的信号频率很高时，就必须考虑这一电容的作用。无线电或电视的天线就是利用其电容发射电波或接收电波。

（4）电容器的主要指标　电容器的种类繁多，不同种类电容器的性能、用途不同。为了正确选择和使用电容器，应该了解它的主要指标。电容器的成品上都标明电容值、允许误差和工作电压值等，这些数值统称为电容器的主要指标。

➤ 电容器的额定工作电压：是指电容器所能承受的最大电压，习惯上称为“耐压”，是指电容器长时间（一般不少于10000h）工作状态下的“耐压”值。

◆ 击穿电压：如果一只电容器两极间所加的电压超过某一数值时，介质就会被击穿，电容器将损坏。这时的电压叫做电容器的击穿电压。

◆ 选用的关注点：电容器的外壳上一般都标有它的额定工作电压值，它通常指的是直流工作电压值（用DC或符号“—”表示）。某一电容器用在直流电路中，加在电容器上的电压不应超过它的额定工作电压值；如果该电容器用在交流电路中，应使交流电压的最大值不超过它的额定工作电压值，否则，电容器会被击穿。

➤ 电容器的标称容量：是指电容器上所标明的电容值。

◆ 电容器电容量的标示：①用数字和单位符号直接在电容器的外壳上标出的称为直标法。如20μF表示20微法，01μF表示0.01微法；有些电容用“R”表示小数点，如R56表示0.56微法。②用数字和文字符号有规律地组合在电容器的外壳上标出的称为文字符号法。如p10表示0.1pF，1p0表示1pF，6p8表示6.8pF，2μ2表示2.2μF。

◆ 电容值的误差：电容器的标称容量和实际容量之间存在的差额称为电容器电容值的误差。这是由于电容器在大批量生产时，受到了诸多因素的影响而引起的。

➤ 电容器电容值的允许误差：是指电容器电容量的误差限定在国家规定的所允许的误差范围之内。

◆ 允许误差等级：电容器电容值的允许误差按其精密度可分为 ±1%（00级）、±2%（0级）、±5%（Ⅰ级）、±10%（Ⅱ级）和 ±20%（Ⅲ级）等五级（不包括极性电容器）。

◆ 误差标示：标在电容器外壳上的误差有的用百分数表示（如4700 pF ±10%），有的用误差等级表示（如5700 pF Ⅰ），有的用色点表示（如云母电容器）。

小知识

电解电容是一种极性电容，如图5-3所示，其正极要接高电位，负极接低电位，否则电容器会损坏。因此，电解电容只能用于直流电路，而不能用于交流电路。一般极性电容器的允许误差范围较大，如铝极性电容器的允许误差范围是20%～100%。

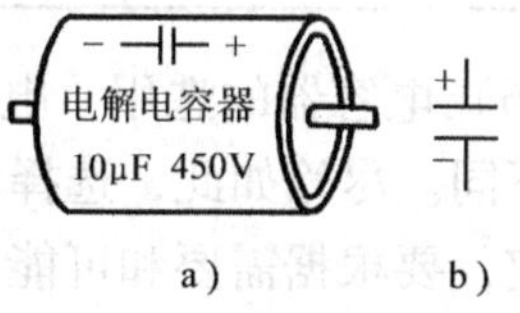

图5-3　电解电容器及图形符号
a）电解电容　b）图形符号

（5）常用电容器的种类及符号

➤ 常用电容器的种类

◆ 固定电容器：它的电容量是固定不可变的。按所用介质的不同，又可分为纸介电容器、云母电容器、油质电容器、陶瓷电容器、铝电解质电容器、有机薄膜电容器（以聚苯乙烯薄膜或涤纶作介质）、金属化纸介电容器（也称金属膜电容器），如图5-4a所示。

◆ 可变电容器：它的电容量可在一定范围内调节。它是由两组相对的金属片组成的，一组金属片是固定不动的，叫做定片；另一组金属片和转轴相连接，能随意转动，叫做动片。转动动片改变两组金属片相对面积的大小，就可以改变它的电容量。例如，用于半导体收音机中的薄膜介质可变电容器，如图 5-4b 所示。

◆ 半可变电容器（也叫微调电容器）：它是由两片或两组小型金属弹簧片中间夹有介质组成。用螺钉调节金属片之间的距离，可在很小范围内改变它的电容量，如图 5-4c 所示。

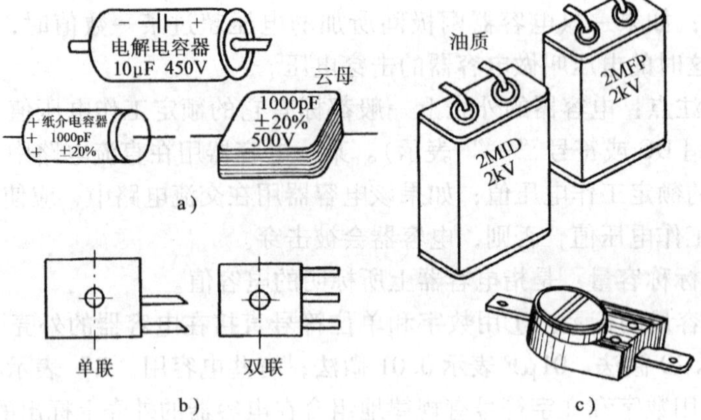

图 5-4　常用电容器的种类

a）固定电容器　b）可变电容器　c）半可变电容器

➤ 电容器的图形符号：见表 5-2。

表 5-2　电容器的图形符号

名　称	图 形 符 号	名　称	图 形 符 号
电容器	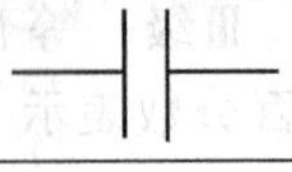	可变电容器	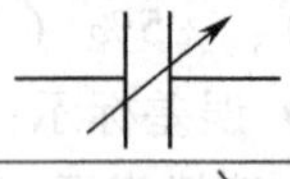
极性电容器	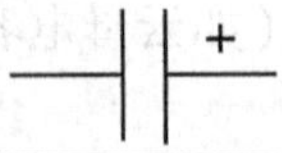	半可变（微调）电容器	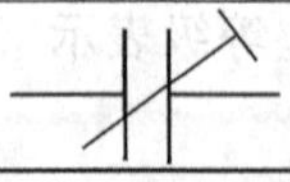

（6）电容器的选用　电容器的用途是极其广泛的，但由于应用不同，因而对它的要求也就不同。尽管如此，选择电容器时总的原则还是一样的，即容量和耐压要满足要求，性能要稳定，要根据需要和可能，尽量采用漏电小、损耗小、价格低和体积小的电容器。

（7）电容器的检测

➤ 电容器质量好坏的检测：

◆ 对于一般的大容量电容器，可用万用表的电阻挡（$R\times100$、$R\times1\text{k}$）测试电容器有无充放电过程来判断其质量的好坏。测量时，用红、黑表笔分别接电容器的两引脚（每次测试前，需将电容器放电），由表针的偏转来判断电容器的质量。

① 若表针迅速向右偏转，然后慢慢向左退回原位，一般来说电容器是好的。

② 如果表针偏转后不再回转，说明电容器已经击穿或漏电量很大。

③ 如果表针偏转后逐渐退回到某一位置停下，则说明电容器已经漏电。

④ 如果表针偏转到零位置之后不再回去，则说明电容器内部已经短路。

⑤ 如果表针根本不偏转，则说明电容器电解质已经断路或失去容量。

◆ 对于电容量在 10pF 以下的电容器，因其电容量太小，用万用表进行测量，只能定性地检查其是否有漏电、内部短路或击穿现象。测量时，可选用万用表的电阻挡（$R\times10k$），用两表笔分别任意接电容的两个引脚，阻值应为无穷大。若测出阻值（指针向右摆动）或阻值为零，则说明电容漏电损坏或内部击穿。

➤ 电容器电容量大小的比较检测：对于两个质量完好的没有标示电容量的电容器，可用万用表的电阻挡来测量，以比较其电容量的大小。测量时，要用万用表的同一电阻挡（如 $R\times100$），将万用表红、黑表笔分别与两个电容器的两引脚接触，在刚接触的瞬间，观察万用表指针向右偏转的情况，偏转幅度大的，电容量就大。

➤ 极性电容器的正负极检测：对于不知道正负极的极性电容器，可用万用表的电阻挡测量其极性。测量时，先假定某极为正极，让其与万用表的黑表笔相接，另一电极与万用表的红表笔相接，记下表针偏转后停止的刻度（即漏电阻）；然后将电容器放电（即两根引线碰一下），两只表笔对调，重新进行测量。两次测量中，表针偏转后最后停留的位置靠左（漏电阻值大）的那次，黑表笔接的就是电解电容的正极。

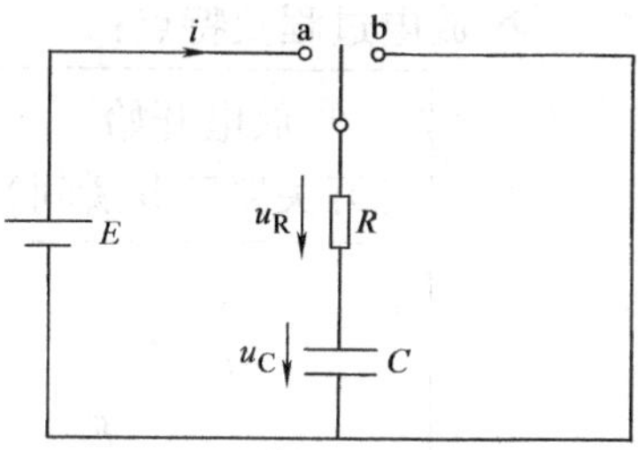

图 5-5 电容器的充放电过程

2. 电容器的充电和放电

（1）电容器的充电过程 如图 5-5 所示，开关置于 a 时，直流电源通过电阻对电容进行充电。

➤ 充电过程及特点：

充电开始（开关置于 a 瞬间）	→	充电过程中	→	充电结束
$u_C=0$ $i(0)=\dfrac{E}{R}$	→	Q 增加 u_C 上升，i 下降 充电持续时间： $t=(3\sim5)\tau$ $=(3\sim5)RC$	→	$i=0$ $u_C=E$ 电容器储存的电荷： $Q=CE$

① 在开关置于“a”的瞬间（$t=0$），由于电容器上原来不带电荷，故电容器两端电压 $u_C=0$，此时，电阻两端的电压 $u_R=E$ 为最大，此时流经电阻 R 的充电电流 $i(0)=\dfrac{u_R}{R}=\dfrac{E}{R}$ 也为最大。

② 在充电过程中，随着电容器极板上电荷的增多，电容器两端电压逐渐升高，电源电压与电容器两端电压之差逐渐减少，因而充电电流也随之减小。电流的减小，说明极板上电荷增加的速率和电容器电压增大的速率在减小，即电压增加得越来越慢。

③ 最后当电容器两端电压上升到等于电源电压 E 时，充电电流下降到零，此时充电过程结束，电路处于稳定状态。

➤ 充电电压和电流的变化曲线：实验证明，电容器充电电压 u_C 和充电电流 i 随时间变化的曲线如图 5-6 所示。

（2）电容器的放电过程 如图 5-5 所示，开关置于 b 时，已充电的电容器通过电阻进行

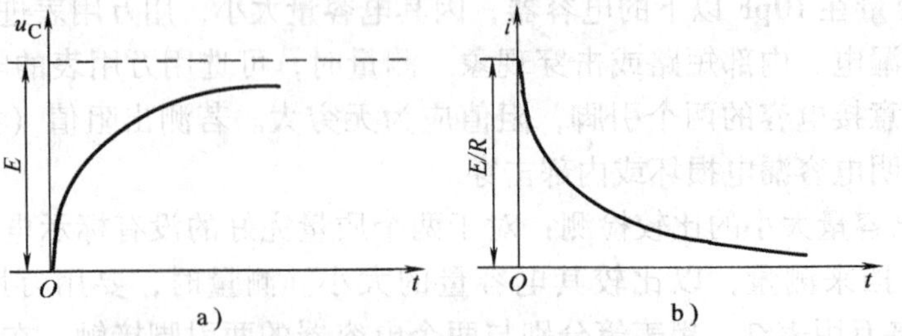

图 5-6　充电电压 u_C、充电电流 i 的变化曲线

a）充电电压 u_C 的变化曲线　b）充电电流 i 的变化曲线

放电。

➤ 放电过程及特点：

放电开始（开关置于 b 瞬间）		放电过程中		放电结束
$u_C = E$ $i(0) = -\dfrac{E}{R}$	⟶	Q 减少 u_C 下降，i 下降 放电持续时间： $t = (3 \sim 5)\tau$ $= (3 \sim 5)RC$	⟶	$i = 0$ $u_C = 0$ 电容器储存的电荷： $Q = 0$

① 在开关置于“b”的瞬间（$t = 0$），由于电容器两端电压 u_C 已具有最大值，且等于放电前的电压 E，此时，流经电阻 R 的放电电流 $i(0) = \dfrac{u_R}{R} = -\dfrac{E}{R}$，为最大值，其方向与充电电流方向相反，用“－”表示。

② 在放电过程中，已充电的电容器通过电阻连接，在电场力的作用下，负极板上的负电荷通过导线和电阻移到另一极板上，与正电荷中和，形成放电电流。随着放电的继续，电容器上的电荷不断中和，电容器两端电压 u_C 逐渐下降，放电电流也随之减少。

温馨提示

电路中的电流是由于电容器的充放电所形成的，并非电荷直接通过电容器中的介质。

③ 放电完毕，电压 u_C 和电流 i 均为零，这时电路进入稳定状态。

➤ 放电电压和电流的变化曲线：实验证明，电容器放电电压 u_C 和放电电流 i 随时间变化的曲线如图 5-7 所示。

想一想

根据电容器充放电过程的分析，请问：

① 电容器为什么能够起“隔直流、通交流”的作用？

② 为什么说电容器是一种储能元件？

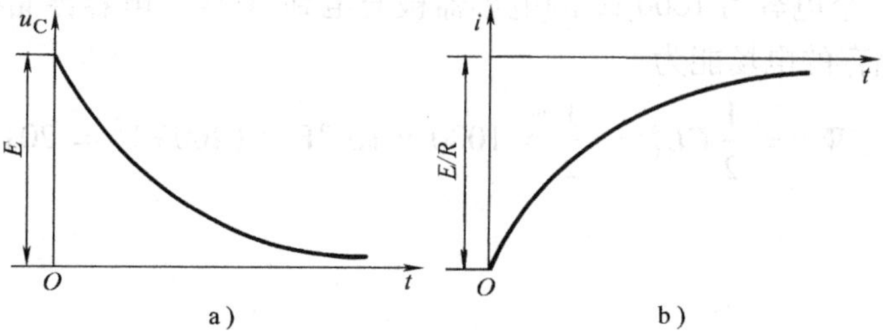

图 5-7 放电电压、放电电流 i 的变化曲线

a) 放电电压 u_C 的变化曲线 b) 放电电流 i 的变化曲线

3. 电容器中的电场能量

(1) 电容器中的电能交换

➤ 电容器两端电压增加时，电容器便从电源吸收能量，储存在两极板之间的电场中。

➤ 电容器两端电压降低时，电容器便把原来所储存的电场能量释放出来。

➤ 电容器本身只与电源进行能量交换，而并不消耗能量，所以说电容器是一种储能元件。当然，实际的电容器由于介质漏电及其他原因，也要消耗一些能量，使电容器发热，这种能量消耗称为电容器的损耗。

(2) 电容器所储存的电能

➤ 电容器中储存的电场能量，与电容器的电容、电容器两极板之间电压的平方成正比。其数学表达式为

$$W_C = \frac{1}{2}QU_C = \frac{1}{2}CU_C^2 \tag{5-3}$$

式中 W_C——电场力所做的功，即转换成的电场能（J）；

C——电容量（F）；

U_C——电容器两端的电压（V）。

推导示例

由于电压是与电荷量成正比的，即 $Q = CU_C$，因此电容器充电时，极板上的电荷 Q 逐渐增加，两极板间的电压 U_C 也在逐渐增加，如图 5-8 所示，如果把充入电容器的总电荷量 Q 分成许多细小的等分，每一个等分的电荷量为 ΔQ。在某一时刻当电容器的端电压为 U_C，此时电源对电容器所做的功应为 $U_C\Delta Q$，这就是电容器储存的能量增加的数值。把各个不同的电压下充入 ΔQ 所做的功加起来，就是电源输入电荷量为 Q 时所做的总功，也就是储存于电容器中的能量。因为 ΔQ 可分得非常小，故所求电场能量可用最后的稳定电压 U_C 为高，以输入的电荷量 Q 为底的三角形面积来表示。所以，储存在电容器中的电场能量为

$$W_C = \frac{1}{2}QU_C = \frac{1}{2}CU_C^2$$

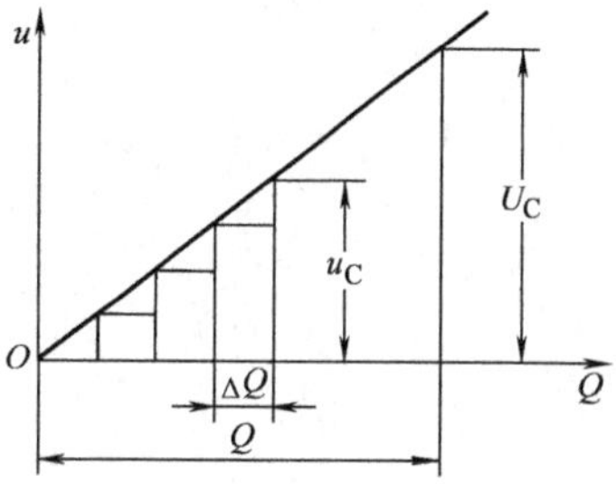

图 5-8 电容器的电场能量

[**例 5-2**]　一个电容为 1000μF 的电容器被充电到 200V，电容器储存了多少电能？

解　电容器储存的电场能为

$$W_C = \frac{1}{2}CU_C^2 = \frac{1}{2} \times 1000 \times 10^{-6}\mathrm{F} \times (200\mathrm{V})^2 = 20\mathrm{J}$$

优化训练

1. 有两个电容器，一个电容量较大，另一个电容量较小，如果它们所带的电荷量一样，那么哪一个电容器上的电压高？如果它们充得的电压相等，那么哪一个电容器的电荷量大？

2. 有人说“电容器带电多电容就大，带电少电容就小，不带电则没有电容。”这种说法对吗？为什么？

3. 如果电容器极板上的电量为 Q，极板两端的电压为 U，则电容器的电容量为 C；如果电容器极板上的电量为 0，该电容器的电容量为多少？如果该电容器极板上的电量为 $2Q$，极板两端的电压将为多少？

4. 以空气为介质的平行板电容器，当发生下列变动时，电容量有何变化？

（1）增大电容器极板面积。

（2）插入相对介电常数为 ε_r 的介质。

（3）缩小极板间的距离。

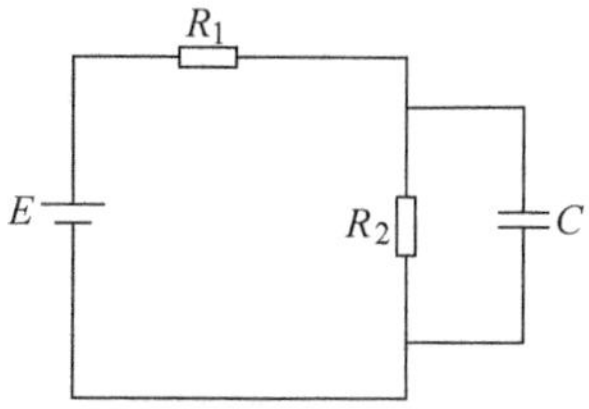

题图 5-1

5. 如题图 5-1 所示电路中，已知 $E=10\text{V}$，$R_1=40\Omega$，$R_2=60\Omega$，$C=0.5\mu\text{F}$，求电容器极板上所带的电荷量。

6. 平行板电容器极板面积是 15cm^2，两极板相距 0.2mm。估算：（1）当两极板间的介质是空气时的电容；（2）若其他条件不变而把电容器中的介质换成另一种介质，测出其电容为 132pF，这种电介质的相对介电常数。

7. 如题图 5-2 所示电路中，电源电动势为 E，C 是一个电容量很大的未充电的电容器。当开关 S 合上时，电源向电容器充电，这时看到灯泡 EL 开始________，然后逐渐________。从电流表 A 可观察到充电电流________，而从电压表 V 上看到读数________。经过一段时间后，电流表 A 的读数为________，电压表 V 的读数为________。

8. 如题图 5-3 所示电路中，当电容器充电结束后，把开关 S 从 1 合向 2 时，电容器开始放电。这时灯泡 EL 开始________，然后逐渐________。从电流表 A2 上可看到放电电流________，从电压表 V 上看到读数________。经过一段时间后，电流表 A2 的读数为________，电压表 V 的读数为________。

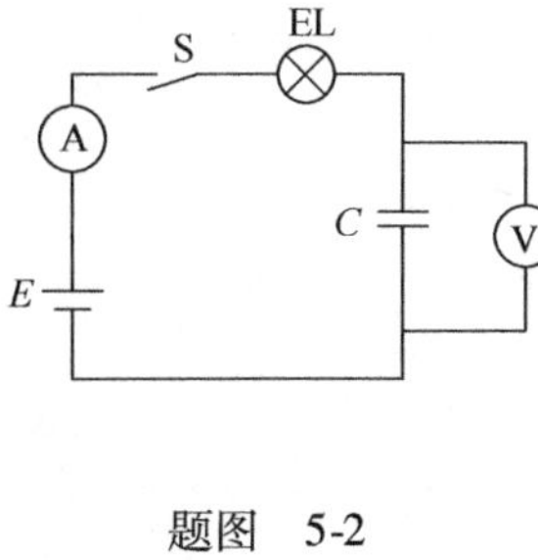

题图 5-2

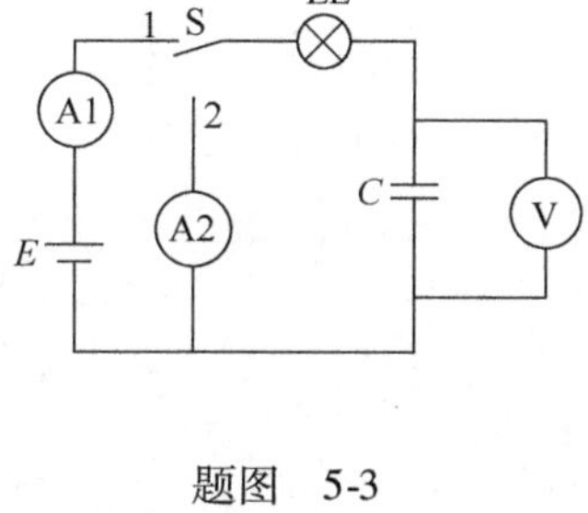

题图 5-3

9. 如“知识链接”中的图 5-5 所示，试分析充、放电过程中电阻两端电压的变化规律，并画出 $u-i$ 的变化曲线。

10. 一个电容为 100μF 的电容器，接到电压为 100V 的电源上，充电结束后，电容器极板上所带的电荷量是多少？电容器储存的电场能是多少？

11. 一只电容为 10μF 的电容器已被充电到 100V，今欲继续充电到 200V，问电容器可增加多少电场能？

课题六 电容器串并联连接及分析

学习指南

本课题是在学习前一课题中电容器的基本知识和动手技能的基础上展开的，着重介绍电容器串、并联及混联电路的分析方法和基本计算。通过实验，分析、验证电容器各种连接方式的特点，培养学习者理论联系实际的精神，加强他们的动手技能和分析能力。

电容器是电子设备中大量使用的电子元件之一。在实际应用中，常需通过不同的连接方式得到相应的电容量及耐压值，从而达到电路的具体要求。因此，掌握电容器的各种连接方式及特点，并学会简单的分析和计算，是今后进一步学习的基础。

◇学习目标

1. 掌握电容器的各种连接方式和特点。
2. 掌握在简单电路中电容器的电容量及安全工作电压的计算。
3. 进一步提高学习者利用万用表检测电容器质量好坏及电容量大小的技能。
4. 提高学习者的动手技能和观察、分析能力。
5. 培养学习者理论联系实际的能力。

◇学习重点

电容器串、并联连接电路的特点分析，以及电容器的电容量、电荷量、电压和安全工作电压的计算。

◇学习难点

电容器在具体电路中的安全电压的计算。

◇学习时数

5 学时。

任务书

<table>
<tr><td>项目</td><td colspan="2">电容器的串并联连接</td><td>时间</td><td>2 学时</td></tr>
<tr><td>工具材料</td><td colspan="4">无标识电容器若干（内含容量为 20μF、40μF、60μF 的电容），12V 直流电源，万用表 1 只，导线若干</td></tr>
<tr><td>实操要求</td><td colspan="4">1. 根据项目图 6-1、图 6-2、图 6-3 所示电路，请在所提供的电容器中选取相应的电容器，按图装接
2. 测试各电容两端的电压，并按要求填写各数据
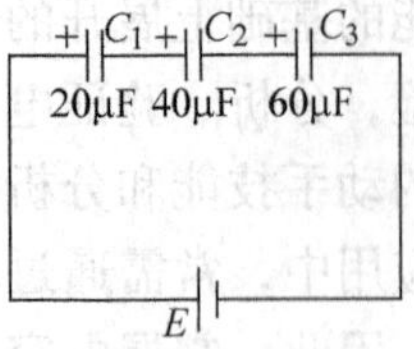

项目图 6-1
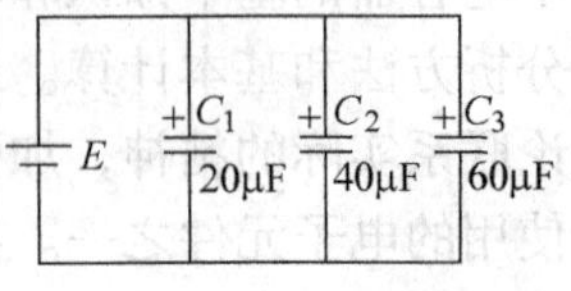

项目图 6-2
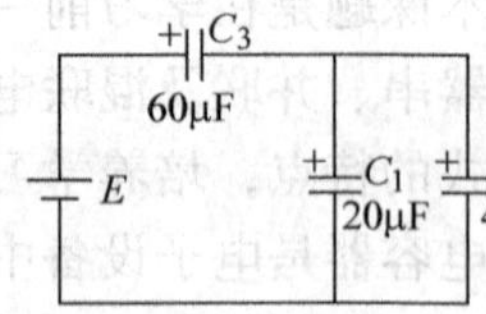

项目图 6-3</td></tr>
<tr><td>测试与记录</td><td colspan="4">

连接方式	物理量	U_1/V	U_2/V	U_3/V	U/V	Q_1/C	Q_2/C	Q_3/C	Q/C	C/μF
串联	测量或计算值									
	理论计算值									
并联	测量或计算值									
	理论计算值									
混联	测量或计算值									
	理论计算值									

</td></tr>
<tr><td>计算与思考</td><td colspan="4">1. 根据测量得到的电压值，计算相应的电量和等效电容量的值，并填入记录表中相应的位置
2. 计算并填写记录表中的各物理量的理论计算值，并与测量值进行比较
3. 验证：（1）电容器串联时，$U = U_1 + U_2 + U_3, \frac{1}{C} = \frac{1}{C_1} + \frac{1}{C_2} + \frac{1}{C_3}$；
（2）电容器并联时，$U = U_1 = U_2 = U_3, C = C_1 + C_2 + C_3$</td></tr>
<tr><td>体会</td><td colspan="4"></td></tr>
<tr><td>温馨提示</td><td colspan="4">1. 无标识电容器指的是教师在实验前先用不透明的纸包盖电容器上的标称容量，学生用万用表检测电容器质量并选出相应容量的电容器后，再让其打开包扎的纸与电容器上的标称容量核对
2. 记录表“测量值或计算值”栏中，各电压应填测量值；各电荷量应填根据表达式 $Q = CU$ 计算所得值（有条件的学校也可以用数字电荷仪直接测量，增强本项目的实验效果）；等效电容应填根据表达式 $C = \frac{Q}{U}$ 计算所得值
3. 项目图 6-3 所示为电容器混联电路，应分先并联再串联两个层次进行分析
4. 建议 3 人一小组，每人做一个项目同时进行实验，小组共享实验数据，可提高效率，培养合作能力</td></tr>
</table>

知识链接

1. 电容器的串联电路

(1) 电容器串联电路的概念　将两个或两个以上的电容器的极板首尾相接，连成一个无分支电路的方式叫做电容器的串联，如图 6-1 所示。

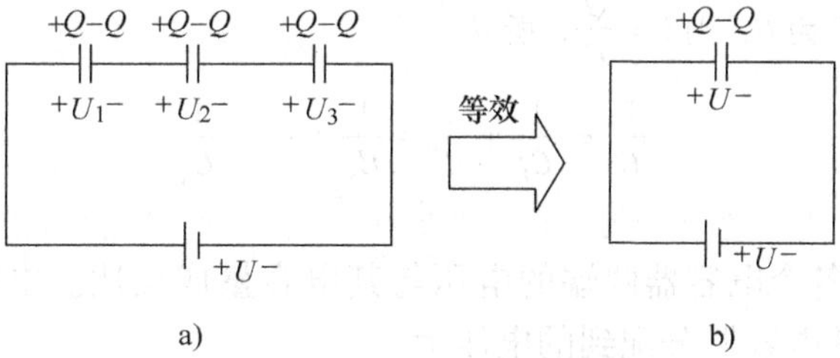

图 6-1　电容器的串联

a) 电路　b) 等效电路

(2) 电容器串联电路的特点

➤ 串联电容器的各个电容器上所带的电量都相等，并等于电容器串联后的等效电容器上所带的电量 Q，即

$$Q = Q_1 = Q_2 = Q_3 = \cdots = Q_n \tag{6-1}$$

➤ 串联电容器的总电压 U 等于每个电容器两端电压之和，即

$$U = U_1 + U_2 + U_3 + \cdots + U_n \tag{6-2}$$

➤ 串联电容器的等效电容（总电容量）C 的倒数，等于各个串联电容器的电容量的倒数和，即

$$\frac{1}{C} = \frac{1}{C_1} + \frac{1}{C_2} + \frac{1}{C_3} + \cdots + \frac{1}{C_n} \tag{6-3}$$

推导示例

电容器串联时每个电容器上所带的电量都相等，并等于等效电容器上所带的电量 Q，这是因为电容器串联并接到电压为 U 的电源后，两极板分别带电，电荷量为 $+Q$ 和 $-Q$。由于静电感应，中间各极板所带的电荷量也等于 $+Q$ 和 $-Q$，所以，串联时每个电容器带的电荷量都是 Q。

◆ 串联电容器的总电容小于每一个电容器的电容，且串联的电容器越多，其总电容量就越小，相当于增大了两极板间的距离。

◆ 当电容器 C_1 和 C_2 串联时，其等效电容 C 的表达式为

$$C = \frac{C_1 C_2}{C_1 + C_2}$$

◆ 当 n 个相同的电容量为 C_0 的电容器串联时，其等效电容量 C 的表达式为

$$C = \frac{C_0}{n}$$

推导示例

如果各个电容器的电容分别为 C_1、C_2、$C_3 \cdots C_n$，电压分别为 U_1、U_2、$U_3 \cdots U_n$，那么 $U_1 = \dfrac{Q_1}{C_1} = \dfrac{Q}{C_1}, U_2 = \dfrac{Q_2}{C_2} = \dfrac{Q}{C_2}, U_3 = \dfrac{Q_3}{C_3} = \dfrac{Q}{C_3}, \cdots, U_n = \dfrac{Q_n}{C_n} = \dfrac{Q}{C_n}$。又因总电压 U 等于各个电容器上的电压之和，所以

$$U = \frac{Q_1}{C_1} + \frac{Q_2}{C_2} + \frac{Q_3}{C_3} + \cdots + \frac{Q_n}{C_n} = Q\left(\frac{1}{C_1} + \frac{1}{C_2} + \frac{1}{C_3} + \cdots + \frac{1}{C_n}\right)$$

设串联电容器的总电容为 C，则 $U = \dfrac{Q}{C}$，所以

$$\frac{1}{C} = \frac{1}{C_1} + \frac{1}{C_2} + \frac{1}{C_3} + \cdots + \frac{1}{C_n}$$

➤ 串联电容器的各个电容器两端的电压与其电容量成反比。电容量大的电容器分配到的电压小，电容量小的电容器分配到的电压大。

◆ 当 n 个电容量相等的电容器串联时，则每个电容器上分配到的电压也相等。即

$$U_1 = U_2 = U_3 = \cdots = U_n = \frac{U}{n} \tag{6-4}$$

◆ 当电容量为 C_1 和 C_2 的两个电容器串联时，每只电容器上分配的电压，可用下式计算

$$U_1 = \frac{C_2}{C_1 + C_2}U \tag{6-5}$$

$$U_2 = \frac{C_1}{C_1 + C_2}U \tag{6-6}$$

式中 U——总电压（V）；

U_1——C_1 上分配的电压（V）；

U_2——C_2 上分配的电压（V）。

想一想

请 你 推 导

根据电容器串联电路的特点，请你想一想式（6-4）、式（6-5）、式（6-6）是如何推导出来的？

（3）电容器串联电路的应用

➤ 利用电容器串联来获得容量值较小的等效电容，以满足工作需要。

➤ 利用电容器串联可构成分压器，可使一个电源供给几种不同的电压。

➤ 利用电容器串联的方式，可使电容器获得较高的额定工作电压，以满足工作需要。

［**例 6-1**］　图 6-1 中，$C_1 = C_2 = C_3 = C_0 = 200\mu F$，额定工作电压为 50V，电源电压 $U = 120V$，求这组串联电容器的等效电容为多大？每只电容器两端的电压为多大？说明在此电压下工作是否安全。

解　（1）当 3 个电容量为 C_0 的相同电容器串联时，$\dfrac{1}{C} = \dfrac{1}{C_1} + \dfrac{1}{C_2} + \dfrac{1}{C_3}$，因此，其等效电

容应为

$$C=\frac{C_0}{3}=\frac{200}{3}\mu F\approx 66.67\mu F$$

（2）由于电容器串联时，各电容器上所带的电荷量相等，并等于等效电容器中所带的电荷量，即

$$Q=Q_1=Q_2=Q_3=CU=66.67\times 10^{-6}F\times 120V\approx 8\times 10^{-3}C$$

因此，每只电容器两端的电压是

$$U_1=U_2=U_3=\frac{Q}{C_0}=\frac{8\times 10^{-3}C}{200\times 10^{-6}F}=40V$$

（3）因为每只电容器的额定工作电压是50V，而现在每只电容器的实际工作电压是40V，小于它的额定工作电压值，所以，电容器在这种情况下工作是安全的。

温馨提示

从例6-1中可看出，当一只电容器的额定工作电压值太小不能满足需要时，除选用额定工作电压值高的电容器外，还可采用电容器串联的方式来获得较高的额定工作电压。

［**例6-2**］ 现有两只电容器，一只电容器的电容 $C_1=2\mu F$，额定工作电压为160V，另一只电容器的电容 $C_2=10\mu F$，额定工作电压为250V，若将这两只电容器串联起来，接在300V的直流电源上，如图6-2所示。问它们的总电容量是多少？每只电容器上的电压是多少？这样使用是否安全？

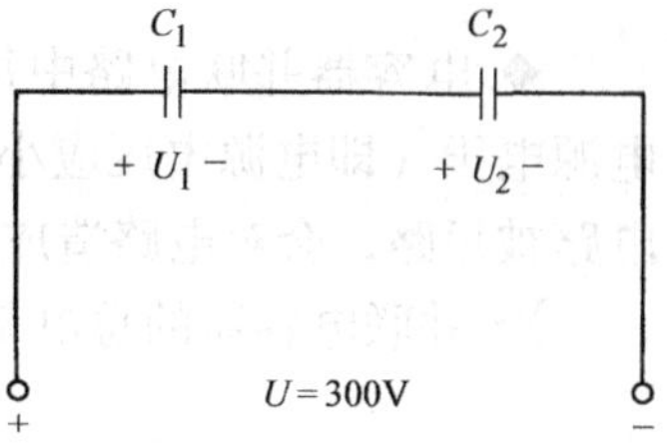

图6-2 例6-2图

解 （1）两只电容器串联后，$\frac{1}{C}=\frac{1}{C_1}+\frac{1}{C_2}$，因此，其等效电容应为

$$C=\frac{C_1C_2}{C_1+C_2}=\frac{2\times 10}{2+10}\mu F\approx 1.67\mu F$$

（2）各电容器的电荷量为 $Q_1=Q_2=Q=CU=1.67\times 10^{-6}F\times 300V\approx 5\times 10^{-4}C$

所以

$$U_1=\frac{Q_1}{C_1}=\frac{5\times 10^{-4}C}{2\times 10^{-6}F}=250V$$

$$U_2=\frac{Q_2}{C_2}=\frac{5\times 10^{-4}C}{10\times 10^{-6}F}=50V$$

温馨提示

从例6-2中可看出，电容量不等的电容器串联使用时，每个电容器上所分配到的电压是不相等的。各电容器上的电压分配和它的电容成反比，即电容小的电容器比电容大的电容器所分配的电压要高。所以，电容值不等的电容器串联时，应先通过计算，在安全可靠的情况下再串联使用，以减少不必要的损失。

（3）由于电容器 C_1 的额定工作电压是 160V，而现在实际加在它上面的电压是 250V，远大于它的额定工作电压，所以，电容器 C_1 可能会被击穿。这只电容器击穿后，300V 电压全部加到电容器 C_2 上，这一电压也大于它的额定工作电压，因而也可能被击穿，所以，这样使用是不安全的。

2. 电容器的并联电路

（1）电容器的并联　将两个或两个以上的电容器的一个极连在一起，另一个极也连在一起，使各电容器承受相同电压的连接方式叫做电容器的并联，如图 6-3 所示。

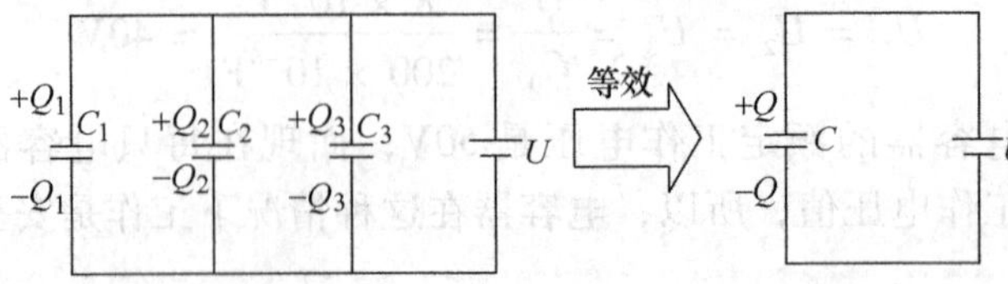

a)　　　　b)

图 6-3　电容器的并联

a）电路　b）等效电路

（2）电容器并联电路的特点

➤ 并联电容器两端的电压相同，且等于电源电压 U，即

$$U = U_1 = U_2 = U_3 = \cdots = U_n \tag{6-7}$$

◆ 电容器并联电路中每只电容器均承受着电源电压，因此每只电容器的耐压均应大于电源电压（即电源电压应小于电容器的最小耐压值）。否则，一只电容器被击穿，整个并联电路被短路，会对电路造成危害。

➤ 并联电容器的总电量 Q 等于各并联电容器的电量之和，即

$$Q = Q_1 + Q_2 + Q_3 + \cdots + Q_n \tag{6-8}$$

➤ 并联电容器的总电容 C 等于各并联电容器的电容量之和，即

$$C = C_1 + C_2 + C_3 + \cdots + C_n \tag{6-9}$$

◆ 并联电容器的总电容大于每一个电容器的电容，且并联的电容器越多，其总电容量就越大，相当于增大了两极板间的相对面积。

◆ 当 n 个电容量均为 C_0 的电容器并联时，其等效电容量 C 的表达式为

$$C = nC_0$$

推导示例

并联电容器等效电容的推导

如果各个电容器的电容分别为 C_1、C_2、$C_3 \cdots C_n$，所带的电荷量分别是 Q_1、Q_2、$Q_3 \cdots Q_n$，那么 $Q_1 = C_1U, Q_2 = C_2U, Q_3 = C_3U, \cdots, Q_n = C_nU$；又因电容器组储存的总电荷量 Q 等于各个电容器所带电荷量之和，即

$$Q = C_1U + C_2U + C_3U + \cdots + C_nU = (C_1 + C_2 + C_3 + \cdots + C_n)U$$

设并联电容器的总电容为 C，则 $Q = CU$，所以，$C = C_1 + C_2 + C_3 + \cdots + C_n$。

(3) 电容器并联电路的应用

➤ 利用电容器的并联可以获得较大电容量，以满足电路的要求。

➤ 将具有不同耐压值的电容器并联连接，可使电路的等效电容器的耐压值降低，提高电路的耐压灵敏度。

➤ 利用电容器并联可以使电容器储存更多的电能。

[**例 6-3**] 电容器 C_1 的容量为 200μF，其耐压为 30V，电容器 C_2 的电容量为 1000μF，其耐压为 150V。若将 C_1、C_2 并联，求它们的等效电容及电路两端允许的最大工作电压。

解 (1) C_1 和 C_2 并联后的等效电容为

$$C = C_1 + C_2 = 200\mu F + 1000\mu F = 1200\mu F$$

(2) 并联后电路两端的最大工作电压，应由其中耐压值最低的电容器决定。所以电路两端允许的最大工作电压为 30V。

[**例 6-4**] 电容器 C_1 的电容为 10μF，充电后电压为 30V；电容器 C_2 的电容为 20μF，充电后电压为 15V。把它们并联在一起（正极与正极相接，负极与负极相接）后，其电压是多少？

解 (1) 连接前，电容器 C_1 的电荷量为

$$Q_1 = C_1U_1 = 10 \times 10^{-6}F \times 30C = 3 \times 10^{-4}C$$

电容器 C_2 的电荷量为

$$Q_2 = C_2U_2 = 20 \times 10^{-6}F \times 15C = 3 \times 10^{-4}C$$

它们的总电荷量为

$$Q = Q_1 + Q_2 = 6 \times 10^{-4}C$$

(2) 连接后的总电容为

$$C = C_1 + C_2 = 10 \times 10^{-6}F + 20 \times 10^{-6}F = 3 \times 10^{-5}F$$

电路中的总电荷量并不会因为连接而改变，因此，连接后的共同电压为

$$U = \frac{Q}{C} = \frac{6 \times 10^{-4}C}{3 \times 10^{-5}F} = 20V$$

想一想

充电后电容器的串并联连接

在上题中，电容器连接后每个电容器的电荷量各为多少？看看正、负电荷是从哪个电容器流到另一个电容器的，流动了多少电荷量？

在上题中，若 C_1、C_2 电容并联失误，将 C_1 的带正电荷极板与 C_2 的带负电荷极板相接，C_1 的带负电荷极板与 C_2 的带正电荷极板相接，情况又将如何？

3. 电容器的混联电路

(1) 电容器混联电路的概念　三个或三个以上的电容器进行连接时，既有串联又有并联的连接方式，叫做电容器的混联，如图 6-4 所示。

(2) 混联电路的分析计算方法

➤ 简单电容器混联电路的计算：只要按电容器串联和并联的计算方法，一步一步地把电路化简，最后就可以求出总的等效电容。

➤ 复杂电容器混联电路的计算：在有些电容器混联电路中，往往不易一下子就能看清

各电容器之间的连接关系，这时就要根据电路的具体结构，按照串联和并联电路的定义和性质，对电路进行等效变换，使其各电容器之间的关系一目了然，然后进行计算。

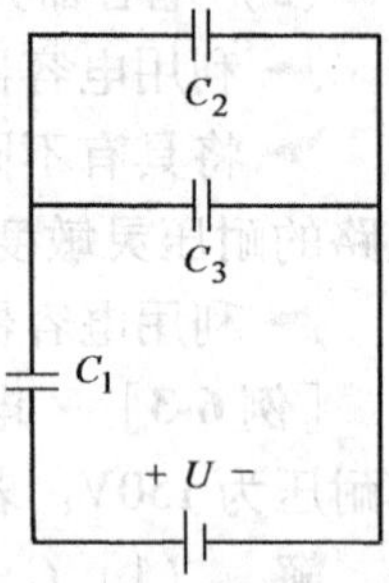

图 6-4　电容器的混联

［**例 6-5**］　如图 6-4 所示，$C_1=120\mu F$，$C_2=40\mu F$，$C_3=80\mu F$，电容器 C_1 的耐压为 50V，电容器 C_2 的耐压为 50V，电容器 C_3 的耐压为 60V，试计算总等效电容及最大安全工作电压。

解　如图 6-4 可知，C_2 和 C_3 先并联（设等效电容为 C'），后再与 C_1 串联，所以

（1）电路的等效电容量为

$$C=\frac{C_1C'}{C_1+C'}=\frac{C_1(C_2+C_3)}{C_1+C_2+C_3}=\frac{120\mu F(40\mu F+80\mu F)}{120\mu F+40\mu F+80\mu F}=60\mu F$$

（2）由于 C_2 和 C_3 并联后可看作一个电容器，其等效电容

$$C'=C_2+C_3=40\mu F+80\mu F=120\mu F$$

工作电压取耐压值小的 C_2 的值 50V，C_1 的耐压值也为 50V。由于 C_1 与 C' 的电容量都为 120μF，因此，总电压应为 C_1 和 C_2 电容器的耐压之和，故该混联电路所承受的最大安全工作电压为

$$U_1+U_2=50V+50V=100V$$

优化训练

1. 三个相同的电容器接成如题图 6-1a、b 所示的电容器组，设每个电容器的电容为 C，分别求出每个电容器组的总电容。

2. 在题图 6-2 所示的电路中，已知 $C_1=0.2\mu F$，$C_2=0.3\mu F$，$C_3=0.8\mu F$，$C_4=0.2\mu F$。求：(1) 当开关 S 断开时，A、B 两点间的等效电容；(2) 当 S 合上时，A、B 两点间的等效电容。

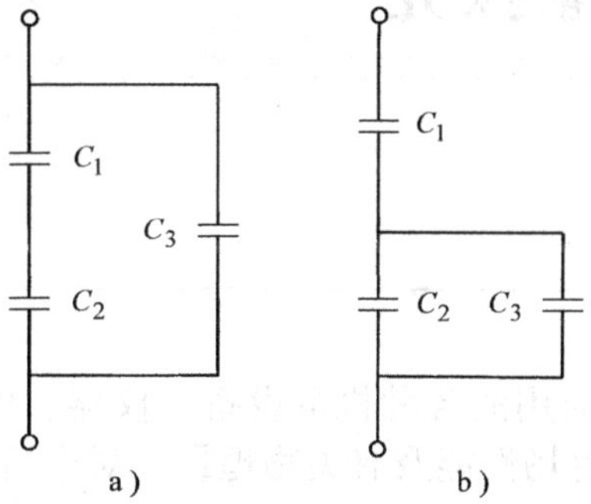

题图　6-1

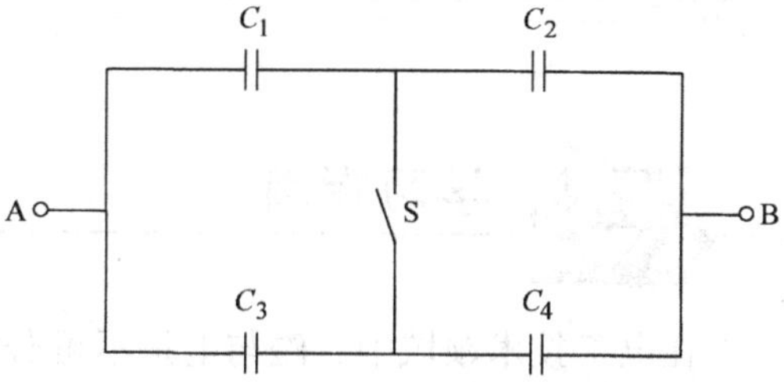

题图　6-2

3. 把"100pF、600V"和"300pF、300V"的电容器串联后，接到 900V 的电路上，电容器会被击穿吗？为什么？

4. 现有两只电容器，其中一只电容为 $0.25\mu F$，耐压为 250V，另一只电容为 $0.5\mu F$，耐压为 300V。试求：(1) 它们串联以后的耐压值；(2) 它们并联以后的耐压值。

5. 电容为 3000pF 的电容器带电 $1.8\times10^{-6}C$ 后，撤去电源，再把它跟电容为 1500pF 的电容器并联，求每个电容器所带的电荷量。

6. 一个电容为 $100\mu F$ 的电容器，接到电压为 100V 的电源上，充电结束后，电容器极板上所带的电荷量是多少？电容器储存的电场能是多少？

7. 一个电容为 $10\mu F$ 的电容器已被充电到 100V，今欲继续充电到 200V，问电容器可增加多少电场能？

第四单元

磁与电磁

课题七　磁现象探究

学习指南

在电工技术领域中，磁与电是不可分的，广泛应用的各种机电设备、仪器、仪表等，都是磁与电的统一体。因此，探究电磁现象，掌握磁场性能及有关物理量，对今后深入学习专业知识具有非常重要的意义。

本课题是从演示实验入手，让学习者观察磁体及通电导体周围存在磁场的现象，并着重介绍磁的基本知识、磁场的主要物理量及铁磁性物质的磁化等内容。通过演示实验，加强知识的巩固和应用，培养学习者的观察和分析能力。

◇学习目标

1. 理解磁场和磁力线的概念。
2. 掌握安培定则（右手螺旋定则）的使用。
3. 理解磁感应强度、磁通、磁导率和磁场强度的概念及匀强磁场的性质。
4. 掌握磁场有关物理量的大小、方向的分析及磁场各物理量之间的关系计算公式。
5. 了解磁现象的电本质和铁磁性物质的磁化。
6. 了解铁磁性物质的分类及其特点。

*7. 了解铁磁性物质的磁化曲线和磁滞回线的含义。

8. 提高学生的观察、分析能力。

◇学习重点

磁场和磁力线的概念，磁感应强度、磁通、磁导率和磁场强度等物理量的概念及相互的关系，匀强磁场的性质及有关计算。

◇学习难点

磁场的主要物理量及其相互的关系。

◇学习时数

7 学时。

任务书

项目	磁现象的观察	时间	1学时
工具材料	蹄形磁铁1块、小磁针1枚、适量铁屑、方形薄玻璃1块、没有磁性的条形小铁块1块、没有磁性的铁棒和铜棒各1条、匝数不同的线圈各1个、直流电源1只、滑动变阻器1个、开关1只、导线若干		

实操要求

1. 将玻璃放置在蹄形磁铁两极的上面，并在中间放入小磁针，观察其转动
2. 将小磁针移开，在玻璃上均匀撒些铁屑并轻敲玻璃，观察铁屑的分布情况
3. 将蹄形磁铁移开，再拿没有磁性的条形小铁块先靠近铁屑，然后将小铁块与蹄形磁铁的磁极接触一段时间，再靠近铁屑，观察有什么变化
4. 按项目图7所示装接。开关闭合后，拿空心线圈去吸引小铁块，然后在线圈管中插入无磁性铜棒再去吸引同一块铁块，最后把线圈中的铜棒换成铁棒再去吸引同一块铁块。请观察三次实验时，线圈对小铁块的吸引力的大小

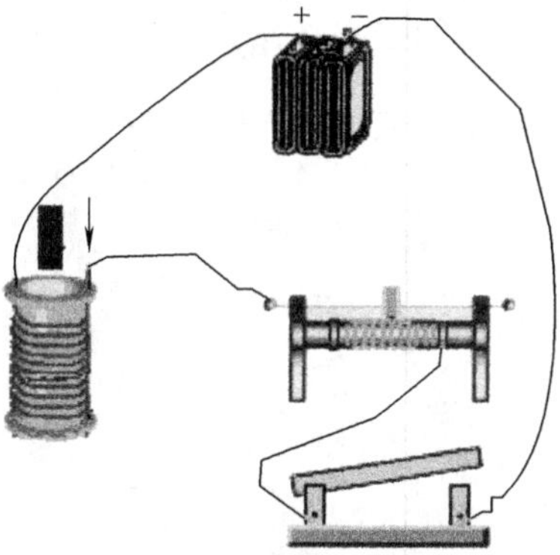

项目图7

5. 在项目图7中，将滑动变阻器从一端滑向另一端（保证不短路的情况下），用空心线圈再去吸引同一块小铁块，请观察线圈对小铁块的吸引力的变化
6. 在项目图7中，将空心线圈换成匝数不同的另一线圈，再去吸引同一块小铁块，请观察线圈对小铁块的吸引力的变化

观察与记录	子项目	现象记录	成因分析
	1		
	2		
	3		
	4		
	5		
	6		

（续）

思考	1. 将以上各实验现象填写在记录表中，并分析其成因 2. 如何判断蹄形磁铁的 N、S 极 3. 实验 4 出现的现象，除使用上述方法分析外，请从另一个角度再次分析 4. 分析实验 4 中三次实验状态下线圈内部的磁通和磁感应强度、磁场强度的变化 5. 根据实验 4 的现象，判断铜棒、铁棒是否属于铁磁性物质
体会	
温馨提示	1. 本任务书主要是通过教师做实验演示，让学生观察并记录实验现象，并思考相应问题，有条件的学校也可以让学生自己探究 2. “观察与记录”栏是让学生以文字或描图的形式填写观察到的实验现象，写不下可另附 3. 本项目所涉及的知识点有：磁场、磁力线、电流的磁效应、磁通、磁导率、铁磁性物质的磁化、电流产生磁场等相关内容

知识链接

1. *磁场和磁力线*

（1）磁体及其特性

➤ 磁性：物体能够吸引铁、镍、钴等金属及其合金的性质叫做磁性。

➤ 磁体：具有磁性的物体叫做磁体。它分为天然磁体和人造磁体两类。

◆ 常见的各种磁体几乎都是人造的，人造磁体有条形、蹄形和针形磁铁等，如图 7-1 所示。

➤ 磁体的主要特性：

◆ 磁体两端的磁性最强，具有指向南北极的特性。通常把指北的一端叫北极，用 N 来表示，指南的一端叫南极，用 S 来表示。该两端统称为磁极。

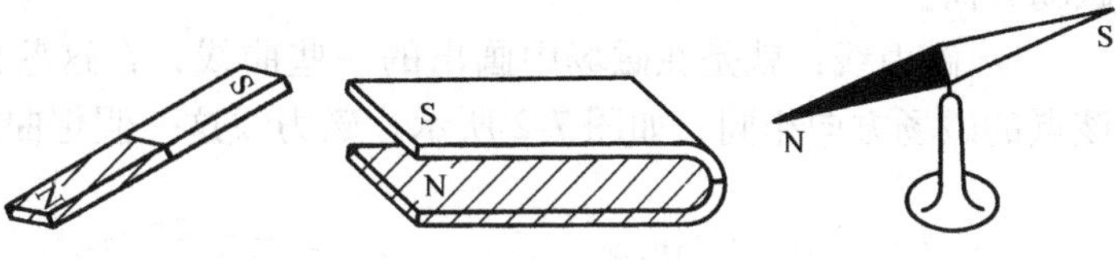

a） b） c）

图 7-1 人造磁体

a）条形 b）蹄形 c）针形

◆ 同性磁极互相排斥，异性磁极互相吸引。磁极之间存在的这种相互吸引或排斥的作用力叫磁力。

◆ 任何磁体都仅具有两个磁极，而且无论怎么分割，它总是成对出现并且强度相等，不存在独立的 S 极和 N 极。

小试身手

磁极间的磁力

请你把一根磁铁磁极放在另一根磁铁的磁极附近，看看两根磁铁会产生什么情况？然后把其中一根磁铁的磁极调换再放到另一根磁铁的附近，再看看会产生什么情况？请你试试看！

想一想

地 磁

地球本身是一个大磁体，它周围的磁场称为地磁场。同样，它也具有两个磁极，地磁的北极在地理位置的南极附近，地磁的南极在地理位置的北极附近。

现有一人在地球某处拿着指南针先向南行走 10km，然后，向东走 10km，再向北走 10km，结果发现又回到了原处。请问该处在地球的何处（理想情况下猜题）？指南针是我国四大发明之一，你知道它是利用什么原理制成的吗？

（2）磁场和磁力线

➤ 磁场：磁极之间相互作用的磁力，不是在磁极之间直接发生的，而是通过一种特殊的物质来传递的，这种物质就称为磁场。

温馨提示

我们知道，两个电荷之间相互作用的静电力，不是在电荷之间直接发生的，而是通过电场来传递的。这样我们就不难想象磁极间的作用力是通过磁场来传递的。

◆ 磁场具有力和能的特性。磁极在自己周围的空间里会产生磁场，磁场对处在它里面的磁极会产生磁场力的作用。

◆ 磁场具有方向性。在磁场中的不同点，磁场的方向一般并不相同。一般规定，在磁场中的任一点，小磁针 N 极受力的方向，即小磁针静止时 N 极所指的方向，就是那一点的磁场方向。

➤ 磁力线：就是在磁场中画出的一些曲线，在这些曲线上，每一点的切线方向，都跟该点的磁场方向相同，如图 7-2 所示。磁力线这一假想曲线更形象地描述了磁场的方向。

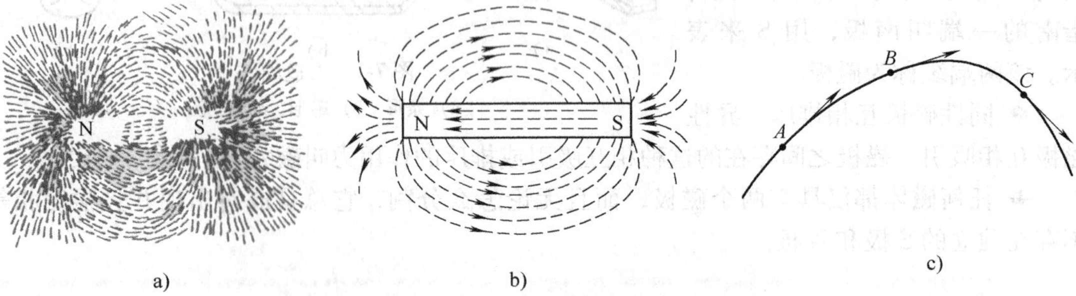

图 7-2　磁力线

a）条形磁铁的磁力线分布实照　b）条形磁铁的磁力线　c）磁场的方向

◆ 磁力线垂直纸面时的表示方式：通常用符号“×”和“·”分别表示磁力线垂直穿入和穿出纸面的方向（类推：通常用符号“⊗”和“⊙”分别表示电流垂直穿入和穿出纸面的方向）。

◆ 磁力线的特性：

① 磁力线是互不相交的闭合曲线。在磁铁外部，磁力线从 N 极到 S 极；在磁铁内部，磁力线从 S 极到 N 极。

② 磁场的强弱可用磁力线的疏密程度来表示。磁力线密的地方磁场强，疏的地方磁场弱。

③ 磁力线上任意一点的切线方向，就是该点的磁场方向，即小磁针 N 极的指向。

磁力线的描绘

小试身手

磁力线可以用实验的方法形象地表示出来。在条形磁体上放一块玻璃或纸板，撒上一些铁屑并轻敲，铁屑在磁场的作用下，将会排列成一根根从磁体的一极到另一极的有规则的线条，如图 7-2a 所示。为了描绘清晰，将图 7-2a 所示画成图 7-2b 所示，则图 7-2b 中的一条条曲线就是磁力线，它形象地表示了条形磁体磁力线的分布情况。请你试试看。

2. 电流的磁效应

通电导体的周围与永久磁体一样也存在磁场，这种现象称为电流的磁效应。磁场的强弱和通电导体的电流大小有关，电流越大，磁场越强；它还与通电导体的距离有关，离导体越近，磁场越强。磁场的方向取决于电流的方向，可以用安培定则（也叫右手螺旋定则）来判断。

小知识

1820 年，丹麦物理学家奥斯特做过下面的实验：把一条导线平行地放在磁针的上方，给导线通电，磁针就发生偏转，如图 7-3 所示。这说明不仅磁体能产生磁场，电流也能产生磁场，电和磁是有密切联系的。奥斯特的实验证明了磁铁并不是磁场的唯一来源。

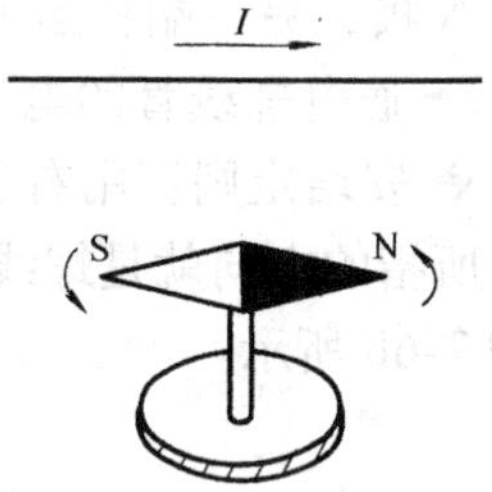

图 7-3　电流磁场实验

（1）通电直导线的磁场

➤ 通电直导线的磁场：如图 7-4a 所示。它所形成的磁力线是一些以导线上各点为圆心的同心圆，这些同心圆都在与导线垂直的平面上。

➤ 直导线电流的方向与磁力线方向之间的关系判定：用安培定则。

◆ 安培定则：用右手握住导线，让伸直的大拇指所指的方向跟电流方向一致，那么弯曲的四指所指的方向就是磁力线的环绕方向，如图 7-4c 所示。

（2）通电环形导线的磁场

➤ 通电环形导线的磁场：如图 7-5 所示。它所形成的磁力线是一些围绕环形导线的闭合曲线。在环形导线的中心轴线上，磁力线和环形导线的平面垂直。

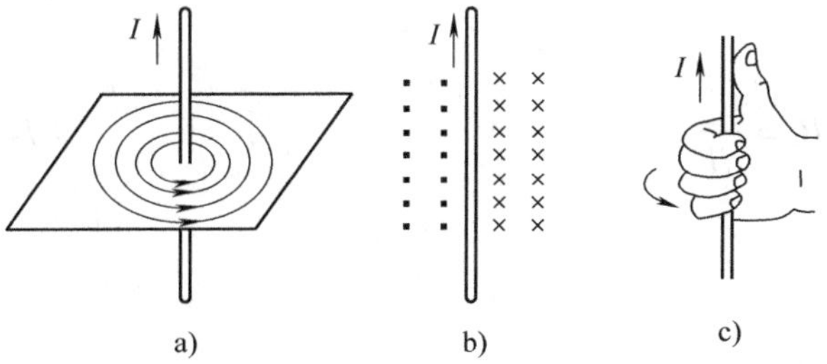

图 7-4　通电直导线的磁场方向

a）磁力线分布　b）磁力线表示　c）安培定则

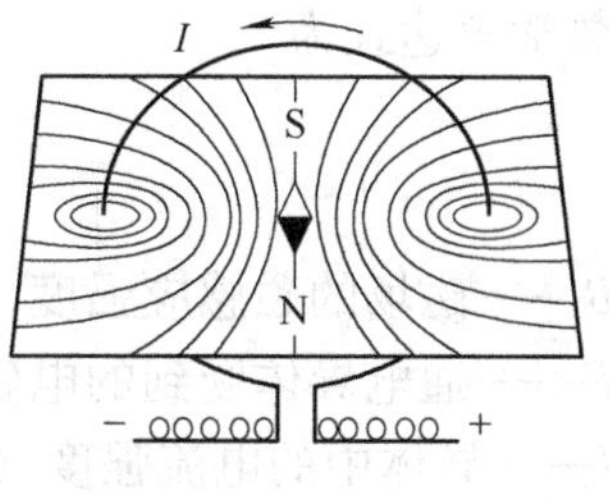

图 7-5　通电环形导线的磁场

在判定通电环形导线的磁力线方向时，若要用和判定通电直导线的磁力线方向一样的方法来判定，则安培定则又应如何描述呢？

想一想

➤ 环形导线电流的方向与磁力线方向之间的关系判定：用安培定则。

◆ 安培定则：让右手弯曲的四指所指方向和环形电流的方向一致，那么伸直的大拇指所指的方向就是环形导线中心轴线上磁力线的方向。

（3）通电螺线管的磁场

➤ 通电螺线管磁场：如图 7-6a 所示。它所形成的磁力线与条形磁铁的磁力线相似。作为多个环形导线叠加合成的螺线管通电以后表现出来的磁性，很像是一根条形磁铁，一端相当于 N 极，另一端相当于 S 极。若螺线管中的电流方向改变，它的两极就对调。

➤ 通电螺线管的电流方向与磁力线方向之间的关系判定：用安培定则。

◆ 安培定则：用右手握住螺线管，让弯曲的四指所指方向和电流的方向一致，那么大拇指所指的方向就是螺线管内部磁力线的方向，也就是说，大拇指指向通电螺线管的 N 极。如图 7-6b 所示。

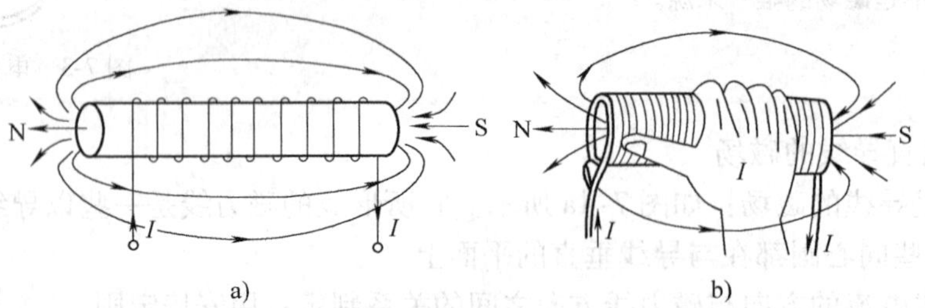

图 7-6　通电螺线管的磁场

a）磁力线分布　b）安培定则

3. *磁场的主要物理量*

（1）磁感应强度

➤ 磁感应强度：在磁场中垂直于磁场方向的通电导线，所受的力 F 与电流 I 和导线有效长度 l 的乘积 Il 的比值叫做通电导线所在处的磁感应强度。如果用 B 表示磁感应强度，那么它的数学表达式为

$$B = \frac{F}{Il} \tag{7-1}$$

式中　B——磁场的磁感应强度（T）；

F——通电导体受到的电磁力（N）；

I——导体中的电流强度（A）；

l——导体在磁场中的有效长度（m）。

温馨提示

用磁力线描述磁场，具有形象直观的优点，但只能进行定性分析。磁场不仅有方向性，而且还有强弱的不同，如巨大的电磁铁能吸起成吨的钢铁，小的磁铁只能吸起小铁钉。要定量地解决磁场问题，需要引入磁感应强度和磁通等磁场的主要物理量。

温馨提示

如图 7-7 所示，把一段直导线放置在磁场中，使其与磁场方向垂直，则该通电直导线在磁场中受到力的作用。当导线长度 l 一定时，电流 I 越大，导线受到的力 F 也越大；电流一定时，导线长度 l 越长，导线受到的力 F 也越大。进一步实验表明：通电导线受到的力 F 与通过的电流 I、导线的长度 l 成正比，或者说，F 与 Il 乘积成正比。这就是说，把通电导线垂直放入磁场中的某处，无论怎样改变电流 I 和导线长度 l，乘积 Il 增大多少倍，F 也增大多少倍，比值 F/Il 与乘积 Il 无关，是一个恒量。在磁场中不同的地方，这个比值可以是不同的值。这个比值越大的地方，表示一定长度的通电导线受到的力越大，即该处的磁场越强。因此，可以用这个比值来表示某处磁场的强弱。

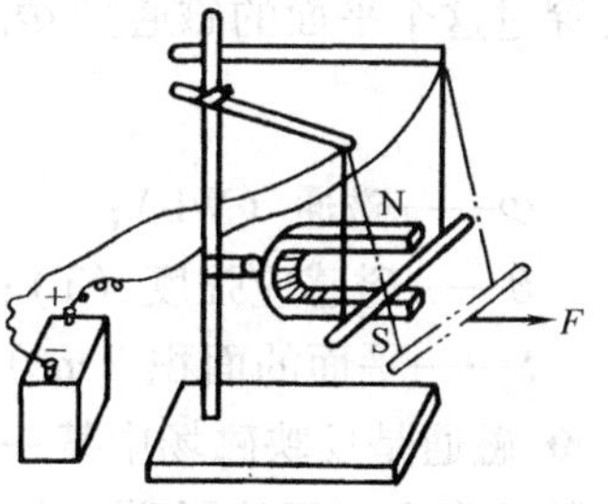

图 7-7 通电直导线在磁场中受力

◆ 磁感应强度是矢量。它不仅表示磁场中某一点磁场的强弱，还表示了该点磁场的方向。

◆ 磁感应强度的大小：磁场中各点磁感应强度的大小不仅与电流的大小和导体的形状有关，而且与磁场内媒介质的性质有关。它可用高斯计来测量；也可以用磁力线的疏密程度形象地表示磁感应强度的大小，在磁感应强度大的地方磁力线密一些，在磁感应强度小的地方磁力线疏一些。

◆ 磁感应强度的方向：就是磁场的方向，即磁场中某点磁力线的切线方向，就是小磁针北极在该处的指向。

小知识

特 斯 拉

特斯拉，1856 出生在克罗地亚的斯米良，1884 年在美国定居，他在科学技术上的最大贡献是开创了交流电体系，他发现了旋转磁场，被称为迎来电力时代的天才。

特斯拉一生的发明很多，例如电话系统的增音器，他所发明的特斯拉线圈，被广泛地用于无线电、电视机中。1900 年他还证明了大地能作导体。他的发明共获得 112 项美国专利。他把出售专利获得的资金用于研究技术，表现了科学家的良好品格。在特斯拉百年纪念时（1956 年），国际电气技术协会将 MKS 制系统的磁通密度（磁感应强度）的单位，以他的名字命名。

➤ 匀强磁场：若在磁场的某一区域中磁感应强度的大小和方向都相同，则这个区域就叫做匀强磁场，如图 7-8 所示。

◆ 匀强磁场的特点：它的磁力线方向相同，疏密均匀，而且平行。如蹄形磁铁两极中空间的磁场，可近似地看成匀强磁场。

◆ 以后若不加说明，均为匀强磁场范围内讨论问题。

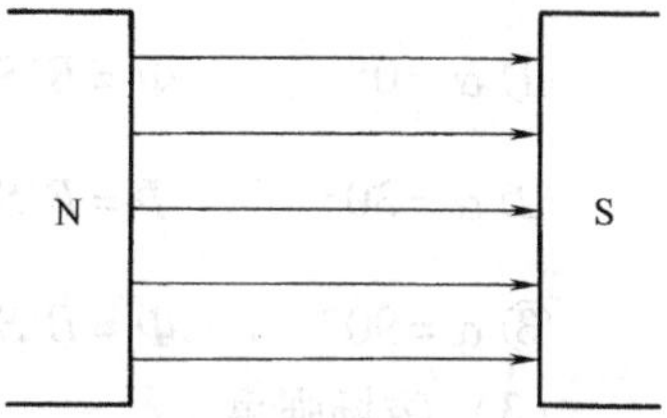

图 7-8 匀强磁场

（2）磁通

➤ 磁通：穿过磁场中某一面积的磁力线条数，叫做该面积的磁通量，简称磁通。磁通用字母 Φ 表示，其单位为韦［伯］（Wb）。

➤ 匀强磁场的磁通：匀强磁场的磁感应强度 B 和与磁场方向垂直平面的面积 S 的乘积，称为穿过这个平面的磁通量 Φ。即

$$\Phi = BS \tag{7-2}$$

式中　Φ——磁通（Wb）；

B——磁感应强度（T）；

S——平面的面积（m^2）。

◆ 磁通是反映磁场中某一区域磁场总体强弱的物理量。穿过磁场中某一截面积的磁力线条数的多少，反映了磁场中这一截面积上磁场的强弱。

◆ 磁通这一概念在电气工程上有极其重要的意义。如变压器、电动机、电磁铁等就是通过尽可能地减少漏磁通，增强一定铁心截面下磁场的强度来提高其工作效率的。

想一想

磁感应强度 B 仅仅反映了磁场中某一点的性质，但在研究问题时，往往要考虑某一平面磁场的总体情况，为此引入了一个新的物理量——磁通。在匀强磁场中，放置着一个与磁场方向垂直的圆环。若将该圆环面积增大，该圆环平面内的磁通和磁感应强度将如何变化？若将该圆环旋转 45°，该圆环平面内的磁通和磁感应强度又将如何变化？

➤ 磁感应强度的另一种描述：磁感应强度就是穿过单位面积的磁通，也称磁通密度。由式（7-2）可得数学表达式为

$$B = \frac{\Phi}{S} \tag{7-3}$$

［例 7-1］　有一磁感应强度为 0.6T 匀强磁场，磁场中有一面积为 $500cm^2$ 的平面，如果磁感应强度 B 与平面的夹角 $\alpha = 0°$、$30°$、$90°$（图 7-9），求通过该平面的磁通各是多少？

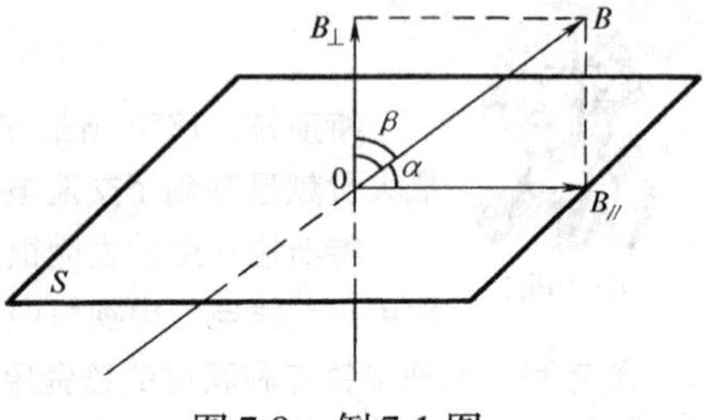

图 7-9　例 7-1 图

解　磁感应强度与平面不垂直时，不能直接应用式（7-2）来计算。磁感应强度是矢量，可应用矢量分解的方法，将其分解成垂直平面分量和平行平面分量（图 7-9），平行平面分量不穿过该平面，磁通为零；垂直平面分量可以应用式（7-2）来计算。因此，磁感应强度垂直平面的分量为

$$B' = B\sin\alpha$$

① $\alpha = 0°$　　$\Phi = B'S = BS\sin 0° = 0$

② $\alpha = 30°$　　$\Phi = B'S = BS\sin 30° = 0.6\text{T} \times 500 \times 10^{-4}\text{m}^2 \times \frac{1}{2} = 0.015\text{Wb}$

③ $\alpha = 90°$　　$\Phi = B'S = BS\sin 30° = 0.6\text{T} \times 500 \times 10^{-4}\text{m}^2 = 0.03\text{Wb}$

（3）磁场强度

➤ 磁导率：它是表示媒介质导磁性能强弱的物理量，用字母 μ 来表示，单位为亨［利］每米（H/m）。不同的媒介质有不同的磁导率。在相同条件下，磁导率 μ 值越大，磁感应强度越大，磁场越强；磁导率 μ 值越小，磁感应强度越小，磁场越弱。

◆ 真空中的磁导率：它是一个常数，用μ_0表示，即$\mu_0=4\pi\times10^{-7}\text{H/m}$。空气、木材、玻璃、铜、铝等物质的磁导率与真空的磁导率非常接近。

◆ 相对磁导率：任一媒介质的磁导率μ与真空的磁导率μ_0的比值，叫做相对磁导率。用μ_r表示，即

$$\mu_r=\frac{\mu}{\mu_0} \quad 或 \quad \mu=\mu_0\mu_r \tag{7-4}$$

相对磁导率是没有单位的，它的大小表明：在其他条件相同的情况下，媒介质中的磁感应强度是真空中的多少倍。

➤ 根据媒介质相对磁导率的大小，可将物质分为以下三种类型：

温馨提示

顺磁性物质和反磁性物质的相对磁导率都接近于1，因而除铁磁性物质外，其他物质的相对磁导率都可认为等于1，并称这些物质为非铁磁性物质。

◆ 反磁性物质：相对磁导率$\mu_r<1$，也就是说，在这类物质中所产生的磁场要比真空中弱一些，如铜、银等。

◆ 顺磁性物质：相对磁导率$\mu_r>1$，也就是说，在这类物质中所产生的磁场要比真空中强一些，如空气、锡、铝等。

◆ 铁磁性物质：相对磁导率$\mu_r>>1$，而且不是一个常数。在其他条件相同的情况下，这类物质中所产生的磁场要比真空中的磁场强几千甚至几万倍，因而在电工技术方面应用甚广。铁、钢、钴、镍及某些合金都属于这一类物质。常用的铁磁性物质的相对磁导率见表7-1。

表7-1 常用的铁磁性物质的相对磁导率

材　料	相对磁导率	材　料	相对磁导率
钴	174	已经退火的铁	7000
未经退火的铸铁	240	变压器钢片	7500
已经退火的铸铁	620	在真空中熔化的电解铁	12950
镍	1120	镍铁合金	60000
软钢	2180	“C”型玻莫合金	115000

温馨提示

当我们用一个插有铁棒的通电线圈去吸引铁钉，然后把通电线圈中的铁棒换成铜棒再去吸引铁钉，便会发现两种情况下吸力大小不同，前者比后者大得多。如果改变线圈管的匝数和电流的大小，重复上述实验，可以发现通电线圈对铁钉的吸力与匝数及电流成正比。这表明磁场中各点磁感应强度的大小不仅与电流的大小和导体的形状有关，而且与磁场内媒介质的导磁性能有关，但这使磁场的计算显得比较复杂。因此，为了使磁场的计算简单，引入了磁场强度这个物理量来表示磁场的性质。

➤磁场强度：磁场中某点的磁感应强度 B 与媒介质磁导率 μ 的比值，叫做该点的磁场强度，用字母 H 来表示，即

$$H=\frac{B}{\mu}\quad 或 \quad B=\mu H=\mu_0\mu_r H \tag{7-5}$$

式中　H——磁场中该点的磁场强度（A/m）；

B——磁场中该点的磁感应强度（T）；

μ——磁场中介质的磁导率（H/m）。

想一想

在通电的螺线管中，插入铁心的前后，通电螺线管的磁感应强度和磁场强度将如何变化？

◆ 磁场强度是反映磁场性质的物理量，它是矢量，不但有大小，而且也有方向。

◆ 磁场中各点磁场强度的大小只与电流的大小和导体的几何形状有关，而与媒介质的性质无关。

◆ 在均匀的媒介质中，磁场强度的方向与磁感应强度的方向是一致的。

4. 铁磁性物质的磁化

（1）铁磁性物质的磁化

➤磁现象的电本质：磁场是由电荷运动而产生的。

小知识

分子环流

法国科学家安培曾提出了著名的分子电流假说：在原子、分子等物质微粒内部存在着一种环形电流，叫做分子环流。分子环流使每一个物质微粒都成为一个微小的磁体，如图 7-10 所示。通常由于物质内部分子环流的轴向杂乱无章，导致磁场互相抵消，物体对外不呈现磁性，如图 7-11a 所示。如果分子环流的方向趋于一致，物质就呈现磁性，如图 7-11b 所示。

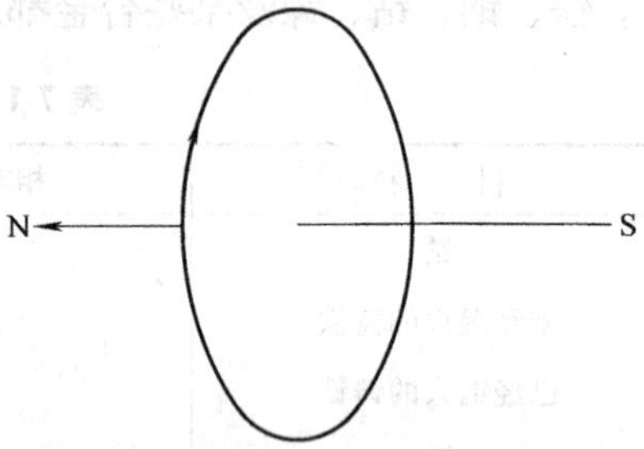

图 7-10　分子环流

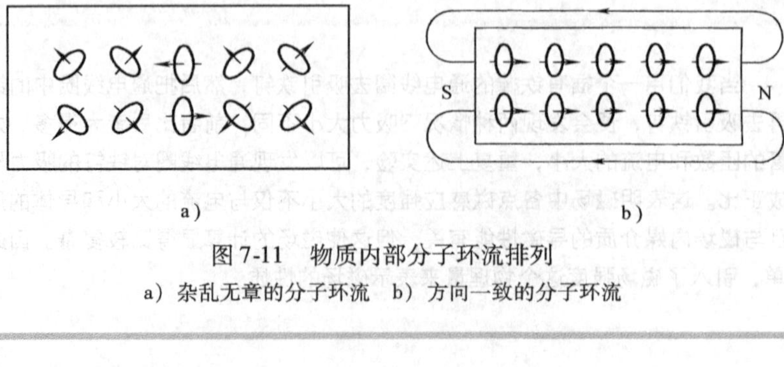

a）　b）

图 7-11　物质内部分子环流排列

a）杂乱无章的分子环流　b）方向一致的分子环流

◆ 通电导体周围存在着磁场，说明电流的磁场是由电荷运动产生的。

◆ 磁铁的磁场是由于磁铁内部电荷的运动（即分子环流，它产生磁畴）产生的。

➤ 铁磁性物质的磁化：这种本来不具磁性的物质，由于受磁场的作用而具有了磁性的现象，称为磁化。

◆ 只有铁磁性物质才能被磁化，而非铁磁性物质是不能被磁化的。

➤ 铁磁性物质的磁化过程：

由磁现象的电本质可知，铁磁性物质是由许多被称为磁畴的磁性小区域所组成的，每一个磁畴相当于一个小磁针，在无外磁场作用时，磁畴排列杂乱无章，如图 7-12a 所示，磁性互相抵消，对外不显磁性。但在外磁场的作用下，磁畴会沿着外磁场的方向做趋向一致的排列，形成附加磁场，从而使磁场显著增强，如图 7-12b 所示。有些铁磁性物质在去掉外磁场以后，磁畴的一部分或大部分仍然保持趋向一致，对外仍显示磁性，这就成了永久磁铁。

➤ 铁磁性物质磁化的应用：应用于变压器、继电器、电机等，采用相对磁导率高的铁磁性物质作为绕组的铁心，可使同样容量的变压器、继电器和电机的体积大大缩小，重量大大减轻；半导体收音机的天线线圈绕在铁氧体磁棒上，可以提高收音机的灵敏度。

*（2）磁化曲线

➤ 磁化曲线：铁磁物质的磁感应强度 B 随磁场强度 H 而变化的曲线称为磁化曲线，又称 B-H 曲线，如图 7-13 所示。

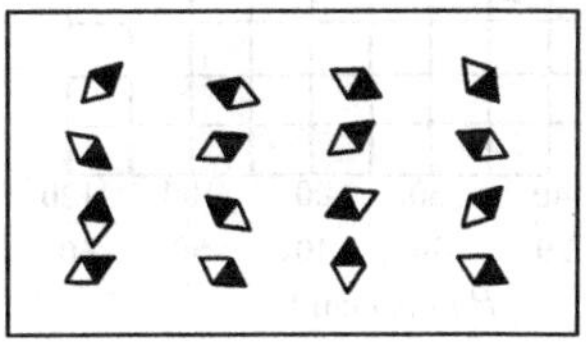

a）

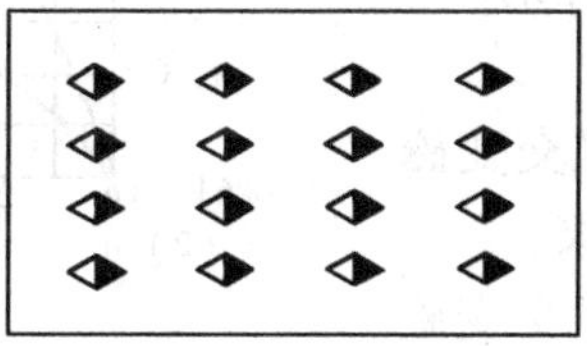

b）

图 7-12 磁化

a）杂乱无章的排列方式 b）沿外磁场方向的排列方式

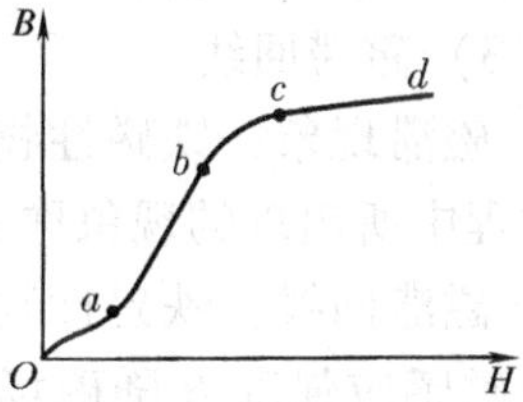

图 7-13 磁化曲线

小知识

磁化曲线的测定

如图 7-14 所示，将待研究的磁感应强度为零的铁磁物质制成圆环形，将导线均匀有序地密绕于环上。通过调节电阻器来改变线圈中的电流 I，从而改变磁场强度 H，励磁电流由电流表测得，磁通由磁通表测得。以 H 为横坐标、B 为纵坐标，将多组 B-H 对应值逐点描出，就是磁化曲线，如图 7-13 所示。

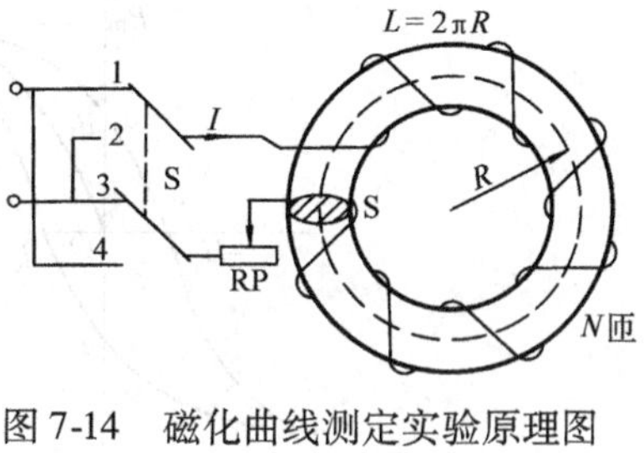

图 7-14 磁化曲线测定实验原理图

◆ 磁化曲线表示了媒介质中磁感应强度 B 和磁场强度 H 的函数关系，它们之间的关系是非线性的，即 $\mu=\frac{B}{H}$ 不是常数。若已知 H 值，就可以通过磁化曲线查出对应的 B 值。因此，在计算介质中的磁场问题时，磁化曲线是一个很重要的依据。

◆ 各种铁磁性物质都可以被磁化，但由于不同的铁磁物质内部结构不同，故其磁化特性也不同，磁化后的磁性也各有差异。

◆ 磁化曲线反映了铁磁物质磁化过程中的特性。一般的磁化曲线可大致分为四段，如图 7-13 所示：

① 在 *B-H* 曲线起始的 *O-a* 段，曲线上升缓慢，这是由于磁畴的惯性，当 *H* 从零值开始增大时，*B* 增加较慢，这一段叫起始磁化段。

② 在 *B-H* 曲线的 *a-b* 段，随着 *H* 的增加，*B* 几乎是直线上升，这是由于磁畴在外磁场作用下大部分都趋向 *H* 的方向，*B* 增加很快，曲线较陡，称为直线段。

③ 在 *B-H* 曲线的 *b-c* 段，随着 *H* 的增加，*B* 的上升又比较缓慢了，这是由于大部分磁畴方向已转向 *H* 方向，随着 *H* 的增加，只有少数磁畴继续转向，*B* 的增加变慢。

④ 到达 *c* 点以后，磁畴几乎全部转到外磁场方向，再增大 *H* 值，也几乎没有磁畴可以转向了，曲线变得平坦，称为饱和段，这时的磁感应强度叫饱和磁感应强度。

不同的铁磁性物质，*B* 的饱和值是不同的，但对每一种材料，*B* 的饱和值却是一定的。对于电机和变压器，通常都是工作在曲线的 *b-c* 段（即接近饱和状态）。

➤ 几种常见铁磁性物质的磁化曲线：如图 7-15 所示。从曲线上可以看出，在相同的磁场强度 *H* 下，硅钢片的 *B* 值最大，铸铁的 *B* 值最小，说明硅钢片比铸铁的导磁性能好得多，所以电器和电机的铁心多采用硅钢片。

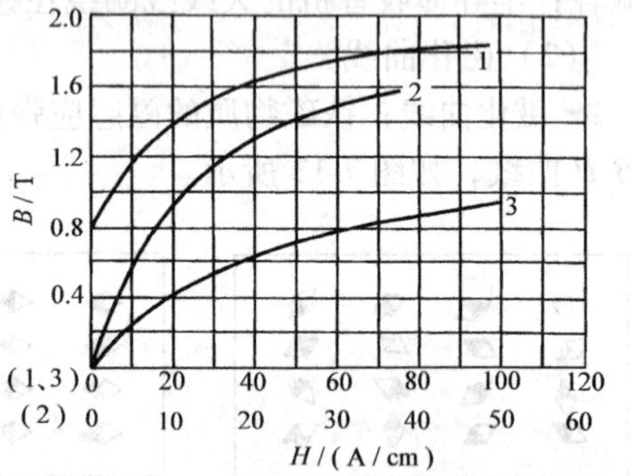

图 7-15　硅钢片、铸钢、铸铁的基本磁化曲线
1—硅钢片　2—铸钢　3—铸铁

*（3） 磁滞回线

➤ 磁滞现象：铁磁性物质在反复交变磁化的过程中所出现的现象称为磁滞现象。

➤ 磁滞回线：铁磁性物质在反复交变磁化中的磁感应强度 *B* 随磁场强度 *H* 而变化的曲线称为磁滞回线，又称 *abcdefaB-H* 曲线（图 7-16a）。

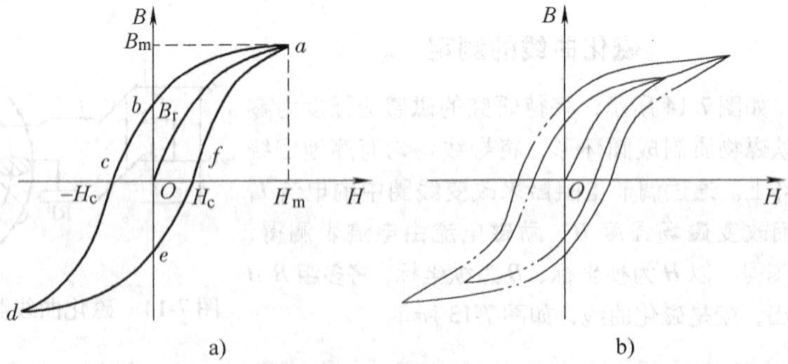

图 7-16　磁滞回线
a）磁化曲线　b）基本磁化曲线

➤ 磁滞回线的形成分析：

◆ 在 *abcdefaB-H* 曲线的 *a-b* 段，当 *B* 随 *H* 沿磁化曲线达到饱和值以后，逐渐减小 *H* 的数值，这时 *B* 并不是沿原磁化曲线减小到零，而是沿另一条在它上面的曲线 *ab* 下降。当 *H*

减小到零时，B 值却不回到零，而是到达 b 点，保留了一定的 B 值称为剩磁，用 B_r 表示。永久磁铁就是利用剩磁很大的铁磁性物质制成的。

温馨提示

磁化曲线只是反映了铁磁性物质在外磁场由零逐渐增强时的磁化过程。但在实际应用中，铁磁性物质是工作在交变磁场的情况下的，因此有必要研究铁磁性物质反复交变磁化的问题。

◆ 在 *abcdefaB-H* 曲线的 *b-c* 段，为了消除剩滋，必须外加反方向的磁场，随着反方向磁场的增强，铁磁性物质逐渐退磁，当反向磁场增大到一定的值时，即曲线到达 c 点，B 值变为零，剩磁完全消失，*bc* 这一段曲线叫退磁曲线。这时的 H 值是为克服剩磁所加的磁场强度，称为矫顽磁力，用 H_c 表示。矫顽磁力的大小反映了铁磁性物质保存剩磁的能力。

◆ 在 *abcdefaB-H* 曲线的 *c-d* 段，当反向磁场继续增大时，B 值就从零起改变方向，并沿曲线 *cd* 变化，铁磁性物质被反向磁化，随着 H 的逐渐增大，B 同样达到反向饱和值，曲线到达饱和点 d。

◆ 在 *abcdefaB-H* 曲线的 *d-e* 段，随着 H 值的逐渐减小，B 值也沿曲线 *de* 随之减小。当 $H=0$ 时，B 点到达 e，同样，在铁磁性物质中留下磁剩，其大小也为 B_r。

◆ 在 *abcdefaB-H* 曲线的 *e-f* 段，若要消除剩滋，必须加正方向的磁场，随着正方向磁场的增强，铁磁性物质逐渐退磁，当正向磁场增大到 H_c 值时，即曲线到达 f 点，B 值变为零，剩磁也完全消失。

◆ 在 *abcdefaB-H* 曲线的 *f-a* 段，H 从 H_c 开始增大，B 沿曲线 *fa* 增大，到达饱和点 a。从而 $B-H$ 曲线完成一个循环。

➤ 铁磁性物质反复交变磁化过程的特点：

◆ 在铁磁性物质的反复交变磁化过程中，B 的变化总是落后于 H 的变化。

◆ 在铁磁性物质的反复交变磁化过程中，由于磁畴要来回翻转，会损耗一定的能量，这种损耗称为磁滞损耗。

➤ 铁磁性物质磁滞回线的特点：

◆ 磁滞回线是一条封闭的对称于原点的闭合曲线（*abcdefa*），如图 7-16a 所示。

◆ 磁滞回线包围的面积越大，磁滞损耗就越大。所以，剩磁和矫顽磁力越大的铁磁性物质，磁滞损耗就越大。

◆ 不同的铁磁性物质具有不同的磁滞回线，磁滞回线的形状经常被用来判断铁磁性物质的性质和作为选择材料的依据。

➤ 基本磁化曲线：铁磁性物质在反复交变磁化过程中，可相应得到一系列大小不一的磁滞回线，连接各条对称的磁滞回线的顶点，得到的一条曲线叫基本磁化曲线，如图 7-16b 所示。一般资料中的磁化曲线都是指基本磁化曲线。

（4）铁磁性物质的分类

➤ 软磁性物质。软磁性物质的特点是容易磁化，也容易退磁。这种物质适用于需要反复磁化的场合，可以用来制造电机、变压器、仪表和电磁铁的铁心。软磁性物质主要有铸钢、硅铜、玻莫合金（铁镍合金）和软磁铁氧体等。

➤硬磁性物质。硬磁性物质的特点是不易磁化，也不易退磁。这种物质适合于制成永久磁铁。硬磁性物质主要有钨钢、铬钢、钴钢和钡铁氧体、铝镍钴合金等。

➤矩磁性物质。这种铁磁物质在很小的外磁场作用下就能磁化，一经磁化便能达到饱和值，去掉外磁场时，磁感应强度仍然保持与饱和时一样。根据这一特点，矩磁性物质主要用来做记忆元件，如电子计算机中存储器的磁心，主要物质有锰镁铁氧体和锂锰铁氧体等。

小知识

压磁性物质

铁磁性物质通常分为软磁性物质、硬磁性物质和矩磁性物质三大类。此外，还有一种称为压磁性物质，它是一种磁致伸缩效应比较显著的铁磁性物质。在外磁场的作用下，磁体的长度会发生改变，这种现象就叫做磁致伸缩效应。如果外加交变磁场，则磁致伸缩效应会使这种物质产生振动。这种物质可用来制造超声波发生器和机械滤波器。

*5. *磁路及其欧姆定律*

（1）磁路　磁通所经过的路径叫做磁路。它也像电路一样，分为无分支磁路和分支磁路，如图 7-17 所示。为了使磁通集中在一定的路径上来获得较强的磁场，常常把铁磁材料制成一定形状的铁心，来构成各种电器设备所需的磁路，如图 7-18 所示交流接触器的 E 形铁心。

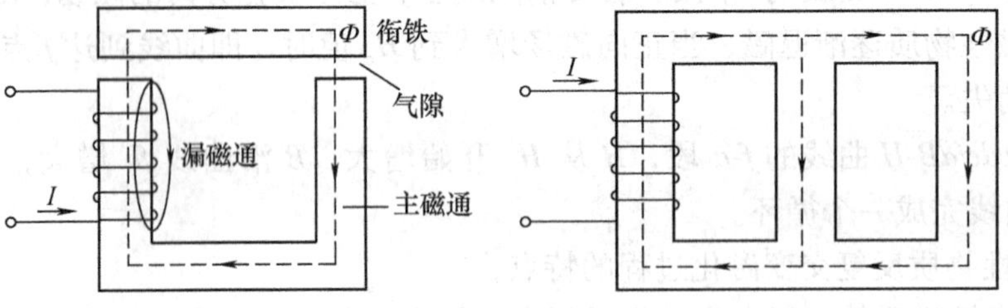

a)　　b)

图 7-17　磁路

a）无分支磁路　b）分支磁路

➤主磁通：沿铁心、衔铁和工作气隙构成闭合回路的磁通，叫主磁通。

➤漏磁通：没有经过工作气隙和衔铁，而经空气自成回路的磁通，叫漏磁通。

（2）磁路的欧姆定律

➤磁动势：把通过线圈的电流 I 和线圈匝数 N 的乘积，称为磁动势（也称磁通势），用符号 E_m 表示，单位是 A。其数学表达式为

$$E_m = NI \tag{7-6}$$

式中　N——线圈的匝数（匝）；

I——通过线圈的电流（A）。

➤磁阻：就是磁通通过磁路时所受到的阻碍作用，用符号 R_m 表示，单位是 1/H。磁路中磁阻的大小与磁路的长度 l 成正比，与磁路的横截面积 S 成反比，并与组成磁路的材料的性质有关，其数学表达式为

$$R_m = \frac{l}{\mu S} \tag{7-7}$$

式中　R_m——磁阻（H^{-1}）；

l——磁路的长度（m）；

S——磁路的横截面积（m^2）；

μ——磁场中介质的磁导率（H/m）。

交流接触器

交流接触器是利用电磁线圈的通电或断电，使衔铁和铁心吸合或释放，从而带动动触头与静触头闭合或断开，实现接通或断开电路的目的。当接触器的线圈通电后，线圈中流过的电流产生磁场，使铁心产生足够大的吸力，克服反作用弹簧的反作用力，将衔铁吸合，通过传动机构带动辅助常闭触头断开，三对主触头和常开辅助触头闭合。当接触器线圈断电或电压显著下降时，由于电磁吸力消失或过小，衔铁在反作用力弹簧的作用下复位，带动各触头恢复到原始状态。其结构和工作原理如图 7-18 所示。

为了减少工作过程中交变磁场在铁心中产生的磁滞损耗及涡流规律，避免铁心过热，交流接触器的铁心和衔铁一般用 E 形硅钢片叠压而成。为增大铁心的散热面积，又避免线圈与铁心直接接触而受热烧毁，交流接触器的线圈一般做成粗而短的圆筒形，并且绕在绝缘骨架上，使铁心与线圈之间有一定间隙。另外，E 形铁心的中柱端面需留有一定的气隙，以减小剩磁的影响，避免线圈断电后衔铁粘住而不能释放。

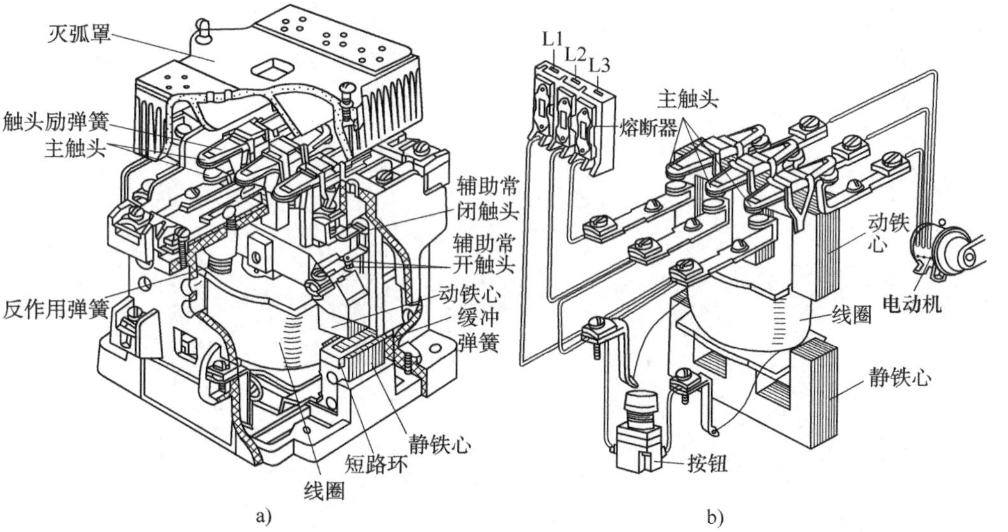

图 7-18　交流接触器的结构和工作原理图

a）结构　b）工作原理

➤ 磁路的欧姆定律：通过磁路的磁通与磁动势成正比，而与磁阻成反比，其数学表达式为

$$\Phi = \frac{E_m}{R_m} \tag{7-8}$$

式中 Φ——磁通（Wb）；

E_m——磁动势（A）；

R_m——磁阻（H^{-1}）。

想一想

磁路、磁动势、磁阻及磁路的欧姆定律分别与电路、电动势、电阻及电路的欧姆定律有什么区别和联系？

➤ 磁路的全电路定律：磁路中的磁场强度与磁路的平均长度的乘积，在数值上等于激发磁场的磁动势，其数学表达式为

$$NI = Hl \quad 或 \quad H = \frac{NI}{l} \tag{7-9}$$

优化训练

1. 在题图 7-1 中，当电流通过导线时，导线下面的磁针 N 极转向读者，试判断导线 AB 中电流的方向。

2. 如题图 7-2 所示，根据已标明的通电线圈的 N 极和 S 极，判断线圈中的电流方向。

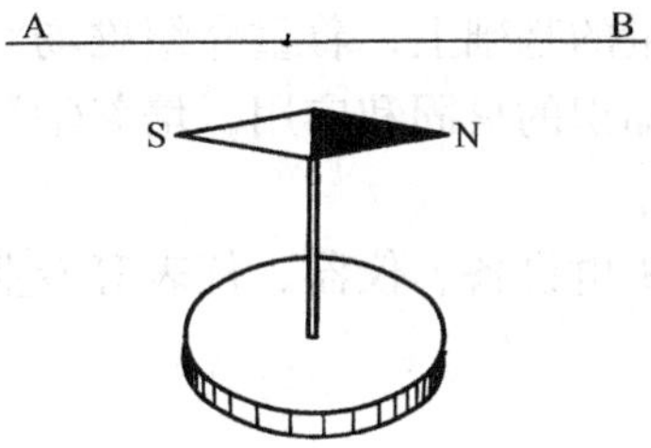

题图 7-1

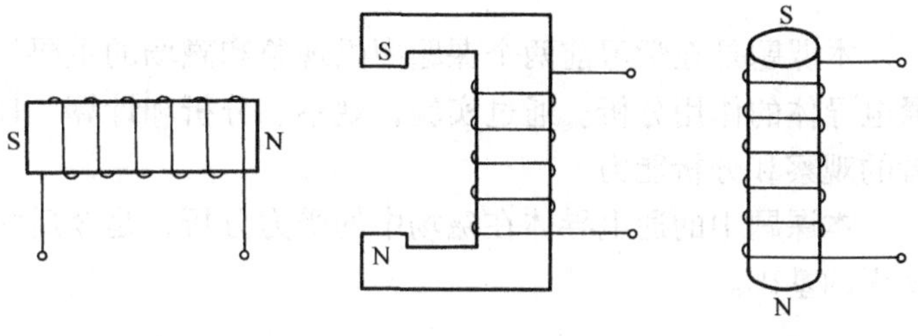

题图 7-2

3. 如题图 7-3 所示，已知均匀磁场的 $B=0.4\text{T}$，平面面积 $S=4\times10^{-2}\text{m}^2$，且平面与 B 的夹角为 30°，求通过面积 S 的磁通。

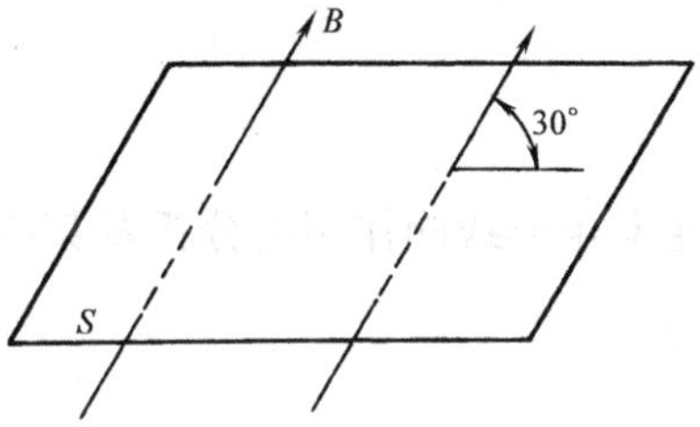

题图 7-3

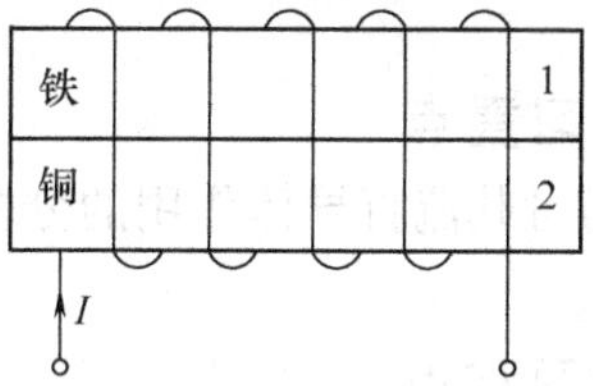

题图 7-4

4. 在匀强磁场中，垂直放置一横截面积为 12cm^2 的铁心，设其中的磁通为 $4.5\times10^{-3}\text{Wb}$，铁心的相对磁导率为 5000，求该匀强磁场的磁场强度。

5. 已知硅钢片中的磁感应强度为 1.4T，磁场强度为 5A/cm，求硅钢片的相对磁导率。

6. 如题图 7-4 所示，比较两棒中 B_1、B_2 及 H_1、H_2 的关系，并说明理由。

7. 什么是磁化？并举一实际例子。

*8. 简述磁滞现象和铁磁性物质的磁滞回线的特点。

*9. 铁磁性物质的磁化过程是可逆过程还是不可逆过程？用磁滞回线来解释。

10. 铁磁性物质可以分成哪几类？各有何特点和用途？

*11. 用磁滞回线来分析各类铁磁性物质的特点。

*12. 空心圆环形螺旋线圈，平均长度为 10cm，横截面积为 10cm^2，匝数 N 为 1000，通入的电流为 10A，求螺旋线圈内的磁通。

课题八　磁场对电流作用的分析

学习指南

本课题是在学习前两个课题中磁现象和磁场的主要物理量的基础上，着重介绍磁场对通电导体的作用分析。通过实验，观察、分析和计算，加强知识的巩固和应用，培养学习者的观察和分析能力。

本课题中的通电导体在磁场中的受力分析，是今后学习机电设备、仪器、仪表等专业知识的基础。

◇学习目标

1. 熟练掌握用左手定则对通电直导体在磁场中的受力进行分析。
2. 会用电磁力的计算公式进行简单的计算。
3. 了解匀强磁场对通电线圈的作用。
4. 进一步提高学生的观察和分析能力。

◇学习重点

磁场对载流直导体作用的分析和计算，磁场对通电矩形线圈作用的分析及其应用。

◇学习难点

磁场对通电矩形线圈作用的分析及其应用。

◇学习时数

3 学时。

任务书

<table>
<tr><td>项目</td><td colspan="3">通电线圈在磁场中的受力分析</td><td>时间</td><td>1学时</td></tr>
<tr><td>工具材料</td><td colspan="5">大型蹄形磁铁1块、面积大小不一的矩形线圈各1个、直流电源1只、滑动变阻器1个、开关1只、固定转轴架1副、导线若干</td></tr>
<tr><td>实操要求</td><td colspan="5">1. 如项目图8所示，将一个带有转轴的线圈abcd固定安装在磁极N、S之间，使线圈平面与磁场方向平行，线圈分别接在两个铜制的滑环上（称为电枢，中间用绝缘体隔开），每个滑环上安置一个电刷
2. 当开关闭合后，观察线圈如何转动
3. 当开关闭合后，将滑动变阻器从一端滑到另一端（保证电源不被短路的情况下），在这种状态下观察线圈转动发生什么样的变化
4. 对换电源正负极接线柱后，再闭合开关，此时观察线圈转动又有什么样的变化
5. 将磁场中线圈abcd换成面积小的线圈，通电后再观察其运动有什么样的变化
6. 断开开关，将线圈abcd平面与磁场方向垂直放置，再合上开关，观察线圈如何转动
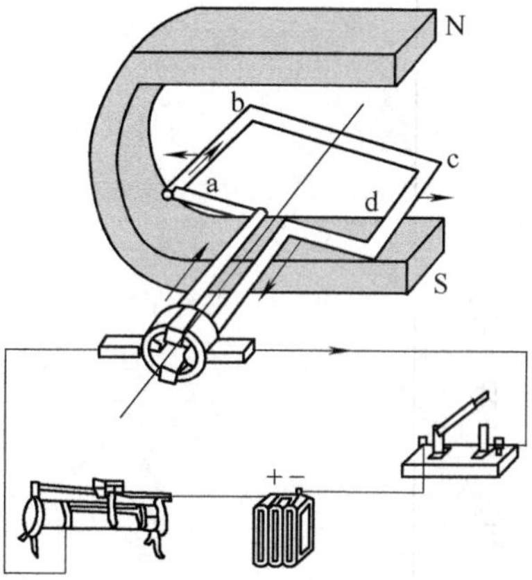

项目图8</td></tr>
<tr><td rowspan="6">观察与记录</td><td>子项目</td><td colspan="2">现 象 记 录</td><td colspan="2">成 因 分 析</td></tr>
<tr><td>2</td><td colspan="2"></td><td colspan="2"></td></tr>
<tr><td>3</td><td colspan="2"></td><td colspan="2"></td></tr>
<tr><td>4</td><td colspan="2"></td><td colspan="2"></td></tr>
<tr><td>5</td><td colspan="2"></td><td colspan="2"></td></tr>
<tr><td>6</td><td colspan="2"></td><td colspan="2"></td></tr>
</table>

（续）

思考	1. 根据各状态下的观察记录，分析其成因，并填写上表 2. 线圈 abcd 的两滑环间为什么要用绝缘体隔开而不是封闭的呢 3. 线圈 abcd 在磁场中运转的全过程该如何分析？它与直流电动机的工作原理有什么联系
体会	
温馨提示	1. 本任务书主要是通过教师做实验演示，让学生观察并记录实验现象，同时思考相应问题。有条件的学校也可以让学生自己探究 2. “观察与记录”栏是让学生以文字描述的形式，填写观察到的实验现象 3. 通电导体在磁场中的受力分析主要分为磁场对通电直导体的作用和对线圈的作用两部分内容，而本任务书以通电线圈在磁场中的受力分析出现，具有典型性和实用性。若实验条件不具备，可改为“通电直导体在磁场中的受力分析”（见“优化训练”的题 7） 4. 本项目所涉及的知识点有：磁场对电流的电磁力的大小和方向、左手定则、力偶矩及应用

知识链接

1. 磁场对通电直导体的作用力

➤ 电磁力：通电导体在磁场中受到的作用力叫做电磁力，也叫安培力。

➤ 电磁力的大小：在匀强磁场中，电磁力的大小 F 与磁感应强度 B、导体中的电流 I、磁场中导体的有效长度 L 及电流方向和磁力线的夹角 α 的正弦 $\sin\alpha$ 成正比，即

$$F = BIl\sin\alpha \tag{8-1}$$

式中 F——通电导体受到的电磁力（N）；

B——磁场的磁感应强度（T）；

I——导体中的电流强度（A）；

l——导体在磁场中的有效长度（m）；

α——电流方向和磁力线的夹角（°）。

想一想

如图 8-1 所示为通电直导线在磁场中受力的情况。如果在回路中串联一只电阻，导线受力摆动的幅度将如何变化？若把电源的“+”、“−”极性对调，又能观察到什么现象？

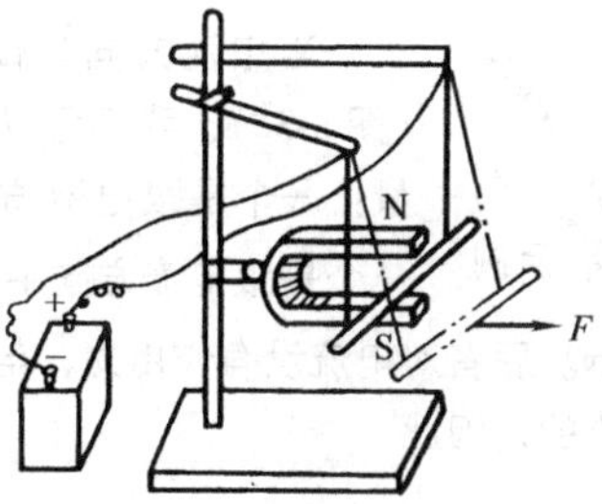

图 8-1 通电直导线在磁场中受力

◆ 严格来说，这个公式只适用于一小段通电导线的情形，导线较长时，导线所在处各点的磁感应强度 B 一般并不相同，就不能应用这个公式。

◆ 如果磁场是匀强磁场，这个公式可适用于长的通电导线。

➤ 电磁力的方向：磁场力的方向与磁场方向及电流方向均是垂直的，可用左手定则来判定。

◆ 左手定则：伸出左手，使大拇指跟其余四个手指垂直，并且都跟手掌在一个平面内，让磁力线垂直进入手心，并使四指指向电流方向，这时，大拇指所指的方向就是通电导体在磁场中受力的方向。如图 8-2 所示。

◆ 若电流方向与磁场方向不是垂直的，仍可以用左手定则来判定电磁力的方向，只是这时磁力线是倾斜进入手心的。

➤ 直导体在磁场中的受力分析：

◆ 当电流方向与磁力线方向垂直时，即 $\alpha = \frac{\pi}{2}$，$\sin\alpha = 1$，则 $F = BIl$，此时导体受到的电磁力最大，如图 8-3a 所示。

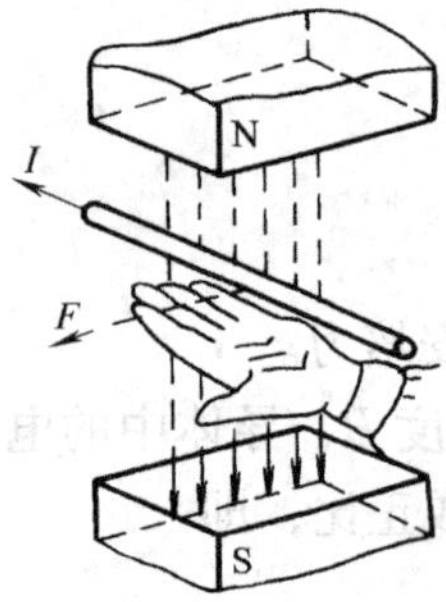

图 8-2　左手定则

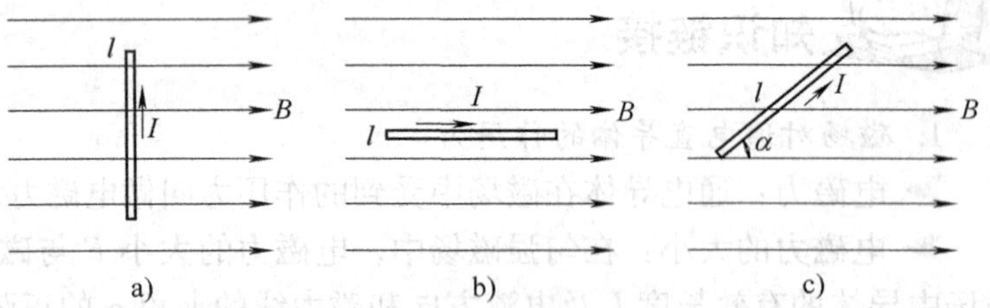

图 8-3　磁场对载流直导体的作用

a）电流方向与磁力线方向垂直　b）电流方向与磁力线方向平行　c）电流方向与磁力线方向成 α 角

◆ 当电流方向与磁力线方向平行时，即 $\alpha=0$，$\sin\alpha=0$，则 $F=0$，此时导体受到的电磁力为 0，如图 8-3b 所示。

◆ 当电流方向与磁力线方向成某一个夹角 α 时，$F=BIl\sin\alpha$，如图 8-3c 所示。

推导示例

当电流方向与磁力线方向成某一个夹角 α 时（图 8-3c），我们可以把磁感应强度 B 分解为两个分量：一个是跟电流方向垂直的分量 $B_1=B\sin\alpha$，另一个是跟电流方向平行的分量 $B_2=B\cos\alpha$，如图 8-4 所示。后者对电流没有作用力，电流受到的作用力完全是由前者决定的，因此

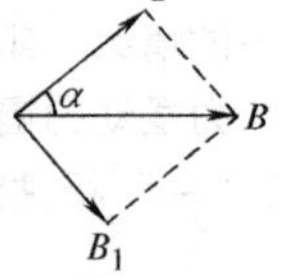

图 8-4　磁感应强度的分解

$$F=B_1Il=BIl\sin\alpha$$

此时，仍旧可以用左手定则来判定磁场力的方向，只是这时磁力线是倾斜进入手心的。

［**例 8-1**］　在磁感应强度为 0.5T 的匀强磁场中，有一长度为 60cm 的导线，导线中的电流为 10A，导线与磁力线的夹角分别为 0°、30°和 90°，求导线各受多大的力？

解　载流直导体在磁场中受力的大小为 $F=BIl\sin\alpha$。

（1）$\alpha_1=0°$　　$F_1=BIl\sin\alpha_1=0.5\text{T}\times10\text{A}\times0.6\text{m}\times0=0$

（2）$\alpha_2=30°$　　$F_2=BIl\sin\alpha_2=0.5\text{T}\times10\text{A}\times0.6\text{m}\times\dfrac{1}{2}=1.5\text{N}$

（3）$\alpha_3=90°$　　$F_3=BIl\sin\alpha_3=0.5\text{T}\times10\text{A}\times0.6\text{m}\times1=3\text{N}$

2. *磁场对通电矩形线圈的作用*

➤ 通电矩形线圈在磁场中的力偶矩 M：在匀强磁场中，力偶矩 M 的大小与磁感应强度 B、矩形线圈中的电流 I、线圈所包围的面积 S 及电流方向和磁力线的夹角 α 的正弦 $\sin\alpha$ 成正比，即

$$M=BIS\sin\alpha \tag{8-2}$$

式中　B——匀强磁场的磁感应强度（T）；

I——线圈中的电流（A）；

S——线圈所包围的面积（m^2）；

α——磁感应强度与线圈平面法线方向的夹角（°）；

M——线圈的力偶矩（N·m）。

温馨提示

磁场对通电直导体有作用力，而矩形线圈相当于四条直导体，因此磁场同样对通电矩形线圈有作用力，从而形成力偶，产生力矩，使线圈转动。

◆ 匝数为 N 的矩形线圈在磁场中的总力偶矩 M 为

$$M = NBIS\sin\alpha \tag{8-3}$$

推导示例

我们来分析一下通电线圈在磁场中所受的力偶矩。图 8-5b 是图 8-5a 的俯视图，设通电线圈中的电流强度为 I，线圈平面的法向 e_n（垂直平面的方向）与磁感应强度的夹角为 α，线圈平面与磁感应强度的夹角为 θ，轴线 OO'与磁力线垂直，那么线圈的两个侧边所受到的力 F_{ab}和 F_{cd}均为：$F_{ab} = F_{cd} = BIl_1$，线圈 abcd 在这对力偶的作用下绕 OO'转动，而 F_{ab}和 F_{cd}的力臂都是$\frac{l_2\sin\alpha}{2}$，则使线圈转动的力偶矩为

$$M = M_1 + M_2 = BIl_1\frac{l_2\sin\alpha}{2} + BIl_1\frac{l_2\sin\alpha}{2} = BIl_1l_2\sin\alpha$$

因此 $M = BIS\sin\alpha$

➤ 通电矩形线圈在磁场中受到的力偶矩分析：

如图 8-5 所示，在磁感应强度为 B 的匀强磁场中放置一个通电的矩形线圈 abcd，其中线圈两个侧边 ab 和 cd 的长度为 l_1，线圈顶边 da 和底边 bc 的长度为 l_2，那么线圈顶边所受的磁场力 F_{da}和 F_{bc}，大小相等，方向相反，彼此平衡，不会使线圈发生运动。而作用在线圈两个侧边的磁场力 F_{ab}和 F_{cd}，虽然也大小相等，方向相反，但它们形成力偶，产生力矩，使线圈绕竖直轴 OO'转动。力 F_{ab}和 F_{cd}上的力臂越来越小，使线圈转动的力矩也越来越小。当线圈平面与磁力线垂直时，力臂为零，线圈受到的力矩也变为零。

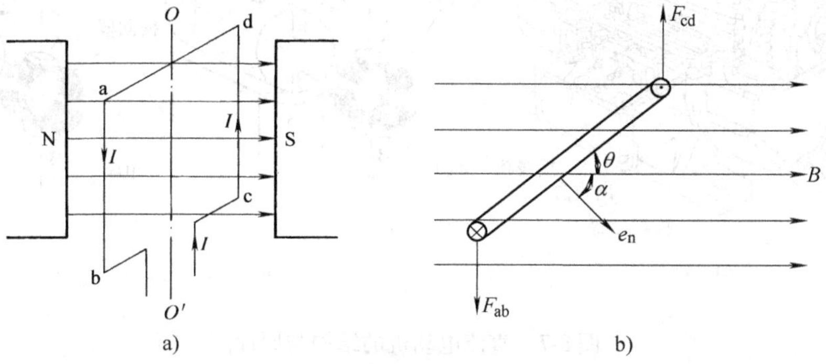

图 8-5 磁场对通电线圈的作用

［**例 8-2**］　在磁感应强度为 0.1T 的匀强磁场中，放置一个矩形线圈，匝数 $N=20$，通电电流为 5A，线圈长 30cm，宽 20cm，分别求平面法线方向与磁力线的夹角分别为 0°、30° 和 90°时的转矩，如图 8-6 所示。

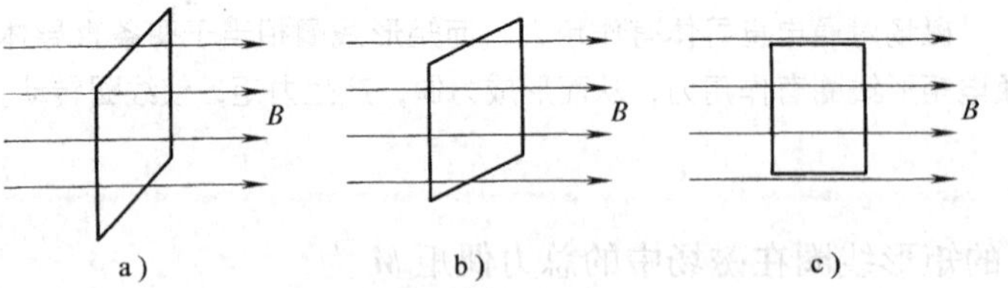

图 8-6　例 8-2 图

a）$\alpha_1=0°$　b）$\alpha_2=30°$　c）$\alpha_3=90°$

解　矩形线圈在磁场中受力的大小为 $M=NBIS\sin\alpha$。

（1）$\alpha_1=0°$　　$M_1=NBIS\sin\alpha_1=20\times0.1\text{T}\times0.3\text{m}\times0.2\text{m}\times5\text{A}\times0=0$

（2）$\alpha_2=30°$　　$M_2=NBIS\sin\alpha_2=20\times0.1\text{T}\times0.3\text{m}\times0.2\text{m}\times5\text{A}\times\frac{1}{2}=0.3\text{N}\cdot\text{m}$

（3）$\alpha_3=90°$　　$M_3=NBIS\sin\alpha_3=20\times0.1\text{T}\times0.3\text{m}\times0.2\text{m}\times5\text{A}\times1=0.6\text{N}\cdot\text{m}$

➤ 磁场对通电矩形线圈作用的应用：直流电压表、直流电流表、万用表和直流电动机都是应用这一原理制成的。

［**例 8-3**］　请简述直流电动机的工作原理。

答　直流电动机是根据通电导体在磁场中受力而运动的原理制成的，如图 8-7 所示。在旋转磁场（相当于 N、S 极在转动）中，固定在转轴上的线圈 abcd 分别接在两个铜制的滑环上（称为电枢），每个滑环上安置一个电刷，当电枢线圈接通直流电源瞬间，如图 8-7b 所

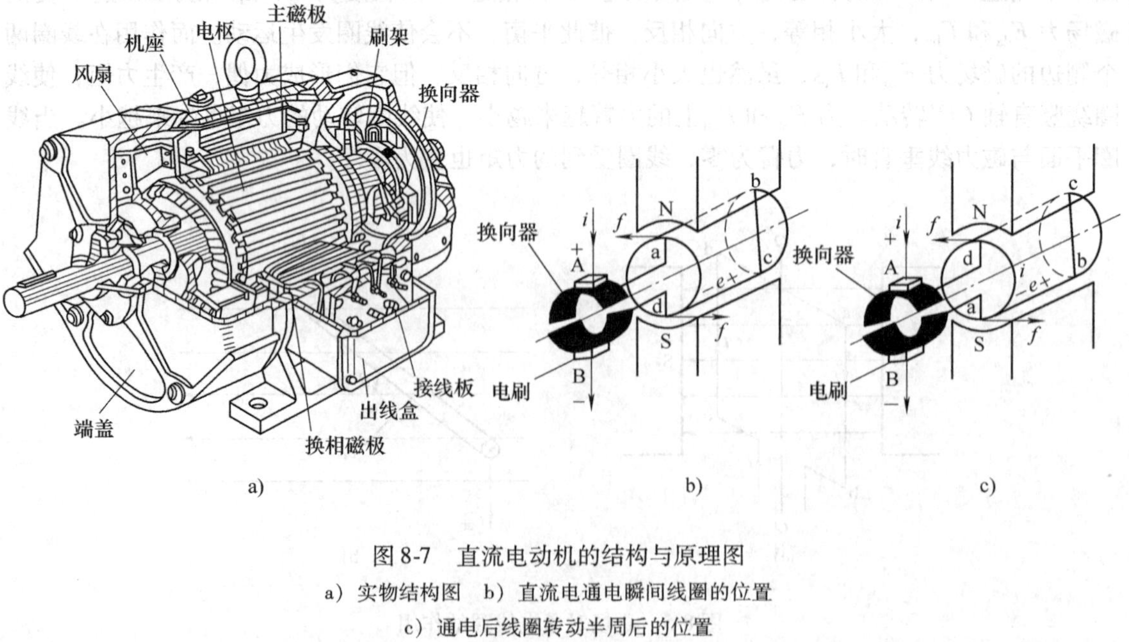

图 8-7　直流电动机的结构与原理图

a）实物结构图　b）直流电通电瞬间线圈的位置

c）通电后线圈转动半周后的位置

示，线圈中电流方向为 abcd，线圈边 ab、cd 受到一对电磁力的作用（图 8-7b），电枢上产生一个逆时针方向的电磁转矩，电枢按逆时针方向旋转。当线圈运转到线圈平面与磁场方向垂直时，线圈中无电流，转矩为零，但由于惯性，电枢仍然继续旋转而越过这一位置。此后线圈 ab 移到 S 极区，线圈边 cd 移到 N 极区，但由于换向器的换向作用，导体进入异性磁极时，导体中的电流方向也相应改变，从而保证了电磁力方向不变（即电磁转矩的方向不变），线圈就继续沿逆时针方向旋转，故电动机就是这样连续运转的。

［**例 8-4**］ 请简述常用的电流表的工作原理。

答 常用的电流表就是根据上述原理工作的。这种电流表的构造如图 8-8 所示。在一个很强的蹄形磁铁的两极间有一个固定的圆柱形铁心，铁心外面套有一个可以绕轴转动的铝框，铝框上绕有线圈，铝框的转轴上装有两个螺旋弹簧和一个指针。线圈两端分别接在这两个螺旋弹簧上，当有电流通过时，电流沿弹簧、转轴通过磁场，电流切割磁感线，所以受磁场力的作用，使线圈发生偏转，带动转轴、指针偏转。由于磁场力的大小随电流增大而增大，所以就可以通过指针的偏转程度来观察电流的大小。

像这种利用永久磁铁来使通电线圈偏转的仪表叫磁电式仪表。这种仪表的优点是刻度均匀，准确度高，灵敏度高，可以测出很弱的电流。

给电流表并联一个阻值很小的分流电阻，就可以改装电流表，用来测量较大的电流。给电流表串联一个阻值很大的分压电阻，又可以把它改装成电压表，用来测量电压。欧姆表也是用电流表改装成的。

［**例 8-5**］ 请简述动圈式扬声器的工作原理。

答 扬声器又称喇叭，它是一种将电能转换成声能的器件，有舌簧式、晶体式、动圈式等几种，常用的是动圈式。

动圈式扬声器主要由环形永久磁铁、音圈架、音圈、纸盆架、纸盆等部件组成。在磁铁的磁场缝隙间套着一个能自由移动的线圈，叫音圈。音圈先粘在音圈架上，然后再与纸盆粘接在一起，纸盆又固定在纸盆架上，构造与原理图如图 8-9 所示。

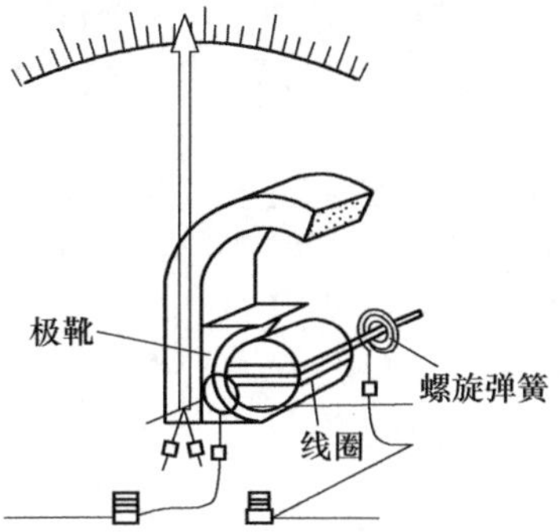

图 8-8 电流表的构造

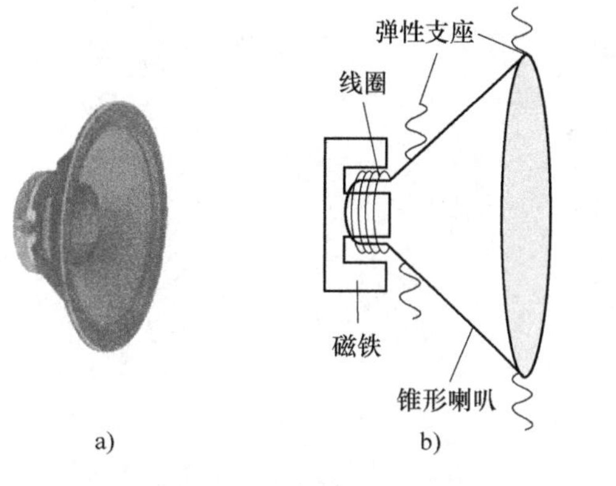

图 8-9 扬声器的构造与原理图

a）结构图 b）原理图

假设现在要播放 C 调（频率为 256Hz，即每秒振动 256 次），唱机就会输出 256Hz 的交流电，换句话说，在一秒钟内电流的方向会改变 256 次。每一次电流改变方向时，磁铁上的音圈所产生的磁场方向也会随着改变。由于磁力同极相斥、异极相吸，线圈的磁极不停地改变，与永久磁铁一时相吸，一时相斥，产生了每秒256次的振动。即当音频电流通过扬声器的音圈时，音圈在磁场中受到磁场力的作用会发生振动。而音圈的振动带动纸盆振动，推动了周围的空气，从而发出声音。音频电流越大，作用在音圈上的磁场力也就越大，音圈和纸盆振动的幅度也越大，从而产生的声音就越响。由于音频电流的大小和方向不断变化，就使扬声器产生随音频变化的声音。这就是动圈式扬声器的工作原理。

优化训练

1. 把30cm长的通电直导线放入匀强磁场中，导线中的电流是2A，磁场的磁感应强度是1.2T，求电流方向与磁场方向垂直时导线所受的磁场力。

2. 长10m的载流直导体，流过的电流为10A，放置在磁感应强度为B的磁场中，导线与磁场方向的夹角为30°，如题图8-1所示，如果导体受到的电磁力为2N，求磁感应强度B，并指出导体受力的方向。

3. 有一根金属导线，长0.6m，质量为0.01kg，用两根柔软的细线悬挂在磁感应强度为0.4T的匀强磁场中，如题图8-2所示，问金属导线中的电流为多大，流向如何才能抵消悬线中的张力？

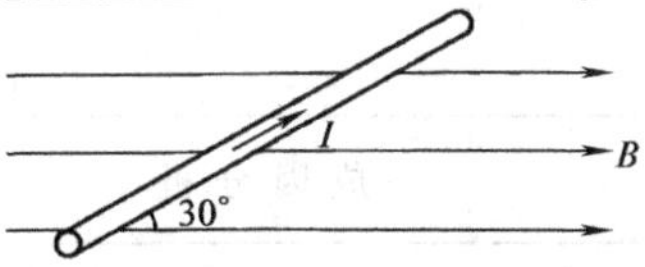

题图 8-1

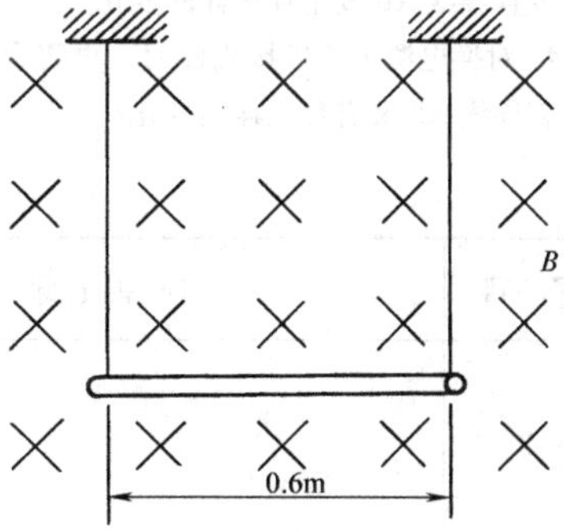

题图 8-2

4. 试确定题图8-3所示载流导体所受的电磁力方向。

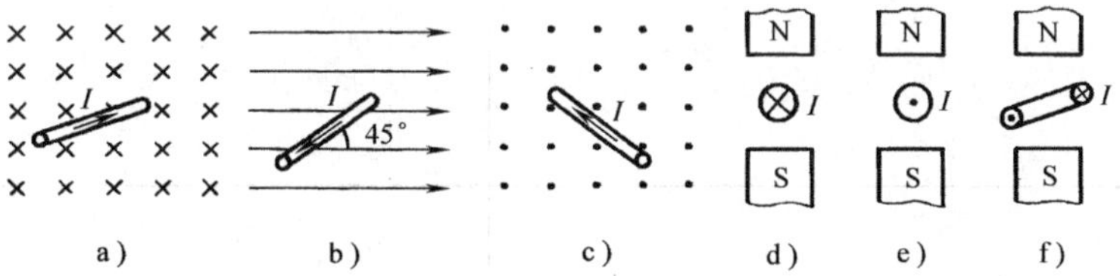

题图 8-3

5. 在磁感应强度为0.02T的匀强磁场中，设置一个长20cm，宽50cm的矩形线圈，线圈匝数N为100匝，线圈中的电流为2A，线圈所受到的最大力偶矩。

6. 如题图8-4所示，矩形导电线圈的平面垂直于磁力线，若线圈按箭头方向运动，即图8-4a所示平移，图8-4b所示水平转动，图8-4c所示左边向上右边向下转动，哪些情况能产生感应电流？试分别画出各线圈中感应电流的方向。

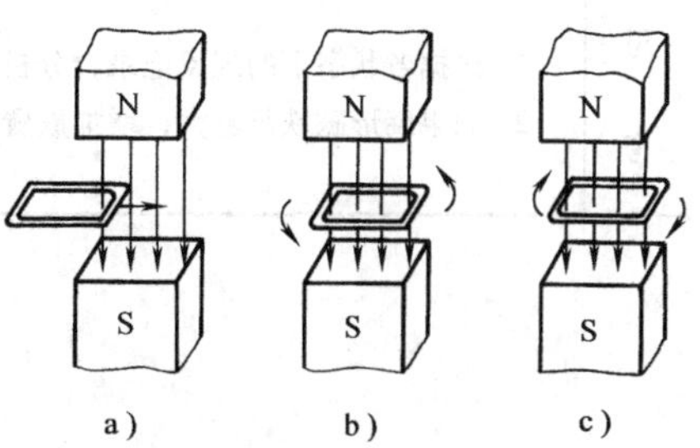

题图 8-4

7. 按项目要求完成下任务书。

<table>
<tr><td>项目</td><td colspan="3">通电直导体在磁场中的受力分析</td></tr>
<tr><td>工具材料</td><td colspan="3">蹄形磁铁 1 块、小磁针 1 枚、一定长度的直导线 2 条、直流电源 1 只、滑动变阻器 1 个、开关 1 个、架子 1 副、导线若干</td></tr>
<tr><td>实操要求</td><td colspan="3">1. 按题图 8-5 所示装接电路。先将蹄形磁铁移走，将小磁针放于直导线 AB 下方，然后闭合开关，观察小磁针的转动情况。对换电源正负极接线柱后，再闭合开关，小磁针又会发生什么变化
2. 将蹄形磁铁移入，并将开关闭合，观察直导线 AB 将会出现什么情况
3. 当直导线通电后，将滑动变阻器从一端滑到另一端（保证电源不被短路的情况下），两种情况下直导线 AB 发生什么样的变化
4. 对换电源正负极接线柱后，再闭合开关，此时直导线 AB 又有什么样的变化
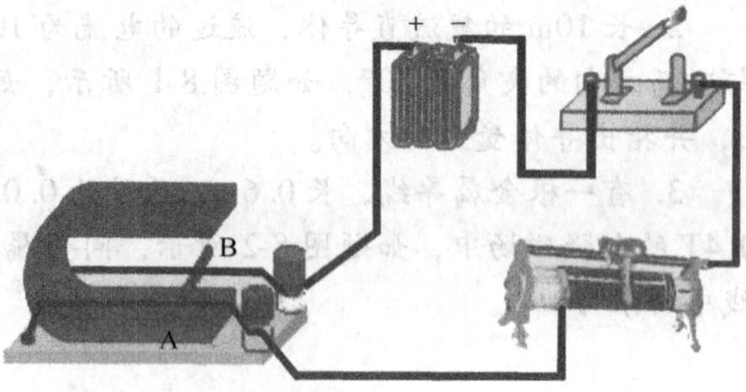

题图　8-5</td></tr>
<tr><td rowspan="5">观察与记录</td><td>子项目</td><td>现 象 记 录</td><td>成 因 分 析</td></tr>
<tr><td>1</td><td></td><td></td></tr>
<tr><td>2</td><td></td><td></td></tr>
<tr><td>3</td><td></td><td></td></tr>
<tr><td>4</td><td></td><td></td></tr>
<tr><td>思考</td><td colspan="3">1. 根据各状态下的现象记录，分析其成因，并填写上表
2. 如果蹄形磁铁足够大，增加放置在磁场中直导线 AB 的长度，会出现何种变化</td></tr>
</table>

课题九 电磁感应现象探究

学习指南

本课题是在学习前两个课题中电流产生磁场、磁场对电流的作用等内容的基础上展开的，着重介绍感应电流产生的条件、楞次定律、电磁感应定律等内容。通过对典型实验的观察和分析，巩固所学的知识，并培养学习者的观察、分析、归纳及应用的能力。

本课题是电磁学的重要组成部分，学习电磁感应定律、自感和互感现象，深入了解电与磁的相互关系，是今后学习交流电的基础。

◇学习目标

1. 理解电磁感应现象，并能分析判断产生感应电流的条件。

2. 掌握电磁感应定律及感应电动势的计算，并能熟练运用右手定则和楞次定律判断感应电动势的方向。

3. 理解自感和自感系数、互感和互感系数的概念，了解自感现象和互感现象及其在实际中的应用。

4. 理解互感线圈同名端的概念，掌握判断同名端的技能，学会对互感线圈连接的简单分析。

5. 理解电感器的储能特性及在电路中的能量转换规律，了解磁场能量的计算。

6. 进一步提高学生的观察、分析及应用的能力。

◇学习重点

电磁感应现象，电磁感应定律，楞次定律，自感和互感现象及应用，同名端及其判断。

◇学习难点

电磁感应定律和楞次定律的应用，自感和互感现象的分析，互感线圈同名端的判断。

◇学习时数

10 学时。

任务书

<table>
<tr><td>项目</td><td colspan="2">电磁感应现象的观察和分析</td><td>时间</td><td>1学时</td></tr>
<tr><td>工具材料</td><td colspan="4">额定电压为2.5V的小灯泡2只，滑动变阻器2个，一次、二次线圈各1个，灵敏电流计1只，直流电源1个，开关1个，若干导线</td></tr>
<tr><td>实操要求</td><td colspan="4">1. 判断一次、二次线圈的同名端后，按项目图9所示装接电路
2. 闭合开关S后，调节变阻器 R_2，使灯泡 EL_1 和 EL_2 的亮度相同；再调节变阻器 R_1，使两个灯泡都正常发光，然后断开开关S
3. 当开关S闭合时，观察灯泡 EL_1、EL_2 的亮度和电流计指针的偏转情况
4. 当开关S再次断开，观察灯泡 EL_1、EL_2 的亮度和电流计指针的偏转情况
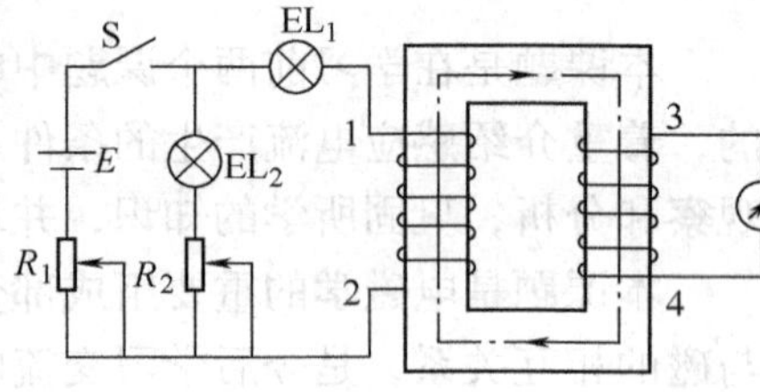
项目图9</td></tr>
<tr><td rowspan="3">观察与分析</td><td>子 项 目</td><td>现 象 记 录</td><td colspan="2">成 因 分 析</td></tr>
<tr><td>3</td><td></td><td colspan="2"></td></tr>
<tr><td>4</td><td></td><td colspan="2"></td></tr>
<tr><td>思考</td><td colspan="4">1. 根据各状态下的观察记录，分析其成因，并填写上表
2. 根据上述实验中电流计的偏转方向，判断一次、二次线圈的接线是否按项目图9所示装接
3. 如果把二次线圈顺串或反串在一次线圈的电路中，实验现象又会如何变化
4. 在进行实验步骤3、4之前，为何先要引入步骤2</td></tr>
<tr><td>体会</td><td colspan="4"></td></tr>
<tr><td>温馨提示</td><td colspan="4">1. 本项目主要是通过教师做实验演示，让学生观察并记录实验现象，同时思考相应问题。有条件的学校也可以让学生自己探究
2. 本项目所涉及的知识点有：电磁感应定律、楞次定律、安培定则、自感和互感、同名端、线圈的连接</td></tr>
</table>

知识链接

1. 电磁感应现象

(1) 电磁感应现象的概念 当导体切割磁力线或线圈中磁通量发生变化而产生电动势的现象，称为电磁感应现象。

➤ 感应电动势：由电磁感应产生的电动势称为感应电动势。

➤ 感应电流：由电磁感应产生的电流称为感应电流，或称感生电流。

小知识

电磁感应定律的发现

自从丹麦物理学家奥斯特发现电流的磁效应以后，许多科学家就致力于研究它的逆效应，即电流能够产生磁场，反过来磁场是不是也能产生电流呢？在 1831 年，英国的科学家法拉第终于发现了磁能够转化为电能的重要事实及其规律——电磁感应定律，科学界称之为电磁感应，从而说明了电与磁是具有不可分割的关系。

(2) 产生电磁感应现象的条件 一种是导体在磁场中作相对切割磁力线的运动；另一种是线圈中的磁通量发生变化。

➤ 闭合回路中的一部分导体在磁场中作切割磁力线的运动时，回路中有感应电流产生。

➤ 穿过闭合回路的磁通量发生变化时，回路中有感应电流产生。

➤ 导体作切割磁力线的运动，从本质上讲是使闭合回路中的磁通量发生变化。

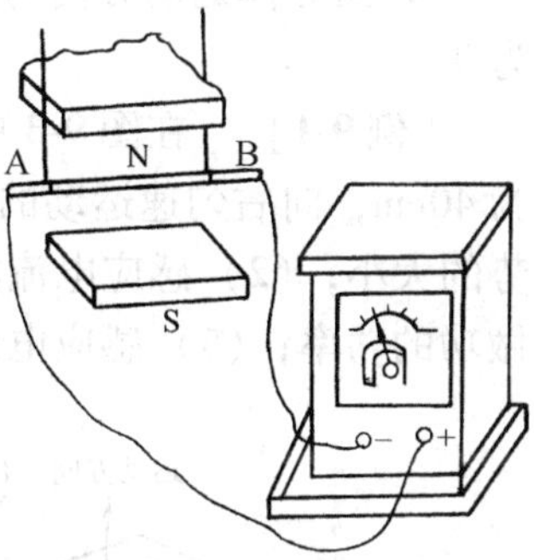

图 9-1 直导体切割磁力线

2. 电磁感应定律

(1) 直导体中的感应电动势

➤ 电磁感应现象：如图 9-1 所示，导体 AB 在磁场中作切割磁力线的运动，导体 AB 两端将产生感应电动势。

◆ 当导体 AB 向前或向后运动时，导体切割磁力线，电流表的指针发生偏转，电路中有电流产生。

小试身手

直导体切割磁力线

如图 9-1 所示，让导体 AB 和电流表的两接线柱连接，形成闭合回路。让导体 AB 在磁场中静止或作平行于磁力线方向的运动及垂直于磁力线方向的前后左右运动时，观察电流表指针的偏转情况；当导体 AB 保持不动，而让磁场前后左右运动时再观察电流表指针的偏转情况；当改变运动速度时，再观察电流表指针的偏转情况。请你试试看！

◆ 当导体 AB 静止或上下运动时，导体不切割磁力线，电流表的指针不偏转，电路中没有电流产生。

➤ 感应电动势的方向：直导体中产生的感应电动势的方向可由右手定则来判断。

◆ 右手定则：伸平右手，拇指与其余四指垂直，让磁力线垂直穿过手心，拇指指向导体运动方向，则四指的方向便是感应电动势或感应电流的方向，如图9-2所示。

◆ 适用场合：导体和磁场之间发生相对运动。

➤ 感应电动势的大小：在磁场中直导体产生的感应电动势e与磁感应强度B、导线长度l、导线运动速度v以及运动方向与磁力线方向间夹角的正弦$\sin\alpha$成正比，即

$$e = Bvl\sin\alpha \tag{9-1}$$

式中　B——均匀磁场的磁感应强度（T）；

v——导体切割磁力线的速度（m/s）；

l——导体在均匀磁场中的有效长度（m）；

α——导体运动方向v与磁场方向B之间的夹角（°）；

e——导体的感应电动势（V）。

◆ 当导体运动方向与磁力线方向垂直时，即$\alpha = \frac{\pi}{2}$，$\sin\alpha = 1$，则$e = Bvl$，此时感应电动势最大。

◆ 当导体运动方向与磁力线方向平行时，即$\alpha = 0$，$\sin\alpha = 0$，则$e = 0$，此时感应电动势为0。

［**例9-1**］　在图9-3中，设匀强磁场的磁感应强度B为0.1T，切割磁力线的导线长度l为40cm，向右匀速运动的速度v为5m/s，整个线框的电阻R为0.5Ω，求：（1）感应电动势的大小；（2）感应电流的大小和方向；（3）使导线向右匀速运动所需的外力；（4）外力做功的功率；（5）感应电流的功率。

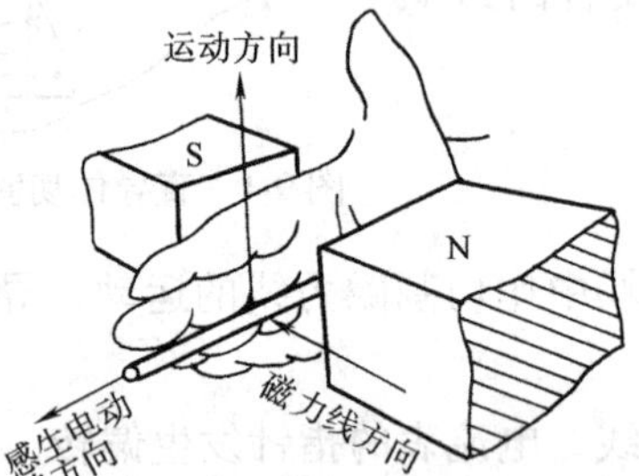

图9-2　右手定则

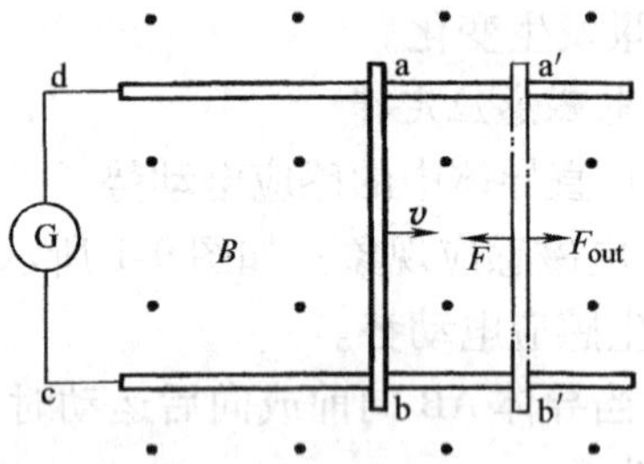

图9-3　例9-1图

解　（1）线圈中的感应电动势为

$$e = Bvl = 0.1\text{T} \times 0.4\text{m} \times 5\text{m/s} = 0.2\text{V}$$

（2）线圈中的感应电流为

$$I = \frac{E}{R} = \frac{0.2\text{V}}{0.5\Omega} = 0.4\text{A}$$

利用右手定则可以确定线圈中的电流方向是沿abcd方向。

（3）因为是匀速运动，外力与磁场对电流的作用力达到平衡，因此，外力的大小为

$$F = BIl = 0.1\text{T} \times 0.4\text{m} \times 0.4\text{A} = 0.016\text{N}$$

外力的方向显然是指向右方。

(4) 外力做功的功率为

$$P = \frac{W}{t} = \frac{FS}{t} = \frac{Fvt}{t} = Fv = 0.016\text{N} \times 5\text{m/s} = 0.08\text{W}$$

(5) 感应电流的功率为

$$P' = EI = 0.2\text{V} \times 0.4\text{A} = 0.08\text{W}$$

温馨提示

从例 9-1 中可以看到 $P = P'$，这正是能量守恒定律所要求的。由于线框是纯电阻电路，电流的功完全用来生热，所以，发热功率 RI^2 也一定等于 P 或 P'。

(2) 线圈中的感应电动势

➤ 电磁感应现象：如图 9-4 所示，让穿过线圈的磁场发生变化，线圈两端将产生感应电动势。

◆ 当线圈 A 通电或断电时，线圈 A 的磁场发生变化，穿过线圈 B 的磁通也随着发生变化，电流表的指针发生偏转，线圈 B 中有电流产生。

◆ 当线圈 A 通电一段时间后，线圈 A 的磁场稳定，穿过线圈 B 的磁通不发生变化，电流表的指针不偏转，线圈 B 中没有电流产生。

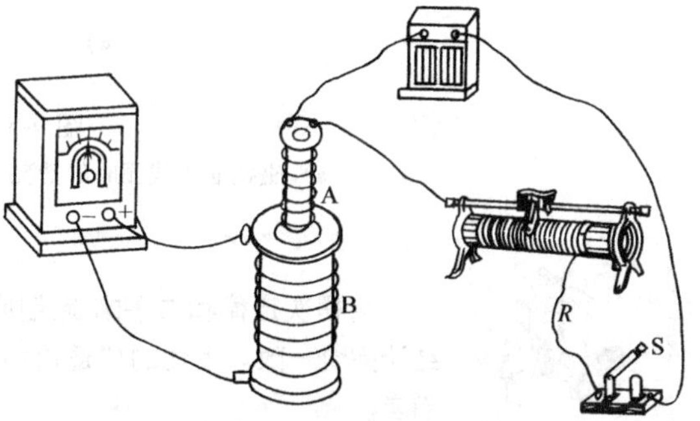

图 9-4　线圈磁通发生变化

◆ 当线圈 A 通电后，流过线圈 A 的电流发生变化时，线圈 A 的磁场发生变化，穿过线圈 B 的磁通也随着发生变化，电流表的指针发生偏转，线圈 B 中有电流产生。

小试身手

线圈磁通发生变化

如图 9-4 所示，把线圈 B 套在线圈 A 的外面，形成闭合回路。先闭合开关，通电一段时间，然后快速拨动滑动变阻器，再断开开关，观察整个过程中各环节电流表指针的偏转情况。请你试试看！

➤ 感应电动势的方向：线圈中产生的感应电动势的方向由楞次定律和安培定则（右手螺旋定则）来确定。

◆ 楞次定律：当穿过线圈的磁通变化时，感应电流产生的磁通总是阻碍原磁通的变化。也就是说，当线圈磁通增加时，感应电流就要产生与原磁通方向相反的磁通去阻碍它的增加，如图 9-5a 所示；当线圈中的磁通减少时，感应电流就产生与原磁通方向相同的磁通去阻碍它的减少，如图 9-5b 所示。

◆ 安培定则：伸平右手，让伸直的大拇指与感应磁通的方向一致，那么弯曲的四指所指的方向就是感应电流的方向，电流流出的那端就是感应电动势的正极。

◆ 利用楞次定律判定感应电动势或感应电流方向的具体步骤：

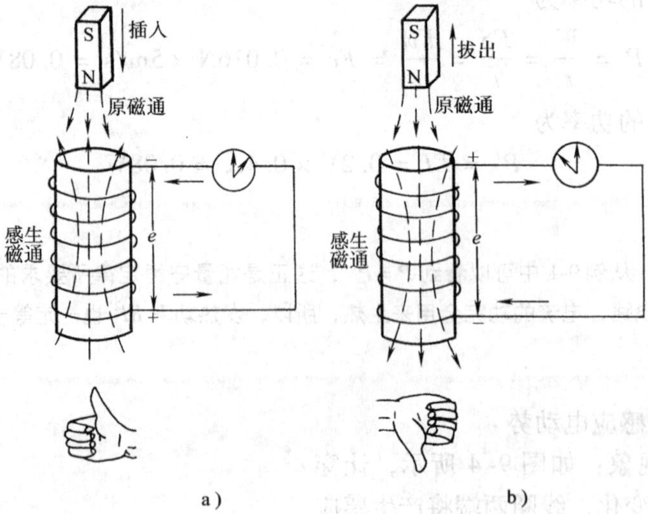

图 9-5　楞次定律

a）磁铁插入线圈时的情况　b）磁铁从线圈中拔出时的情况

温馨提示

用楞次定律和右手螺旋定则都可以判定感应电流的方向，而且两种方法得出的结论完全一致。上述的“适用场合”仅是说明针对具体情况使用哪种方法比较方便而言。

① 确定原磁通的方向及其变化趋势（增加或减少）。

② 根据楞次定律确定感应电流的磁通方向（与原磁通同向还是反向）。

③ 利用右手螺旋定则来确定感应电动势或感应电流的方向。

◆ 适用场合：导体和磁场之间无相对运动，仅是穿过闭合电路的磁通发生变化。

想一想

如图 9-6 所示，有一矩形线框 ABCD，线框平面和磁力线垂直，线框上 AB 边可在 DA、CB 边上滑动。当 AB 向右运动时。我们可用右手螺旋定则方便地判定闭合回路中感应电流的方向是 DCBA。现在请你利用楞次定律进行分析、判断，看结果是否一致。

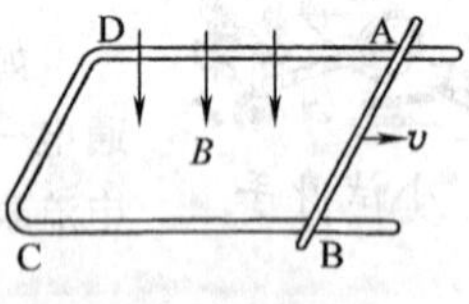

图 9-6　AB 边在线框上运动

➤ 感应电动势的大小：线圈中产生的感应电动势的大小由法拉第电磁感应定律来计算。

◆ 法拉第电磁感应定律：线圈中感应电动势的大小与线圈中磁通的变化速度（即变化率）$\dfrac{\Delta\Phi}{\Delta t}$和线圈匝数 N 的乘积成正比，即

$$e = -N\frac{\Delta\phi}{\Delta t} \tag{9-2}$$

温馨提示

式（9-2）是法拉第电磁感应定律的数学表达式。该式表明，线圈中感应电动势的大小，取决于线圈中磁通的变化率，而不取决于线圈中磁通本身的大小。若$\frac{\Delta\Phi}{\Delta t}=0$，即使线圈中的磁通再大，也不会产生感应电动势。如果$\frac{\Delta\Phi}{\Delta t}\neq0$，则感应电动势$e\neq0$，$\frac{\Delta\Phi}{\Delta t}$越大，则$e$越大。

当穿过不闭合线圈的磁通量发生变化时，只产生感应电动势，不产生感应电流。

式中 N——线圈的匝数；

$\frac{\Delta\Phi}{\Delta t}$——磁通的变化率（Wb/s）；

$\Delta\Phi$——单匝线圈中的磁通变化量（Wb）；

Δt——磁通变化$\Delta\Phi$所需要的时间（s）；

e——在Δt时间内感应电动势的平均值（V）。

感应电流所产生的磁通总是阻碍原磁通的变化。

［**例 9-2**］ 在一个$B=0.01\text{T}$的匀强磁场里，放一个面积为0.001m^2的线圈，其匝数为500匝。在0.1s内，把线圈平面从平行于磁力线的方向转过90°，变成与磁力线的方向垂直。求感应电动势的平均值。

解 在线圈转动的过程中，穿过线圈的磁通变化率是不均匀的，所以在不同时刻，感应电动势的大小也不相等，可以根据穿过线圈的平均变化率来求得感应电动势的平均值。

在时间0.1s内，线圈转过90°，穿插过它的磁通从0变成

$$\Phi=BS=0.01\text{T}\times0.001\text{m}^2=1\times10^{-5}\text{Wb}$$

在这段时间里，磁通的平均变化率

$$\frac{\Delta\Phi}{\Delta t}=\frac{\Phi-0}{\Delta t}=\frac{1\times10^{-5}\text{Wb}-0}{0.1\text{s}}=1\times10^{-4}\text{Wb/s}$$

根据法拉第电磁感应定律，线圈的感应电动势的平均值为

$$e=-N\frac{\Delta\Phi}{\Delta t}=-500\times10^{-4}\text{Wb/s}=-0.05\text{V}$$

（3）电磁感应原理的应用 在电力系统中，电磁感应原理有着广泛的应用，如发电机、变压器、互感器、电抗器以及一些电工仪表等。但在实际的应用中，由于电磁感应现象的存在，有时也会造成不必要的过压、过流和磁干扰等，使设备受到损害。因此，在应用时应注意避免。

［**例 9-3**］ 请简述发电机的基本结构和工作原理。

答 发电机是根据法拉第电磁感应定律的原理制成的，如图9-7b所示就是发电机的基本结构。在磁极N、S之间，有一个可以绕固定转轴转动的单匝线圈abcd，为了避免线圈在转动过程中，两根引出的导线扭绞到一起，把线圈的两根引线分别接到与线圈一起转动的两个铜环（称为换向片）上，铜环通过电刷与外电路连接。当线圈abcd在原动机的作用下，绕着固定转轴以角速度ω匀速转动时，线圈的ab边和cd边在磁场中作切割磁力线的运动，线圈中就产生了感应电动势，此感应电动势通过电枢向负载输出感应电流，发电机就是这样

工作的。

小知识

涡　　流

把块状金属放在交变磁场中，金属块内将产生感应电流。这种电流在金属块内自成闭合回路，很像水的旋涡，因此叫做涡电流，简称涡流。由于整块金属电阻很小，所以涡流很大，这就不可避免地会使铁心发热，温度升高而使材料的绝缘性能下降，甚至破坏绝缘性能而造成事故。铁心发热，还使一部分电能转换成热能而白白浪费，这种电能损失叫涡流损失。

为了减少涡流损失，电机和变压器的铁心通常用涂有绝缘漆的薄硅钢片叠压制成。这样，涡流就被限制在狭窄的薄片之内，回路的电阻很大，涡流大为减弱，从而使涡流损失大大降低。铁心采用硅钢片，是因为这种钢比普通钢的电阻率大，可以进一步减少涡流损失。

涡流在很多情况下是有害的，但在一些特殊的场合，也可以被利用。例如，感应加热技术已经被广泛用于有色金属和特种合金的冶炼。

实际的发电机如图 9-7a 所示，其结构比较复杂，但基本结构仍是磁极和线圈，只是磁极是由一组线圈（定子）通电而产生，而线圈匝数大大增多而已。所谓定子就是把线圈嵌在硅钢片制成的铁心上，让它固定不动。当定子线圈通以电流时，由于其特定的结构而产生 N、S 极并产生旋转，即旋转磁场，这样，转子线圈就在旋转磁场中切割磁力线，从而产生了感应电动势。

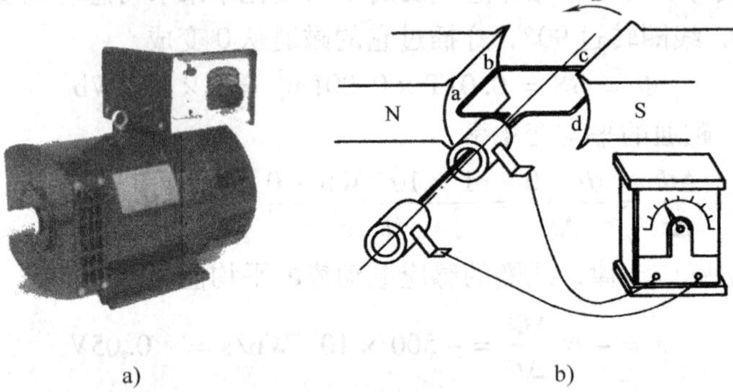

图 9-7　交流发电机

a）实物图　b）基本结构

3. 自感现象

（1）自感现象

➤ 自感现象：由于线圈本身的电流发生变化而产生的电磁感应现象，叫做自感现象，简称自感。

◆ 自感电动势：在自感现象中产生的感应电动势，叫做自感电动势，用 e_L 来表示。

◆ 自感电流：在自感现象中产生的电流叫自感电流，用 i_L 来表示。

◆ 自感磁通：一个线圈通过电流时，这个电流所产生的磁场使每匝线圈具有的磁通，叫做自感磁通，用 Φ_L 表示。

小试身手

自感现象实验

如图 9-8 所示，把灯泡 EL 和带铁心的电阻较小的线圈 L 并联后接在直流电路中。闭合开关 S 后观察灯泡的发光情况，然后断开开关 S 再观察灯泡的发光情况，并分析其原因。请你试一试！

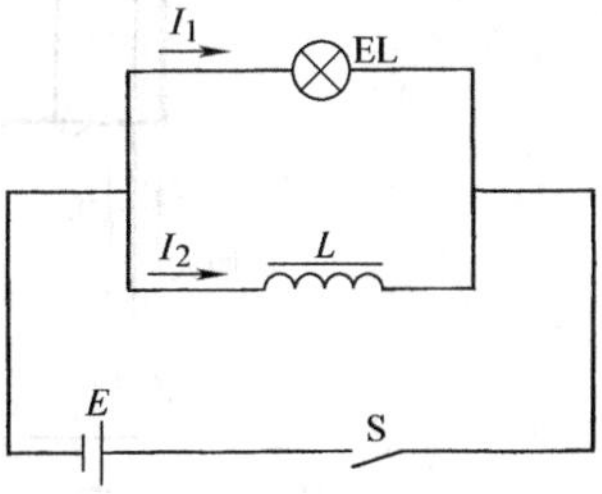

图 9-8 自感实验电路

◆ 自感磁链：自感磁通 Φ_L 与线圈匝数 N 的乘积，叫做自感磁链，用 ψ_L 表示，即 $\psi_L = N\Phi_L$。

➤ 自感现象分析：自感现象是电磁感应的形式之一。当线圈中的电流发生变化时，穿过线圈的磁通也跟随着变化，因而产生感应电动势，这个电动势总是阻碍线圈中原电流的变化。

（2）自感系数　把线圈中通过单位电流所产生的自感磁链称为自感系数，也称自感量，简称电感，用 L 表示，即

$$L = \frac{\psi_L}{i} \tag{9-3}$$

式中　ψ_L——线圈的自身电流所产生的自感磁链（Wb）；

i——流过线圈的电流（A）；

L——线圈的电感量（H）。

温馨提示

我们通常将电感 L 为常数的线圈称为线性电感，如空心线圈的电感就是线性电感，这是由于空心线圈中媒介质是空气，磁导率 μ 是恒定不变的，只要空心线圈的结构一定时其电感量 L 就为常数。反之则称为非线性电感，如铁心线圈就是非线性线圈，这是由于作为铁心的铁磁性物质的磁导率 μ 不是一个常数，它是随磁化电流的不同而变化的量，铁心越接近饱和，这种现象就越显著。所以，具有铁心的线圈，其电感也不是一个定值。

➤ 特性：电感量 L 是线圈的固有参数，它是由线圈本身的特性所决定的。它的大小与线圈的尺寸、匝数和媒介质的磁导率有关，而线圈中是否有电流或电流的大小都不会使线圈的电感量发生改变。空心线圈的电感量 L 是一个常数。

➤ 物理意义：它是衡量线圈中通过单位电流时产生自感磁链（自感磁通）本领大小的物理量。

➤ 常用单位：亨利（H）、毫亨（mH）和微亨（μH）。

（3）自感电动势

➤ 自感电动势的方向：自感电动势的方向仍可根据楞次定律来判断。

◆ 线圈原电流 i 增大时，自感电流 i_L 的方向与原电流方向相反；线圈原电流 i 减小时，自感电流 i_L 的方向与原电流方向相同。从而得出自感电动势 e_L 的方向，如图 9-9 所示。

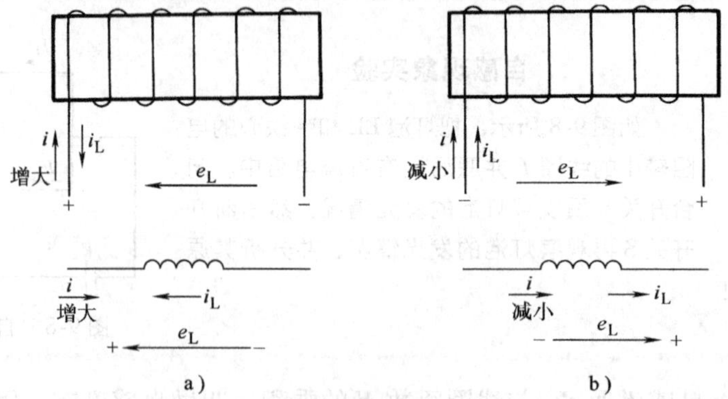

图 9-9　自感电流的方向判别
a）原电流增大　b）原电流减小

◆ 在判断自感电动势的方向时，应将产生自感的线圈看成感应电源。

➤ 自感电动势的大小：自感电动势 e_L 的大小与线圈的电感量 L 和线圈中电流的变化率 $\frac{\Delta i}{\Delta t}$的乘积成正比。即

$$e_L = -L\frac{\Delta i}{\Delta t} \tag{9-4}$$

式中　e_L——自感电动势（V）；

L——线圈的电感量（自感系数）（H）；

$-\frac{\Delta i}{\Delta t}$——电流的变化率（A/S），负号表示自感电动势总是阻碍线圈中原电流的变化。

> 推导示例
>
> 自感电动势的大小，可由法拉第电磁感应定律得到 $e_L = -\frac{\Delta \psi_L}{\Delta t}$，把 $\psi_L = Li$ 代入，则 $e_L = -\frac{\psi_{L2}-\psi_{L1}}{\Delta t} = -\frac{Li_2 - Li_1}{\Delta t}$，即 $e_L = -L\frac{\Delta i}{\Delta t}$。

➤ 自感电动势特性：

◆ 线圈的自感电动势的大小取决于线圈的电感量和线圈中电流的变化率。

◆ 当线圈的电感量一定时，线圈的电流变化越快，自感电动势就越大；线圈的电流变化越慢，自感电动势越小；线圈的电流不变化，就没有自感电动势。

◆ 当电流变化率一定时，线圈的电感量越大，自感电动势越大；线圈的电感量越小，自感电动势越小。所以，电感量也是反映线圈产生自感电动势能力的物理量。

（4）自感现象的应用　自感现象在各种电器设备和无线电技术中有广泛的应用，如限流、产生高压、储能和能量转换等。

➤ 荧光灯电路中的镇流器就是利用线圈的自感现象，获得点燃灯管所需要的高压，并且使荧光灯正常工作。

➤ 无线电设备中常用的谐振电路和滤波器也是利用线圈的自感作用，完成谐振和滤波工作。

温馨提示

在自感系数很大而电流又很强的电路（如大型电动机的定子绕组）中，在切断电路的瞬间，由于电流在很短的时间内发生很大的变化，会产生很大的自感电动势，在断开处产生电弧，这不仅会烧坏开关，甚至危及工作人员的安全。因此，切断这类电路时必须采用特制的安全开关。

➤ 自感现象的不利方面：在一些电工仪表中，由于自感现象的存在，会造成不必要的过电压、过电流，常使这类仪表受到损害。

［**例 9-4**］ 请阐述荧光灯电路的结构及其工作原理。

答 如图 9-10 所示就是荧光灯的电路图，它主要由灯管、镇流器和启动器组成。镇流器是一个具有较大电感的带铁心的线圈。启动器是一个充有氖气的小玻璃泡，里面装有一个 U 形双金属片的触头，其结构如图 9-11 所示。灯管内充有水银蒸气，它的点燃需要一个比 220V 的电源电压高得多的瞬时电压。当水银蒸气导电时，就发出紫外线，使涂在管壁上的荧光粉发出柔和的光。在荧光灯点燃后正常发光时，灯管的电阻变得很小，只允许通过不大的电流，电流过强就会烧坏灯管，这时又要使加在灯管上的电压大大低于电源电压。这两方面的要求都是利用跟灯管串联的镇流器来达到的。

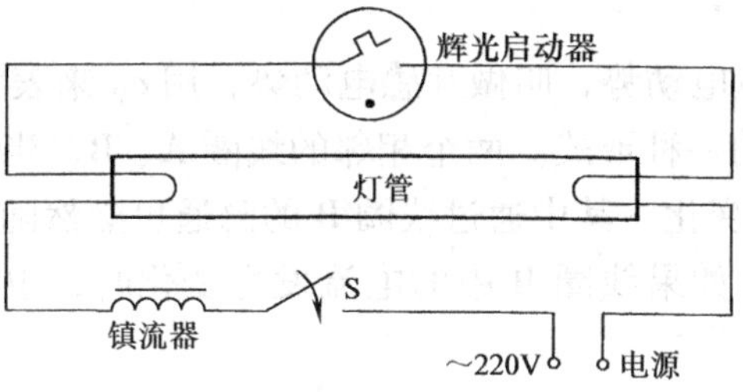

图 9-10 荧光灯电路

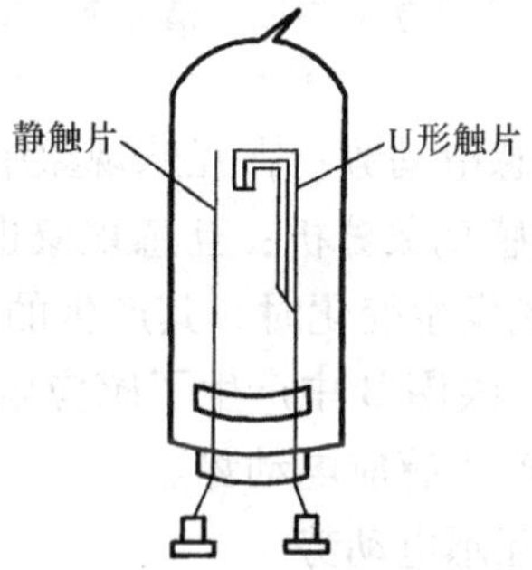

图 9-11 启动器的结构

当开关闭合后，电源电压加在启动器的两极之间，使氖气放电而发出辉光，辉光产生热量使 U 形触片膨胀伸长，跟静触片接触而使电路接通，于是镇流器的线圈和灯管的灯丝中就有电流通过。电路接通后，启动器中的氖气停止放电，U 形触片冷却收缩，两个触片分离，电路自动断开。在电路突然断开的瞬时，镇流器的两端就产生一个较大的自感电动势，这个自感电动势和电源电压都加在灯管两端，使灯管中的水银蒸气开始导电，于是荧光灯管成为电流的通路，开始发光。在荧光灯正常发光时，与灯管串联的镇流器就起着降压限流的作用，保证荧光灯的正常工作。

［**例 9-5**］ 请简述如图 9-12 所示滤波器的工作原理。

答 如图 9-12 所示滤波器是由铁心线圈 L 和电容器 C_1、C_2 组成，它的作用是将整流后的脉动电流中的交流成分滤除掉，而得到接近于理想的直流电压，以供给负载工作。当交流成分的电流流过铁心线圈时，就会在线圈中产生自感电动势，自感

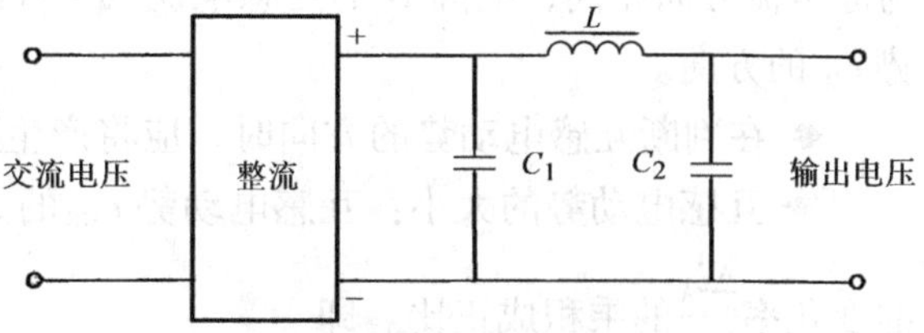

图 9-12 滤波电路

电动势产生的自感电流总是力图阻碍交流成分的电流通过。当直流成分的电流通过铁心线圈时，由于电流恒定不变（变化率为零），因而不会产生有阻碍作用的电动势和电流，直流成分就能顺利通过铁心线圈。

4. 互感现象

（1）互感现象

➤ 互感现象：由于一个线圈的电流发生变化，而在另一线圈中产生感应电动势的现象叫互感现象，简称互感。

互感现象实验

小试身手

如图 9-13 所示，把线圈 A 和滑动变阻器 RP、开关 S 串联起来以后接到电源 E 上。线圈 B 的两端分别和电流计的接线柱相连接。观察开关 S 闭合或断开的瞬间电流计指针的偏转情况。当开关闭合后，迅速改变滑动变阻器的阻值，电流计的指针又如何偏转，并分析其原因。请你试一试！

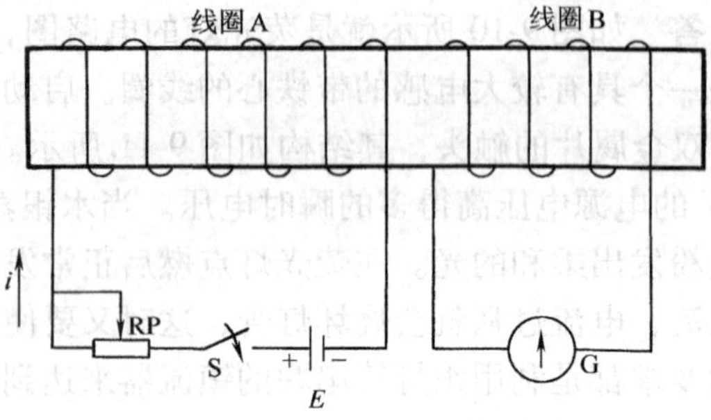

图 9-13　互感实验电路

◆ 互感电动势：在互感现象中所产生的感应电动势，叫做互感电动势，用 e_M 来表示。

➤ 互感现象分析：互感现象也是电磁感应的一种形式。两个相邻的线圈 A、B，当线圈 A 中的电流发生变化时，其产生的磁通也要随之变化，其中通过线圈 B 的磁通也必然随之变化，因此，线圈 B 中产生了感应电动势。同样，如果线圈 B 中的电流发生变化时，也会使线圈 A 中产生感应电动势。

（2）互感电动势

➤ 互感电动势的方向：互感电动势的方向仍可根据楞次定律来判断。

想一想

图 9-14 所示的互感电流方向的判断是在线圈 A、B 的绕线方向一致的情况下进行的，如果线圈 A、B 的绕线方向相反，互感电流、互感电动势的方向又该如何判断呢？

◆ 如图 9-14 所示，线圈 A 原电流 i 增大时，自感电流 i_L 的方向与原电流方向相反，线圈 B 的互感电流 i_M 与自感电流 i_L 的方向一致；线圈 A 原电流 i 减小时，自感电流 i_L 的方向与原电流方向相同，线圈 B 的互感电流 i_M 与自感电流 i_L 的方向也一致。从而得出互感电动势 e_M 的方向。

◆ 在判断互感电动势的方向时，应将产生互感的线圈看成感应电源。

➤ 互感电动势的大小：互感电动势 e_{MB} 的大小与线圈的互感系数 M 和相邻线圈中电流的变化率 $\frac{\Delta i_A}{\Delta t}$ 的乘积成正比。即

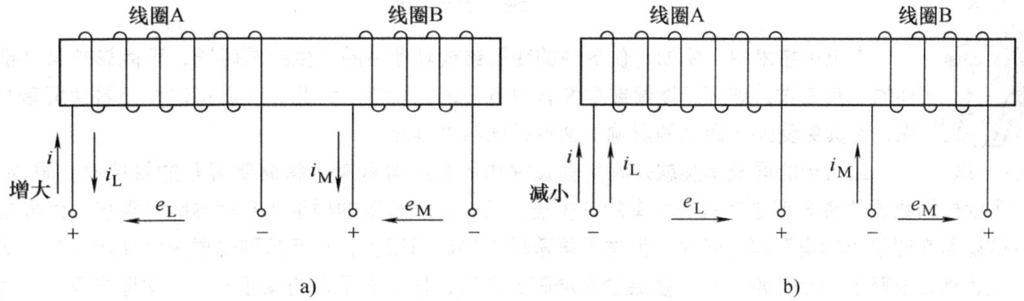

图 9-14 互感电流的方向判断

a）电流增大时 b）电流减小时

$$e_{MB} = M\frac{\Delta i_A}{\Delta t} \tag{9-5}$$

式中 e_{MB}——线圈 B 中产生的互感电动势（V）；

M——线圈 A、B 的互感系数（H），简称互感；

$\frac{\Delta i_A}{\Delta t}$——线圈 A 中电流的变化率（A/S）。

小知识

两个线圈的互感系数

如果线圈 A 和 B 的自感分别为 L_1、L_2，理论和实验证明互感的范围是 $0 \leqslant M \leqslant \sqrt{L_1L_2}$，若令 K 为 M 与 $\sqrt{L_1L_2}$ 的比值，即

$$K = \frac{M}{\sqrt{L_1L_2}}$$

K 叫耦合系数，它的范围是 $0 \leqslant K \leqslant 1$，$K$ 的大小反映了两个线圈的耦合程度。当 $K \approx 1$ 时叫全耦合。

➤ 互感电动势的特性：

◆ 互感系数 M 的大小是由相邻两个线圈 A、B 的几何形状、尺寸、匝数以及它们之间的相对位置决定的，与线圈中电流的大小无关。

◆ 线圈 B 的互感电动势的大小取决于线圈 A、B 的互感系数和线圈 A 中电流的变化率。

◆ 当两个线圈 A、B 的互感系数一定时，线圈 A 的电流变化越快，线圈 B 的互感电动势就越大；线圈 A 的电流变化越慢，线圈 B 的互感电动势就越小；线圈 A 的电流不变化，线圈 B 中就没有互感电动势。

◆ 当线圈 A 的电流变化率一定时，线圈 A、B 的互感系数越大，线圈 B 的互感电动势就越大；线圈 A、B 的互感系数越小，线圈 B 的互感电动势就越小。

（3）互感现象的应用　互感现象在电力工程和无线电技术中有着广泛的应用。利用互感我们可以很方便地将能量或信号由一个线圈传递到另一线圈。如电力变压器、中周变压器、钳形电流表等。

小知识

磁 屏 蔽

在电子技术中，例如，仪器中的变压器或其他线圈产生的漏磁通，可能影响某些器件的正常工作，破坏示波管或显像管中电子束的聚集。为此，必须将这些元器件屏蔽起来，使其免受外界磁场的影响，这种措施叫磁屏蔽。

最常用的屏蔽措施就是利用软磁性物质制成屏蔽罩，将需要屏蔽的器件放在罩内。因为铁磁性物质的磁导率是空气磁导率的许多倍，因此，屏蔽罩的磁阻比空气磁阻小得多，外界磁场的磁通在磁阻小的屏蔽罩中通过，而进入屏蔽罩内的磁通很少，从而起到磁屏蔽的作用。为了更好地达到磁屏蔽的作用，常常采用多层铁壳屏蔽的办法，把漏进罩内的磁通一次一次地屏蔽掉。对高频变化的磁场，常常用铜或铝等导电性能良好的金属制成屏蔽罩，交变的磁场在金属屏蔽罩上产生很大的涡流，利用涡流的去磁作用来达到磁屏蔽的目的。此外，在装配元器件时，应将相邻两线圈互相垂直放置，使两个线圈产生的互感电动势相互抵消，从而起到了消除互感的作用。

➤ 互感现象的不利情况：有线电话常常会由于电话间的互感而引起串音；无线电设备中，若线圈安放不当会相互干扰，从而影响设备正常工作。在这些情况下就需要设法避免互感的干扰。

［**例 9-6**］ 请简述变压器的工作原理。

答 如图 9-15 所示，当变压器从左侧接入变化的电流（交流电），则左侧一次绕组中就有变化的电流通过，于是在铁心中就产生变化的磁通，称为主磁通（忽略漏磁通）。根据电磁感应定律，主磁通在左侧一次绕组中将产生自感电动势 e_1，在右侧二次绕组中将产生互感电动势 e_2，e_1、e_2 的频率与外电源的频率相同。如果设变压器的一次绕组和二次绕组的匝数分别为 N_1、N_2，主磁通的变化率为$\dfrac{\Delta\Phi}{\Delta t}$，则由电磁感应定律得

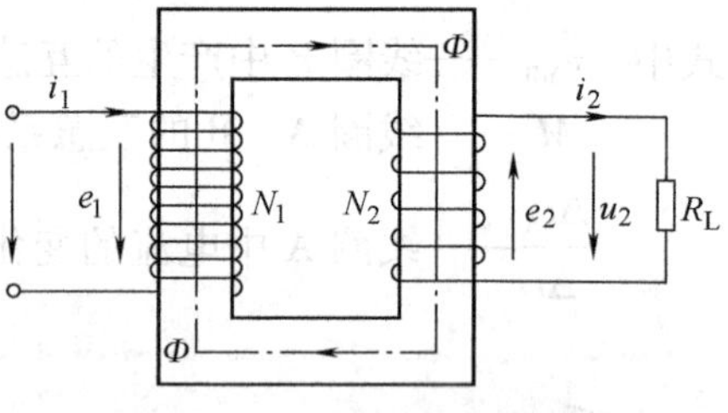

图 9-15 变压器的原理图

$$e_1 = -N_1\frac{\Delta\Phi}{\Delta t}$$

$$e_2 = -N_2\frac{\Delta\Phi}{\Delta t}$$

如果忽略漏磁通和绕组的内阻，则

$$u_1 = e_1 = -N_1\frac{\Delta\Phi}{\Delta t}$$

$$u_2 = e_2 = -N_2\frac{\Delta\Phi}{\Delta t}$$

因此，输入电压和输出电压的有效值之间的关系为

$$\frac{U_1}{U_2} = \frac{N_1}{N_2} = n$$

n 为一次绕组和二次绕组的匝数之比，只要 n 的选择合理，就可实现升压或降压的目的。

（4）互感线圈的同名端

➤ 同名端的概念：当电流变化时，两个磁耦合线圈所产生的自感与互感电动势极性始

终保持一致的端点，叫同名端，反之叫异名端。通常用符号“·”或“*”表示同名端。

温馨提示

两个或两个以上的线圈耦合时，常常需要知道互感电动势的极性。如变压器的一次、二次线圈间的极性。在电子技术中，互感线圈的应用十分广泛，但必须要考虑线圈的极性而不能接错，如 LC 正弦波振荡器中，互感线圈的极性必须正确连接，才能产生振荡。虽然可以运用楞次定律来判断感应电动势的方向，但是，在实际的电路图上，要把每个线圈的绕法和各线圈的相对位置都画出来，再来判断感应电动势的极性是很不方便的。因此，就引入了“同名端”这一概念。

➤ 同名端的分析：如图 9-16 所示的互感线圈，图中两个线圈 L_1 和 L_2 绕在同一圆柱形磁棒上，L_1 通以电流，并且假定 i 是随时间而增大的，则 i 所产生的磁通 Φ_1 也随时间而增大。这时，L_1 中要产生自感电动势，L_2 中要产生互感电动势（这两个电动势都是由 Φ_1 的变化所引起的），它们的感应电流都要产生与 Φ_1 方向相反的磁通，以反抗原磁通 Φ_1 的增加（若 i 随时间而减小，则感应电流产生的磁通，与 Φ_1 方向相同，以反抗 Φ_1 的减少）。根据右手螺旋法则，可以确定 L_1 和 L_2 中感应电动势的方向，标注在图样上，可知端点 1 与 3、2 与 4 的极性相同。若 i 是减小的，则 L_1 和 L_2 中感应电动势的方向都反了过来，但端点 1 与 3、2 与 4 的极性仍然相同。另外，无论电流从哪端流入线圈，端点 1 与 3、2 与 4 的极性仍然保持相同。

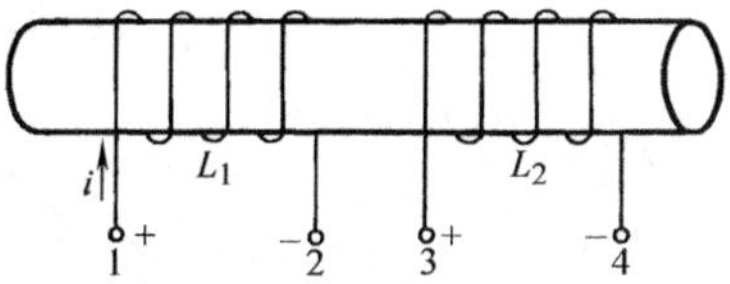

图 9-16 互感线圈的同名端

➤ 同名端的意义：在标出同名端后，每个线圈的具体绕法和它们间的相对位置就不需要在图上表示出来，而可以根据电流的变化趋势，很方便地判断出互感电动势的极性。这样，图 9-16 所示的形式就可画成图 9-17 所示的形式。

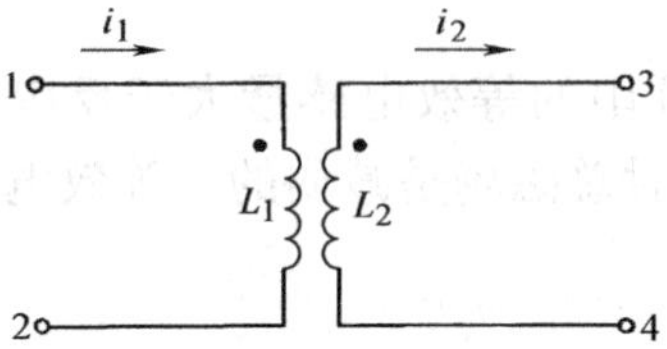

图 9-17 互感线圈同名端的表示

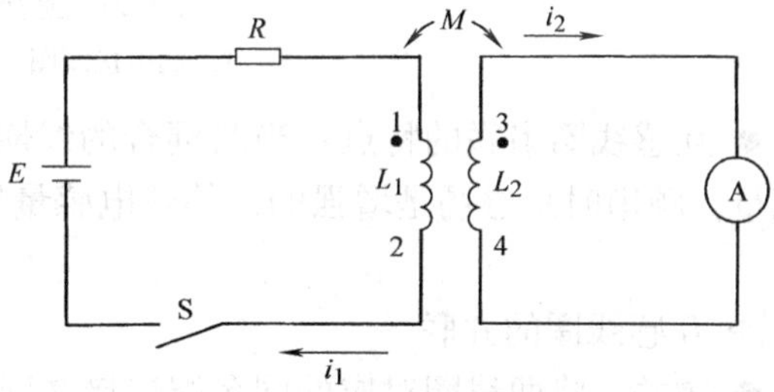

图 9-18 实验判断同名端

➤ 同名端的实验判定：如图 9-18 所示，设电流 i_2 由端点 3 流出并在减小，根据楞次定律可判定端点 3 的自感电动势的极性为正；再根据同名端的定义，立刻判定端点 1 也为正。

同名端实验判定

想一想

在确定互感线圈的同名端时，如果已经知道了线圈的绕法，可以运用楞次定律直接判定；如果线圈的具体绕法无法知道时，可以用实验方法来判定。图 9-18 所示就是判定同名端的电路。当开关 S 闭合时，电流从线圈的端点 1 流入，且电流随时间增加而增大。如果此时电流表的指针向正刻度方向偏转，则端点 1 与 3 是同名端，否则 1 与 3 会是异名端。

请你想一想，这是什么道理？

（5）互感线圈的连接

➤ 互感线圈的串联

◆ 顺串：将两线圈异名端相连接，电流都是从同名端流进或流出，这种串联接法叫做顺接，也称顺串。如图 9-19a 所示为顺串接线图，如图9-19b所示为顺串等效电路图。

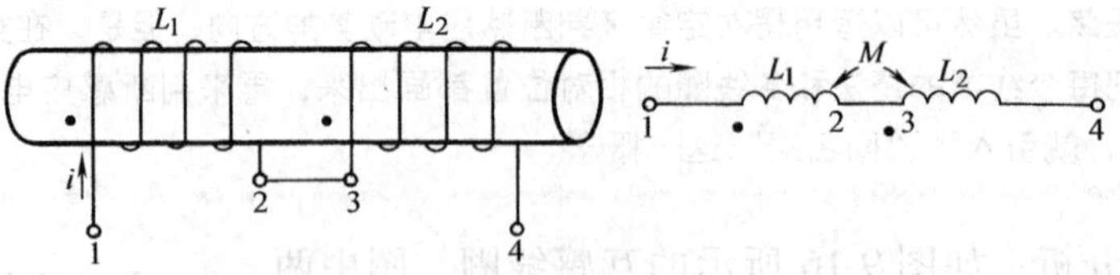

a）　　b）

图 9-19　互感线圈的顺串

a）顺串接线图　b）等效电路图

◆ 反串：将两线圈的同名端相连接，电流从一个线圈的同名端流出，又从另一个线圈的同名端流入，这种串联接法叫做反接，也称反串。如图 9-20a 所示为反串接线图，如图 9-20b所示为反串等效电路图。

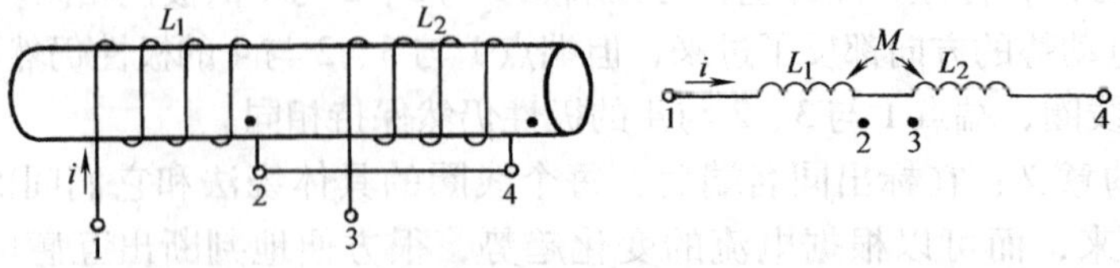

a）　　b）

图 9-20　互感线圈的反串

a）反串接线图　b）等效电路图

◆ 互感线圈串联的特点：当两耦合的线圈串联时，顺串的等效电感量大于反串的等效电感量。顺串时总磁场是增强的，等效电感量增加；反串时总磁场是减弱的，等效电感量减小。

➤ 互感线圈的并联

◆ 顺并：将两线圈对应的同名端连接在同一侧，电流均从两线圈的同名端流进或流出，这种并联接法叫顺并，如图 9-21a 所示为顺并接线图，如图 9-21b 所示为顺并等效电路图。

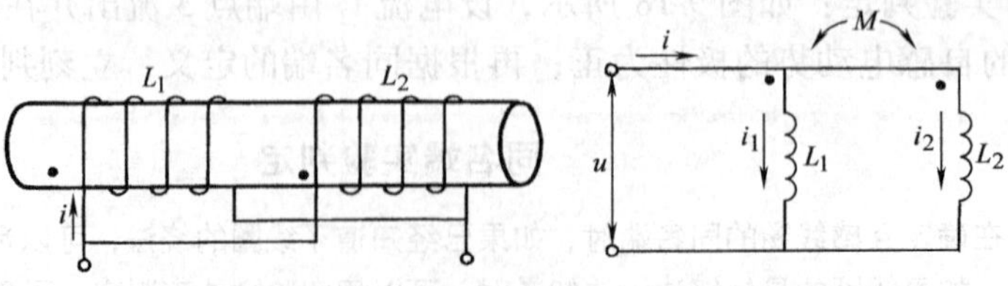

a）　　b）

图 9-21　互感线圈的顺并

a）顺并接线图　b）等效电路图

◆ 反并：将两线圈对应的同名端接在异侧，电流同时从异名端流进或流出，这种并联接法叫反并。图 9-22a 所示为反并接线图，图 9-22b 所示为反并等效电路图。

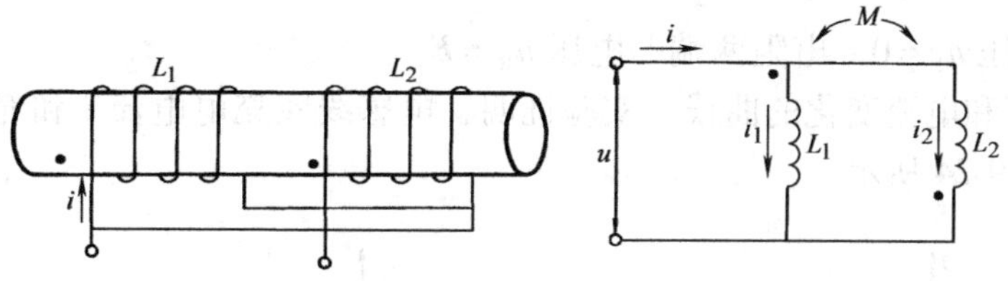

图 9-22 互感线圈的反并
a）反并接线图 b）等效电路图

◆ 互感线圈并联的特点：两个耦合的线圈并联时，顺并时的等效电感大于反并时的等效电感。

5. 电感线圈中的磁场能量

（1）电感线圈中的充放电过程

➤ 电感线圈的充电过程：如图 9-23 所示，开关置于 1 时，直流电源通过电阻对电感线圈进行充电。

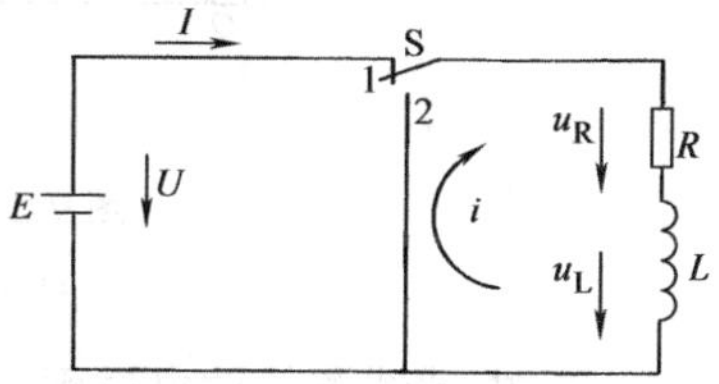

图 9-23 电感线圈组成的电路

温馨提示

由于线圈是用导线制成的，因此线圈除具有储存磁场能量的性质外，还要消耗电能。所以，一个空心线圈（线性电感）可以用电阻 R 和电感 L 的串联来等效，如图 9-23 所示。

◆ 充电过程及特点：

①充电开始（开关置于1的瞬间）	→	②充电过程中	→	③充电结束
感应电动势最大 $u_L=E$ $i=0$	→	u_L 下降，i 上升 充电持续时间 $t\geqslant 5\tau=5\dfrac{L}{R}$	→	$u_L=0$ $i=\dfrac{E}{R}$ 储存能量达最大值

① 在开关置于 1 的瞬间（$t=0$），电路接通直流电源，流过电路的电流从无到有，线圈 L 中的磁通也随之变化，因而电感线圈中要产生自感电动势以阻碍电流的变大，使电路中的电流不能突变，故此时的感应电动势最大，电感线圈两端电压 $u_L=E$，流经电路的电流 $i=0$，电阻两端的电压 $u_R=0$。

② 在充电过程中，随着时间的变化，通过电感线圈的电流按指数规律增大，而电感两端的电压则按指数规律减小，线圈的感应电动势也减小。电路中电流的增大速度或充电过程的长短取决于电路的时间常数 $\tau=\dfrac{L}{R}$，通常经过 5τ 时间后，电流、电压已达到稳定值的

99.9%。

③ 充电结束后，电路进入稳定状态，此时，感应电动势为 0，流经电路的电流 $i=\dfrac{E}{R}$，电感线圈两端电压 $u_L=0$，电阻两端的电压 $u_R=E$。

◆ 充电电压和电流变化的曲线：实验证明，电感线圈充电电流 i 和充电电压 u_L 随时间变化的曲线如图 9-24 所示。

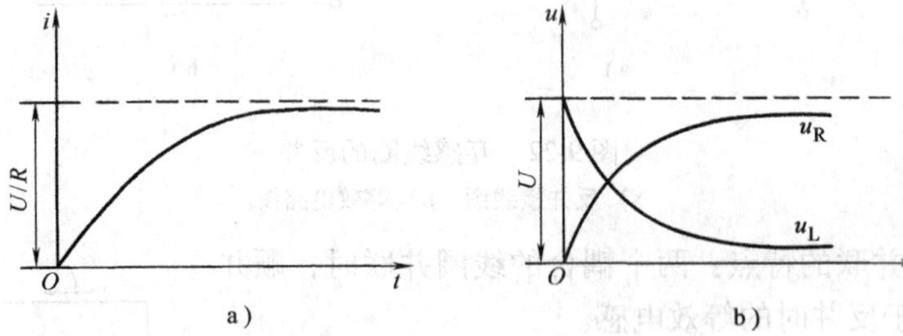

图 9-24　电感线圈充电电流、充电电压的变化曲线

a）电流 i 的变化曲线　b）电压 u_L、u_R 的变化曲线

➤ 电感线圈的放电过程：如图 9-23 所示，开关置于 2 时，电感线圈通过电阻进行放电。

◆ 放电过程及特点：

①放电开始（开关置于 2 瞬间）	→	②放电过程中	→	③放电结束
自感电动势最大 $u_L=-E$ $i=\dfrac{E}{R}$	→	u_L 下降，i 下降 放电持续时间 $t \geqslant 5\tau=5\dfrac{L}{R}$	→	$u_L=0$ $i=0$

① 在开关置于 2 的瞬间（$t=0$），电路切断直流电源，流过电路的电流从有到无，线圈 L 中的磁通也随之变化，因而电感线圈中要产生自感电动势以阻碍电流的变小，使电路中的电流不能突变，故此时的感应电动势最大，电感线圈两端电压 $u_L=-E$（“ $-$ ”表示线圈感应电动势的方向与原电压方向相反），流经电路的电流 $i=\dfrac{E}{R}$，电阻两端的电压 $u_R=E$。

② 在放电过程中，随着时间的变化，通过电感线圈的电流按指数规律减小，电阻两端的电压也减小，线圈的自感电动势按指数规律减小，电感两端的电压也减小。电路中电流的减小速度或放电过程的长短也取决于电路的时间常数 $\tau=\dfrac{L}{R}$，通常经过 5τ 时间后，电流、电压已达到稳定值 0。

③ 放电完毕，这时电路进入稳定状态，自感电动势为 0，电感线圈两端电压 $u_L=0$，流经电路的电流 $i=0$，电阻两端的电压为 0。

◆ 放电电压和电流变化的曲线：实验证明，电感线圈放电电流 i 和放电电压 u_L 随时间变化的曲线如图 9-25 所示。

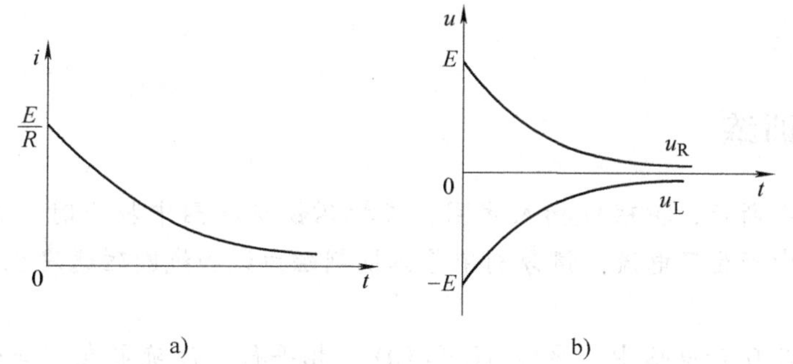

图 9-25 电感线圈放电电压、放电电流的变化曲线

a）放电电流 i 的变化曲线 b）放电电压 u_L、u_R 的变化曲线

（2）电感线圈中的能量转换

➤ 当线圈中的电流增大时，线圈的磁场增强，线圈储存的能量也越多，说明通电线圈从外界吸收能量。当线圈中的电流减小，线圈的磁场减弱，磁场能量通过电磁感应的作用又转化为电能。

➤ 在通有相同电流的线圈中，电感量越大的线圈，储存的能量也越多。因此，线圈的电感量也是反映储存磁场能量能力的物理量。

➤ 电感线圈中的磁场能量只与电场能量进行转换，并且都是可逆的，而线圈本身并不消耗能量，所以，电感线圈和电容器一样也是储能元件。实际应用中，由于电感线圈本身的电阻存在，也要消耗一些能量，使线圈发热，这种能量消耗称为电感器的损耗。

（3）电感线圈中的磁场能量 它的大小与线圈的电感和电流平方的乘积成正比，即

$$W_L = \frac{1}{2}LI^2 \tag{9-6}$$

式中 W_L——磁场能量（J）；

L——自感系数（H）；

I——线圈的电流（A）。

温馨提示

磁场能量的计算公式，在形式上与电场能量的计算公式相似。这里，线圈中通过的电流 I 与电容器两端的电压相对应，线圈的电感 L 与电容器的电容 C 相对应。

优化训练

1. 如题图 9-1 所示，把磁铁插入线圈，或把磁铁从线圈中抽出时，电流表指针发生偏转，这说明线圈中产生了电流。请分别用导体切割磁力线和线圈磁通发生变化来叙述电流产生的过程。

2. 在题图 9-2 所示电路中，导线 AB 和 CD 互相平行，试确定在闭合和断开开关时，导线 CD 中感应电流的方向。

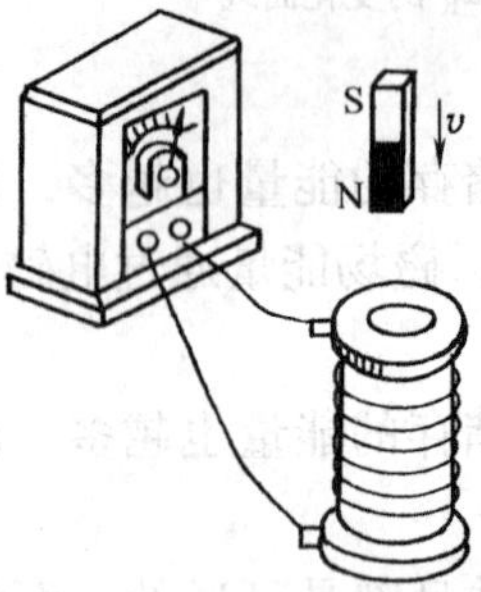

题图 9-1

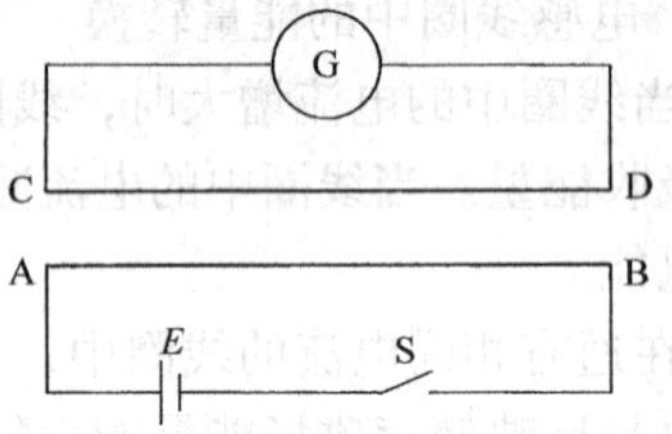

题图 9-2

3. 在题图 9-3 所示电路中，CDEF 是金属框，当导体 AB 向右移动时，试用右手定则确定 ABCD 和 ABFE 两个电路中感应电流的方向。应用楞次定律，能不能用这两个电路中的任意一个来判定导体 AB 中感应电流的方向？

4. 穿过线圈的磁通在 0.2s 内，均匀地由零增加到 1.8×10^{-3}Wb，线圈中产生的感应电动势的大小为 3.6V，试求线圈的匝数 N。

5. 匀强磁场的磁感应强度为 0.8T，直导体在磁场中有效长度为 20cm，导线运动方向与磁场方向之间的夹角为 α，导线以 10m/s 的速度作匀速直线运动，如题图 9-4 所示。求 α 分别为 0°、30°、90°时直导体上感应电动势的大小。

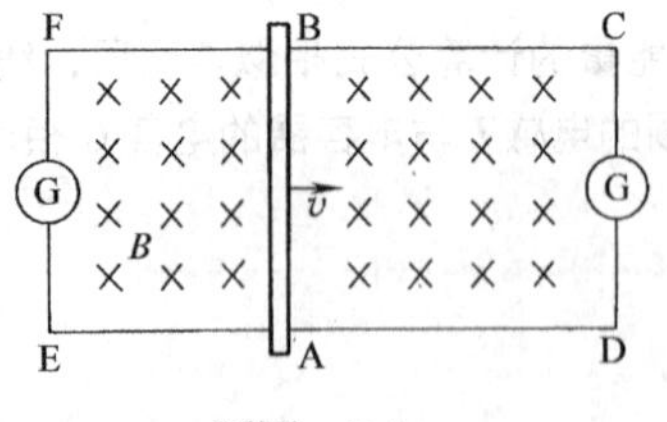

题图 9-3

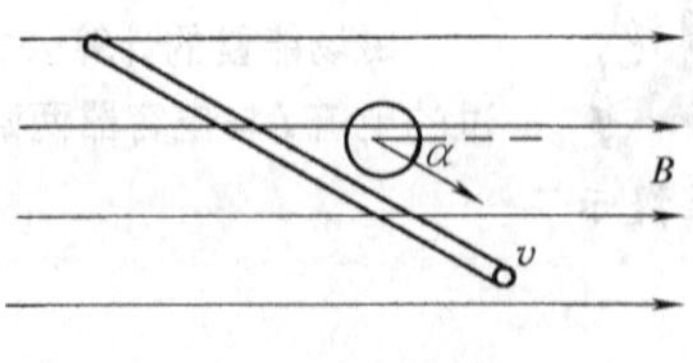

题图 9-4

6. 有一个 1000 匝的线圈，在 0.4s 内穿过它的磁通从 0.02Wb 增加到 0.09Wb，求线圈中的感应电动势。如果线圈的电阻是 10Ω，当它跟一个电阻为 990Ω 的电热器串联组成闭合电路时，通过电热器的电流是多大？

7. 一个线圈的电流在 0.001s 内有 0.02A 的变化时，产生 50V 的自感电动势，求线圈的自感系数。如果这个电路中电流的变化率为 40A/s，那么自感电动势是多大？

8. 如题图9-5所示，问条形磁铁插进线圈的过程中，放在导线下面的小磁针如何偏转（只考虑直导线产生的磁场）？各检流计指针如何偏转？

9. 线圈A与线圈B之间的互感系数 M 为0.36H，如果线圈A中的电流变化率为5A/s，求线圈 B 中的互感电动势。

10. 如题图9-6所示，绕在同一铁心上的一对互感线圈，不知其同名端，现按图9-6所示连接电路并测试，当开关突然接通时，发现电压表反向偏转，试确定两线圈的同名端。

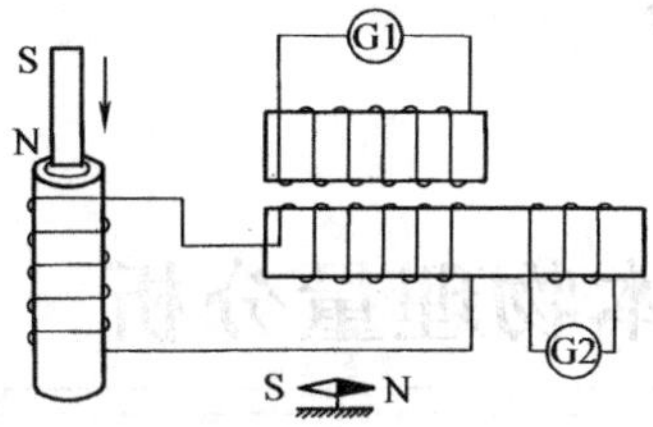

题图 9-5

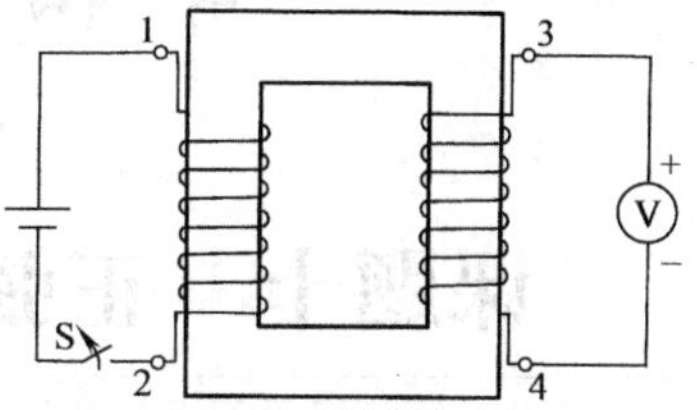

题图 9-6

11. 电感为0.8H的线圈中，电流自500mA减至零，求在此过程中线圈共释放出多少磁场能量？

第五单元

单相交流电路

课题十　正弦交流电基本物理量分析

学习指南

在现代工农业生产及日常生活中，交流电使用广泛，交流电的有关知识在全书中所占地位十分重要，而且是学习交流电动机、变压器和电子技术的重要基础。在研究交流电路时，既要用到直流电路中的许多概念和规律，又要学习交流电路自身的特点和规律。

本课题从实验入手，让学习者观察和测量正弦交流电，并着重介绍正弦交流电的基本物理量及表达方式等内容，以加强知识的巩固和应用，培养学习者的观察和分析能力。

◇学习目标

1. 了解正弦交流电动势的产生。
2. 理解交流电的概念，并熟练掌握正弦交流电的特征参数、符号及相关公式。
3. 掌握正弦交流电的三种主要表示方法（解析式、波形图和相量图表示法）。
4. 掌握用相量图分析一般的正弦量。
5. 初步学会用示波器观察和分析交、直流电的技能。
6. 提高观察能力和分析问题的能力。

◇学习重点

正弦交流电的三要素，用相量图分析一般的正弦量。

◇学习难点

正弦交流电的产生，旋转相量。

◇学习时数

10 学时。

任务书

项目	正弦交流电基本物理量的检测与分析	时间	2 学时
工具材料	信号发生器、双踪示波器（可用单踪示波器代替）、1.2kΩ 电阻 1 只、0.1μF 电容 1 只、导线若干。		

实操要求

1. 按项目图 10 所示装接电路
2. 调节信号发生器，使其输出一定频率、适当幅度的正弦波，然后用双踪示波器观察电阻、电容两端电压 u_R 和 u_C
3. 用万用表测量信号发生器的输出电压 U 及电阻两端电压 U_R 和电容两端电压 U_C。

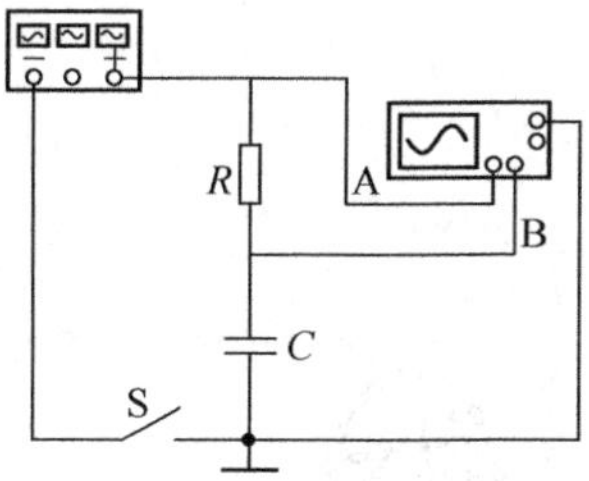

项目图 10

测量与记录

测量对象	有效值/V	最大值/V	波形图	相量图	相位关系	解析式
输入电压信号				/	/	
电阻两端电压						
电容两端电压						

计算与思考

1. 根据测量记录，计算相关电压的最大值，写出其相应解析式，画出 u_R 和 u_C 的相量图，并比较它们的相位，然后填入记录表中
2. 在记录表中，利用 u_R 和 u_C 的相量，画出 u 的相量，同时计算 U_R、U_C 的和，并将该值与测量值比较
3. 利用电容储能过程的分析，思考电容两端电压 u_C 为何滞后电阻两端电压 u_R

体会

温馨提示

1. 调节信号发生器的输出电压时，应考虑输出信号的完整和清晰
2. 若学校实验条件有限，可用单踪示波器代替双踪示波器，但每次记录时应记录好信号的起始点
3. 本项目任务所涉及的知识点有：正弦交流电的三要素和三种主要的表示方式，同频率交流电的相位比较和合成等

知识链接

1. 正弦交流电

（1）电的综合分类

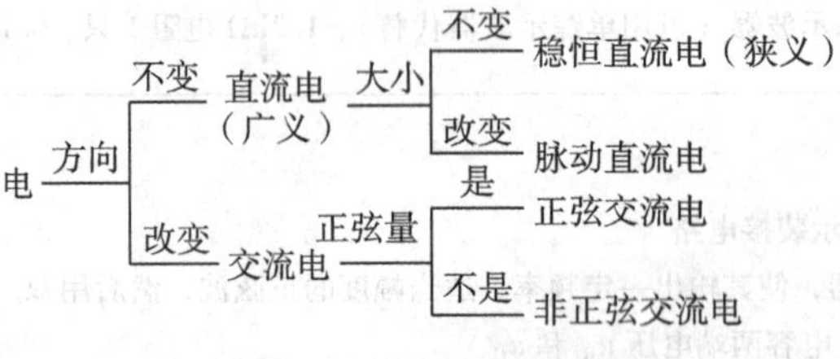

小知识

波　形　图

所谓波形图就是在平面直角坐标系中，用来描述电流（或电压、电动势）随时间变化规律的曲线图。

（2）直流电、交流电的波形和特点（见表 10-1）

表 10-1　直流电、交流电的波形和特点

名称		特　点		波形图（以 u 为例）	备　注
直流电	脉动直流电	方向不变，大小可变，也可不变	方向不变，大小随时间变化	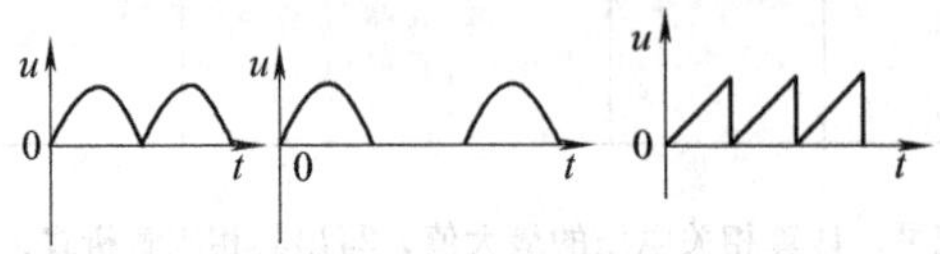	常用的脉动直流电，其大小一般随时间作周期性变化
	稳恒直流电		方向和大小都不随时间变化	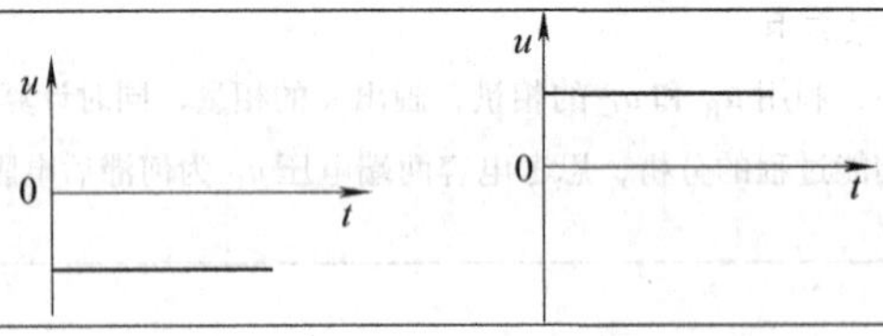	无特殊说明的直流电是指稳恒直流电
交流电	正弦交流电	方向会变化，大小一般都会变化，但也有不变的	大小和方向随时间按正弦规律变化	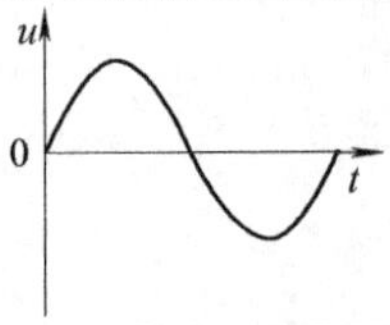	它是最简单、最基本的交流电，用处最广泛。无特殊说明的交流电是指正弦交流电
	非正弦交流电		方向随时间变化，但不按正弦规律变化	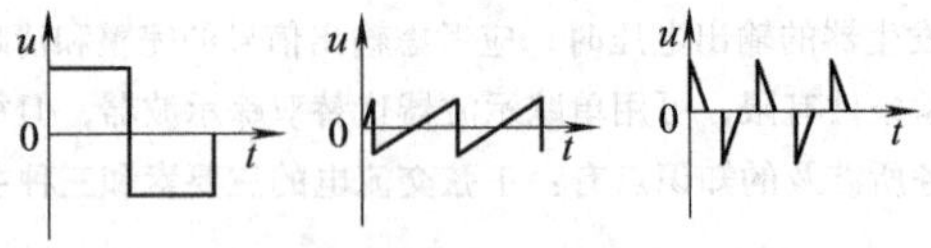	它是除正弦交流电外的所有交流电。常用的非正弦交流电，其大小一般随时间作周期性变化

想一想

直流电与交流电

我们日常生活中常说的“直流电”是指稳恒直流电还是脉动直流电？大小和方向都随时间变化的电压，一定是交流电压吗？交流电压一定是大小和方向都随时间变化的吗？

在现代工农业生产及日常生活中，除了必须使用直流电的特殊情况外，绝大多数都是使用交流电，如家用电器、照明、机器设备等。由此可见，交流电跟直流电相比有很多优点。请从电能的产生、输送、分配、使用等方面来分析交流电的优点。

（3）正弦交流电动势　正弦交流电源所产生的感应电动势的数学表达式为

$$e = E_m \sin(\omega t + \varphi_0) \tag{10-1}$$

式中　e——感应电动势（V）；

E_m——感应电动势的最大值（V）；

ωt——线圈旋转的角度（rad）；

φ_0——线圈平面与中性面的初始夹角（rad）。

推导示例

在课题九中已利用电磁感应原理分析了发电机的工作原理（图 9-7b），现在来推导其感应电动势的数学表达式。图 10-1 所示的是发电机转动线圈的截面图，线圈 abcd 以角速度 ω 逆时针匀速转动。假设在起始时刻，线圈平面与中性面之间的夹角为 φ_0，t 时刻线圈平面与中性面的夹角为 $\omega t+\varphi_0$。从图中可以看出，ab 边的运动速度 v 与磁力线方向的夹角也是 $\omega t+\varphi_0$。设 ab 边的长度为 c，磁场的磁感应强度为 B，则 ab 边作切割磁力线运动所产生的感应电动势为

$$e_{ab} = Blv\sin(\omega t + \varphi_0)$$

式中　B——磁感应强度（T）；

l——线圈有效边的长度（m）；

v——切割磁力线的速度（m/s）。

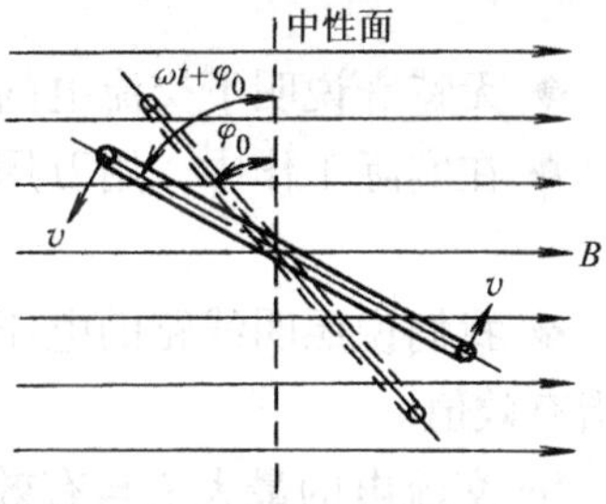

图 10-1　交流发电机原理示意图

同理，cd 边产生的感应电动势为

$$e_{cd} = Blv\sin(\omega t + \varphi_0)$$

由于这两个感应电动势是串联的，所以整个线圈产生的感应电动势为

$$e = e_{ab} + e_{cd} = 2Blv\sin(\omega t + \varphi_0)$$

当 $\omega t+\varphi_0 = 90°$时，e 达到最大值。令 $E_m = 2Blv$，则

$$e = E_m \sin(\omega t + \varphi_0)$$

实际的交流发电机有多匝线圈，若匝数为 N，则

$$e = NE_m \sin(\omega t + \varphi_0)$$

2. 正弦交流电的基本物理量

正弦交流电是随时间按正弦规律作周期性变化的，比直流电要复杂些，因此，描述交流电所需要的物理量就比较多，如图 10-2 所示。

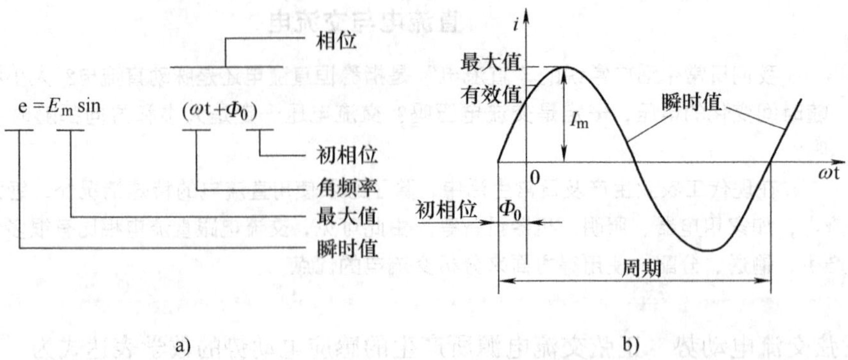

图 10-2　正弦交流电动势的数学表达式及波形图

a）数学表达式　b）波形图

（1）瞬时值、最大值和有效值　它们都是用来表达交流电大小的物理量。

➤ 瞬时值：是交流电在某一时刻的值，用 e、i、u 来表示。

➤ 最大值：是交流电在一个周期内所能达到的最大数值，也就是最大的瞬时值，又称峰值、振幅，用 E_m、U_m、I_m 来表示。

➤ 有效值：是根据电流的热效应来规定的。让交流电和直流电分别通过同样阻值的电阻，如果它们在同一时间内产生的热量相等，就把这一直流电的数值叫做这一交流电的有效值。

◆ 无特殊说明下交流电的数值，一般指其有效值。

◆ 在实际工作中，用万用表、电流表、电压表测量交流电时，显示出的读数就是有效值。

◆ 我们说照明线路的电压是 220V，动力源的电压是 380V，电动机的电流是 8.8A，都是指有效值。

➤ 交流电的最大值与有效值的关系为

$$\text{最大值} = \sqrt{2}\,\text{有效值} \tag{10-2}$$

即

$$I_m = \sqrt{2}I,\ U_m = \sqrt{2}U,\ E_m = \sqrt{2}E$$

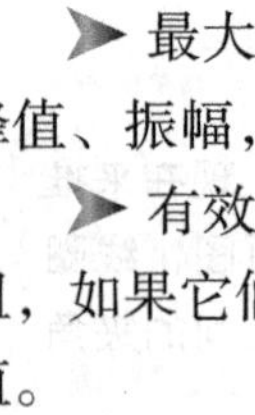

想一想

耐 压 选 择

德国等西欧国家单相电源一般采用 110V，而我国的单相电源采用 220V。现小李家电风扇中的起动电容器损坏，小李就去市场买了一只 220V 的电容器，准备更换。

请你想想：这样安全吗？

（2）周期、频率和角频率　周期、频率和角频率都是用来衡量交流电变化快慢的物理量。

➤ 周期：是交流电每重复变化一次所需的时间，用符号 T 表示，单位是秒（s）。常用单位还有毫秒（ms）、微秒（μs）、纳秒（ns）。

➤ 频率：是交流电在1s内重复变化的次数，用符号 f 表示，单位是赫兹（Hz），简称赫。常用单位还有千赫（kHz）和兆赫（MHz）。

想一想

频率对波形的影响

我国工业电力的标准频率为50Hz（习惯上称工频），其周期为0.02s，角频率 100πrad/s，即314rad/s。美国、日本等国家则采用60Hz的频率。

周期、频率和角频率从不同的角度描述交流电的变化情况，三者有着不同的物理意义。

试想一想：交流电频率变快时，周期、角频率将如何变化？交流电的波形会发生什么变化？

➤ 角频率：是正弦交流电每秒内变化的电角度，用符号 ω 表示，单位是弧度/秒（rad/s）。

◆ 电角度：是指交流电随时间变化的角度，它决定交流电的大小和方向，用符号 α 或 ωt 表示，单位是弧度（rad）。

➤ 周期、频率、角频率的关系为

$$f = 1/T \quad 或 \quad T = 1/f \tag{10-3}$$

$$\omega = 2\pi f = 2\pi/T \tag{10-4}$$

（3）相位、初相位和相位差　相位、初相位和相位差反映正弦交流电的状态或方向。

想一想

相　位　差

同频率的正弦交流电的相位差有什么现实意义？比较不同频率的正弦交流电的相位差有意义吗？为什么？

➤ 相位：t 时刻线圈平面与中性面的夹角（$\omega t+\varphi_0$）叫交流电的相位。它反映了正弦交流电某一时刻的状态。

➤ 初相位：当 $t=0$ 时的相位（$\varphi=\varphi_0$）叫做初相位，简称初相，它反映了正弦交流电起始时刻的状态。

➤ 相位差：两个同频率的正弦交流电，任一瞬间的相位之差就叫做相位差，用符号 $\Delta\varphi$ 来表示。

◆ 两个同频率的正弦交流电的相位差，就是初相之差。

◆ 它与时间无关，在正弦量变化过程中的任一时刻都是一个常数。

◆ 在实际应用中，规定用绝对值小于 π 的角来表示相位差。

◆ 它表明了两个正弦量之间在时间上的超前或滞后。

◆ 同频率的两个正弦量的相位差及相位关系见表10-2。

表 10-2　同频率的两个正弦量的相位差及相位关系

波　形　图	相　位　差	相　位　关　系
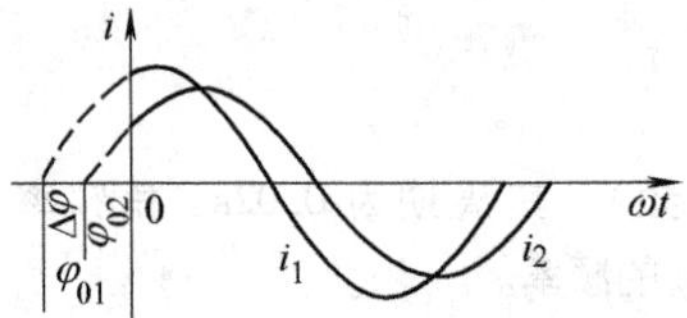	$\Delta\varphi=\varphi_{01}-\varphi_{02}>0$	i_1 超前 i_2（或 i_2 滞后 i_1）
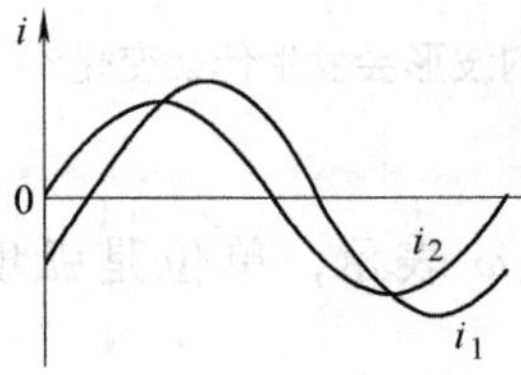	$\Delta\varphi=\varphi_{01}-\varphi_{02}<0$	i_1 滞后 i_2（或 i_2 超前 i_1）
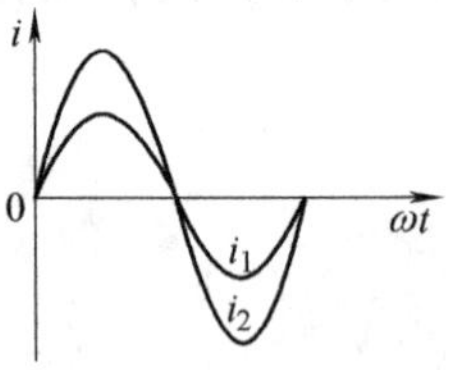	$\Delta\varphi=\varphi_{01}-\varphi_{02}=0$	同相
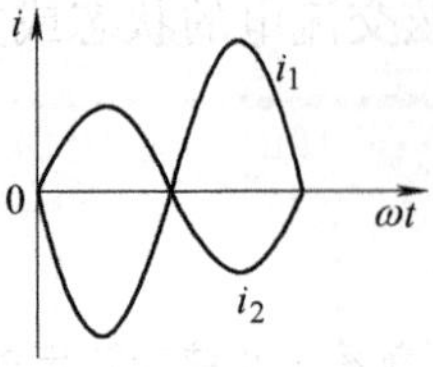	$\Delta\varphi=\pi$	反向
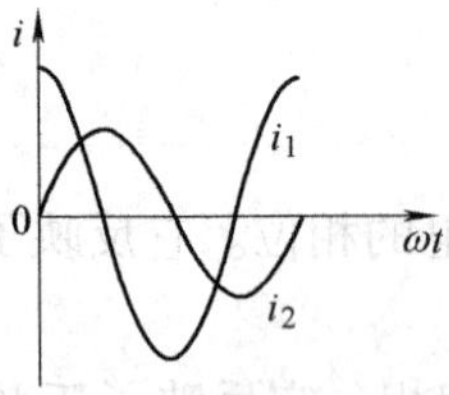	$\Delta\varphi=\frac{\pi}{2}$	正交

（4）正弦交流电的三要素　最大值（或有效值）、频率（或周期、角频率）和初相叫做正弦交流电的三要素。

➤ 已知一个正弦交流电的三要素，就可确定该正弦交流电。

➤ 已知一个正弦交流电，就可求得其三要素。

［例 10-1］　已知正弦交流电压 $u=28.28\sin\left(314t+\frac{\pi}{3}\right)$ V，交流电流 $i=14.14\sin\left(314t-\frac{\pi}{6}\right)$ A。试求：（1）电压、电流的最大值和有效值；（2）频率和周期；（3）电压与电流的相位差，并说明两者之间的关系。

解 由正弦交流电的数学表达式可知：

（1）电压的最大值 $U_m = 28.28\text{V}$

电压的有效值 $U = \frac{U_m}{\sqrt{2}} = \frac{28.28\text{V}}{\sqrt{2}} = 20\text{V}$

电流的最大值 $I_m = 14.14\text{A}$

电流的有效值 $I = \frac{I_m}{\sqrt{2}} = \frac{14.14\text{A}}{\sqrt{2}} = 10\text{A}$

（2）由于角频率 $\omega = 2\pi f$，故电压与电流的频率为

$$f = \frac{\omega}{2\pi} = \frac{314}{2\pi} = 50\text{Hz}$$，因此周期为

$$T = \frac{1}{f} = \frac{1}{50} = 0.02\text{s}$$

（3）电压与电流的相位差为

$$\Delta\varphi = \varphi_1 - \varphi_2 = \frac{\pi}{3} + \frac{\pi}{6} = \frac{\pi}{2}\text{rad}$$

因此，u 超前 i $\frac{\pi}{2}$，或 i 滞后 u $\frac{\pi}{2}$。

3. 正弦交流电的表示法

正弦交流电可以用解析式、波形图、相量图等方法表示。

（1）解析式表示法 正弦交流电的电动势、电压和电流的瞬时值表达式就是交流电的解析式。即

$$e = E_m \sin(\omega t + \varphi_e)$$
$$u = U_m \sin(\omega t + \varphi_u)$$
$$i = I_m \sin(\omega t + \varphi_i)$$

式中，φ_e、φ_u、φ_i 分别表示电动势、电压和电流的初相。

➤ 特点：表达简单，有利于相关物理量的运算。

➤ 几点说明：

◆ 如果知道了交流电的有效值（或最大值）、频率（或周期、角频率）和初相，就可以写出它的解析式，便可算出交流电任何瞬间的瞬时值。

◆ 如果已知交流电的解析式，就可确定其三要素。

［**例 10-2**］ 已知某正弦交流电电压的最大值 $U_m = 311\text{V}$，频率 $f = 50\text{Hz}$，初相 $\varphi_0 = 30°$，求它的解析式及 0.01s 时刻的电压值。

解 $\omega = 2\pi f = 2\pi \times 50\text{Hz} = 100\pi\text{rad/s}$

因此该正弦交流电的电压解析式为

$$u = U_m \sin(\omega t + \varphi_u)\text{V} = 311\sin(100\pi t + 30°)\text{V}$$

当 $t = 0.01\text{s}$ 时

$$u = 311\sin(100\pi \times 0.01 + 30°)\text{V} = 311\sin 210°\text{V} = -155.5\text{V}$$

因此，当 $t = 0.01\text{s}$ 时，电压大小为 155.5V，方向与设定的参考方向相反。

想一想

起点判断

已知一电压 $u=311\sin\left(314t+\frac{2\pi}{3}\right)$ V，试想一想：其曲线起点（正弦波形第一个正半周的起点）在坐标原点的哪一边？为什么？

（2）波形图表示法　用正弦曲线来表示正弦交流电的方法称为波形图表示法，如图 10-3 所示。图中的横坐标表示时间 t 或角度 ωt，纵坐标表示随时间变化的电动势、电压或电流的瞬时值。

➤ 特点：表达直观，有利于分析。

➤ 几点说明：

◆ 在波形上可以反映出最大值、初相和周期等三要素。

◆ 已知正弦交流电的三要素，就可画出其波形图。

◆ 如果初相是正值，曲线的起点（正弦波形第一个正半周的起点）就在坐标原点的左边；如果初相是负值，则起点在原点的右边。

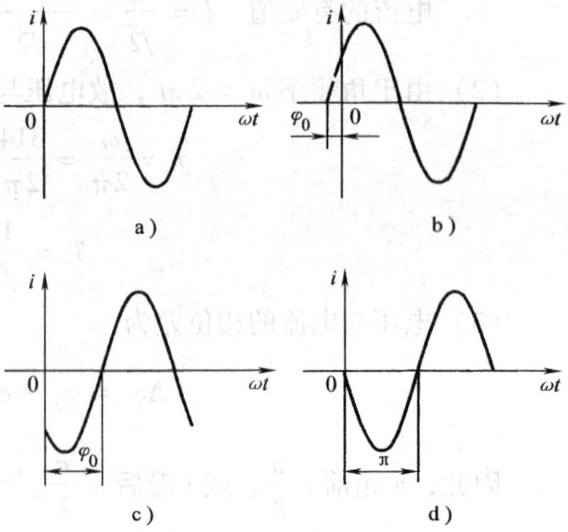

图 10-3　交流电的波形图

a) $\varphi_0=0$　b) φ_0 在 $0\sim\pi$ 之间

c) φ_0 在 $-\pi\sim0$ 之间　d) $\varphi_0=\pm\pi$

［**例 10-3**］　画出正弦交流电 $i=15\sin\left(314t+\frac{\pi}{4}\right)$ A 的波形图。

解　由解析式可知交流电的电流最大值 $I_m=15$A，角频率 $\omega=314$rad/s，初相位 $\varphi_0=\frac{\pi}{4}$rad $=45°$。按以上数据画出交流电的波形，如图 10-4 所示。

小知识

五点法画正弦量波形

若想画出 $i=5\sin\left(314t+\frac{\pi}{6}\right)$A 的电流波形。我们可以先用五点法画出 $i'=5\sin314t$A 的波形。设 $\alpha=314t$ 分别为 0、π/2、π、3π/2、2π，求出相应的电流 0、5、0、−5、0；在坐标系上作点 A（0，0），B（π/2，5），C（π，0），D（3π/2，−5），D（2π，0）；按正弦规律连接五点，即得 i' 曲线。然后，将 i' 曲线向左移动 π/6，便可得到 i 曲线。

（3）相量图表示法　用相量表示正弦交流电的方法称为相量图表示法，如图 10-5 所示。图中 x 轴表示参考方向，即初相角为零，φ_0 表示正弦交流量的初相角，相量的长度表示该正弦交流电相量的最大值（最大值相量）或有效值（有效值相量）。并用大写字母上加黑点的符号来表示，即用 $\dot{E}_m$、$\dot{U}_m$ 和 $\dot{I}_m$ 分别表示电动势、电压和电流的最大值相量，用 $\dot{E}$、$\dot{U}$ 和 $\dot{I}$ 分别表示电动势、电压和电流的有效值相量。

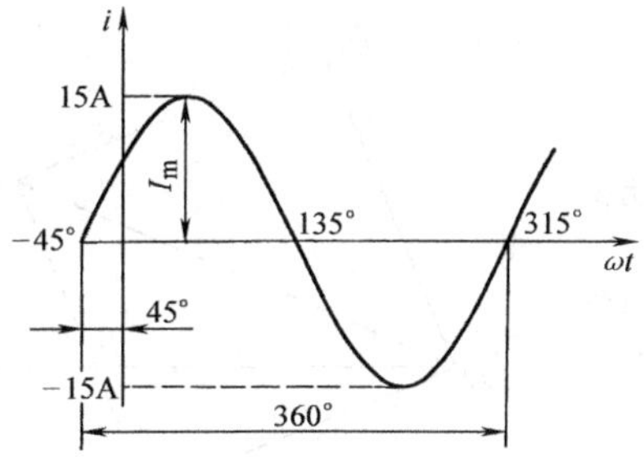

图 10-4　例 10-3 图

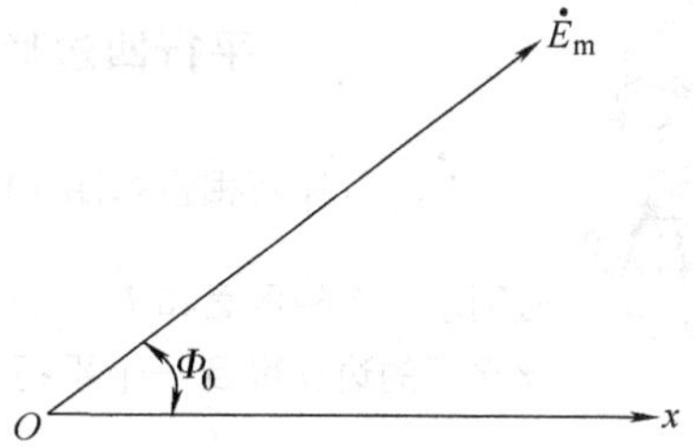

图 10-5　正弦量的相量图

小知识

正弦量的相量图表示原理

对于正弦电动势 $e = E_m \sin(\omega t + \varphi_0)$，若在平面直角坐标系中，从原点作一相量 E_m，使其长度等于正弦交流电动势的最大值 E_m，相量与横轴 0x 的夹角等于正弦交流电动势的初相角 φ_0，相量以角速度 ω 逆时针方向旋转，如图 10-6a 所示，旋转相量在任一瞬间与横轴 0x 的夹角就是正弦交流电动势的 $\omega t + \varphi_0$，而旋转相量在纵轴上的投影就是对应时刻的正弦交流电动势的瞬时值。例如，当 $t = 0$ 时，旋转相量在纵轴上的投影为 e_0，相当于图 10－6b 中电动势波形的 a 点；当 $t = t_1$ 时，相量与横轴的夹角为 $\omega t_1 + \varphi_0$，此时相量在纵轴上的投影为 e_1，相当于波形图中的 b 点；如果相量继续旋转下去，就可得出电动势 e 的波形图，如图 10-6b 所示。

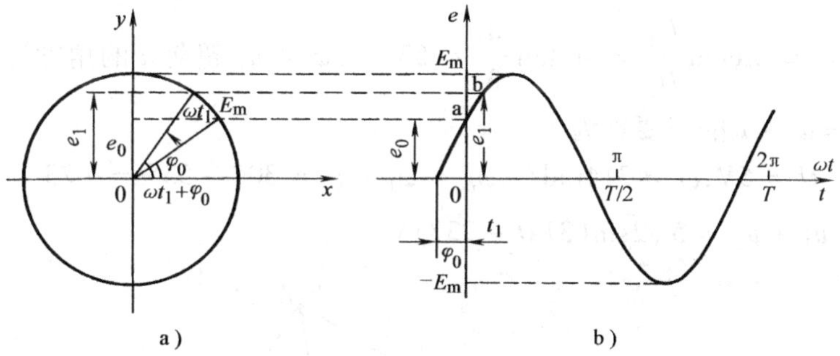

图 10-6　正弦量的相量图表示原理

a）旋转相量　b）波形图

➤ 特点：表达简洁、直观，有利于同频率相量的合成和分解，但不能表达角频率。

◆ 相量相加：先作出与正弦量相对应的相量，再按平行四边形法则（相量合成法则）求和，和的长度表示正弦量和的有效值（或最大值），和与 x 轴正方向的夹角为正弦量和的初相，角频率不变。

◆ 相量相减：将减量视为加上一个负的相量，即加上一个反方向的减量，然后再按平行四边形法则求和，便可得结果。

小知识

平行四边形法则

$\dot{U}_1$、$\dot{U}_2$两相量如图 10-7 所示，现用四边形法则求两个相量之和 $\dot{U}$。作两条与这两个相量彼此平行的边，得到一个平行四边形，其中过两条边交点的平行四边形的对角线就是两正弦相量的和 $\dot{U}$，如图 10-7 所示。

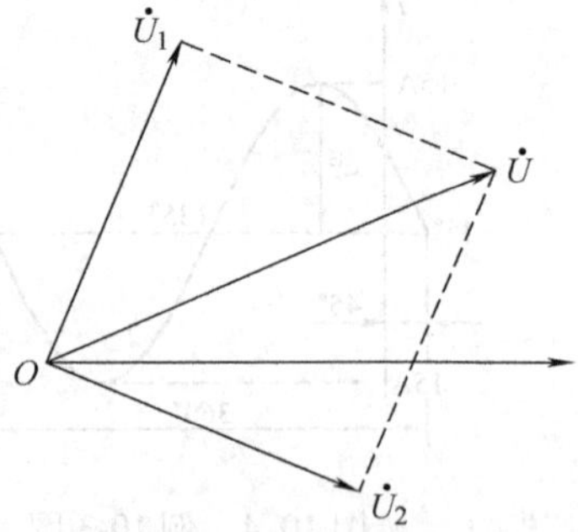

图 10-7　电压和相量图

➤ 几点说明：

◆ 已知正弦交流电的三要素，即可画出其相量图；已知相量图就可求得交流电的最大值、有效值和初相角。

◆ 几个相量画在一起，或进行正弦量的加、减运算时，正弦量必须是同频率的。

［**例 10-4**］　已知：$u_1=3\sqrt{2}\sin(314t+30°)$ V，$u_2=4\sqrt{2}\sin(314t-60°)$ V。求：$u=u_1+u_2$和$u'=u_1-u_2$的瞬时值表达式。

解　（1）根据题意作出u_1、u_2的相量图，利用平行四边形法则作$u=u_1+u_2$的相量图，如图 10-8a 所示。则

$$U=\sqrt{U_1^2+U_2^2}=\sqrt{4^2+3^2}\text{V}=5\text{V}$$

$$\varphi=\arctan\frac{U_2}{U_1}=\arctan\frac{4}{3}\approx 53°\quad（\varphi 为 u_1 超前 u 的角度）$$

于是可得$u=u_1+u_2$的三要素为

$$U=5\text{V},\omega=314\text{rad/s},\varphi_u=\varphi_1-\varphi=30°-53°=-23°$$

所以　$u=u_1+u_2=5\sqrt{2}\sin(314t-23°)$ V

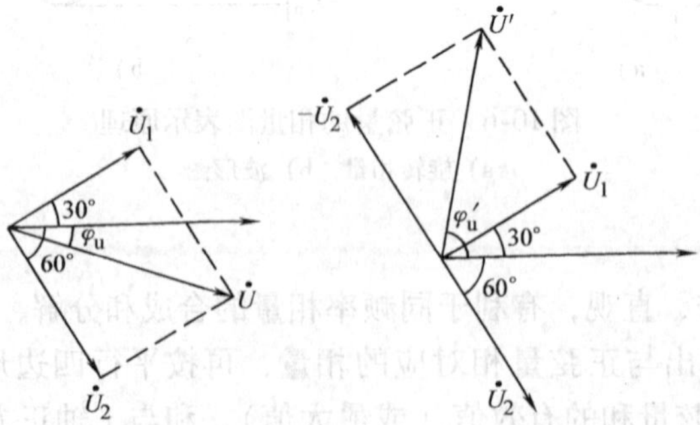

a）　　b）

图 10-8　例 10-4 图

a）u_1与u_2之和　b）u_1与u_2之差

（2）同理，由$u'=u_1-u_2=u_1+(-u_2)$，画出$-u_2$的相量，再运用平行四边形法则求

u'，如图 10-8b 所示。则

$$U = \sqrt{U_1^2 + U_2^2} = \sqrt{4^2 + 3^2}\text{V} = 5\text{V}$$

$$\varphi' = \arctan\frac{U_2}{U_1} = \arctan\frac{4}{3} \approx 53° \quad (\varphi' \text{ 为 } u' \text{ 超前 } u_1 \text{ 的角度})$$

于是可得 $u' = u_1 - u_2$ 的三要素为

$$u' = 5\text{V}, \omega = 314\text{rad/s}, \varphi'_u = \varphi' + \varphi_1 = 53° + 30° = 83°$$

所以 $u' = u_1 - u_2 = 5\sqrt{2}\sin(314t + 83°)\text{V}$

想一想

三种表示法的比较

正弦交流电可以用以上方法表示，每种方法都各有其特点。试从正弦交流电的表示及计算来分析各种表示法的优缺点。

4. 仪表的使用

（1）示波器的简单使用　示波器能简便地显示各种电信号的波形，能观测一切可以转化为电压的电学量和非电学量及它们随时间作周期性变化的过程，是一种用途十分广泛的测量仪器，如图 10-9 所示。

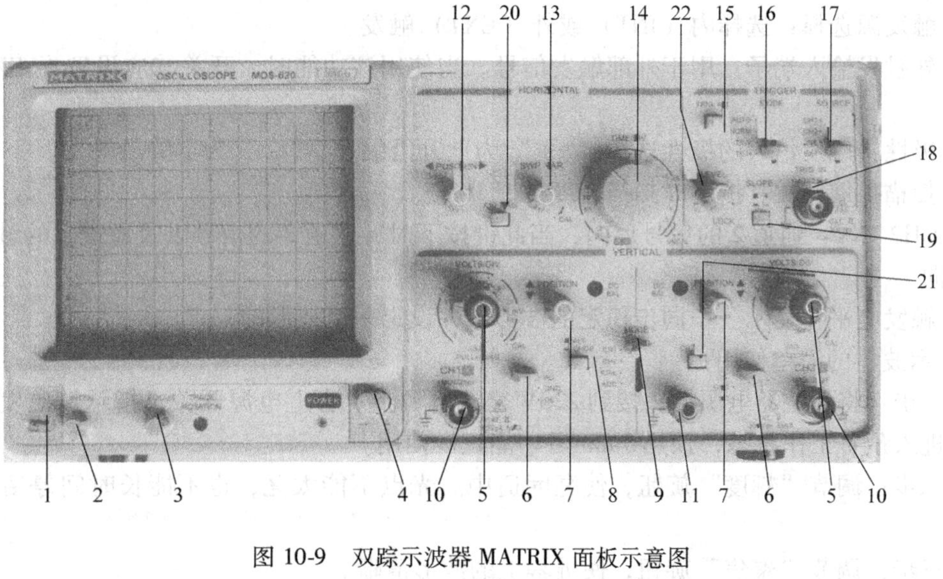

图 10-9　双踪示波器 MATRIX 面板示意图

➤ 示波器面板功能介绍：

以双踪示波器 MATRIX 为例，如图 10- 9 所示。

① CAL：提供幅度为 2V（p－p）、频率 1kHz 的方波，用于校正 10∶1 探头的补偿电容器和检测示波器垂直与水平的偏转因数。

② 旋钮 INTEN：调节辉度（暗亮）。

③ 旋钮 FOCUS：调节聚焦（清晰）。

④ 旋钮 POWER：电源开关。

⑤ 旋钮 VOLTS/DIV 或“V/div”：即伏（或毫伏）每格，外为粗调旋钮，确定示波器输入端对信号的衰减程度。内为细调旋钮，校准示波器显示波形的读数。

⑥ AC—GND—DC：选择垂直轴输入信号的输入方式。有 AC（交流耦合）、GND（垂直放大器的输入接地，输入端断开）和 DC（直流耦合）三种。

⑦ 旋钮 POSITION（“↑”、“↓”）：调节波形在屏幕上的垂直位置。

⑧ ALT/CHOP：在双踪显示时，放开此键，表示通道 1 与通道 2 交替显示；当按下此键时，通道 1 与通道 2 同时断续显示。

⑨ 垂直方式：选择 CH1 和 CH2 放大器的工作模式。其中，CH1 或 CH2 表示通道 1 或通道 2 单独显示；DUAL 表示两个通道同时显示；ADD 表示显示两个通道代数和，即 CH1 + CH2。

⑩ CH1 和 CH2 输入：在 X—Y 模式下，CH1 作为 X 轴输入端、CH2 作为 Y 轴输入端。

⑪ GND：示波器机箱的接地端子。

⑫ 旋钮 POSITION（“←”、“→”）：调节波形在屏幕上的水平位置。

⑬ 旋钮 SWP. VAR：细调旋钮。微调扫描时间，可将扫描时间因数调至面板指示值的 2.5 倍以上，以确保波形失真最小。

⑭ 旋钮 TIME/DIV 或“t/div”：即秒（或毫秒、微秒）每格，为粗调旋钮，确定示波器的扫描周期。

⑮ TRIG. ALT：交替选择通道 1 和通道 2 作为内触发信号源。

⑯ 触发方式：选择触发方式。

⑰ 触发源选择：选择内（INT）或外（EXT）触发。

⑱ 外触发输入端子：用于外部触发信号。当使用该功能时，开关⑰应设置在 EXT 的位置上。

⑲ 极性：触发信号的极性选择。“+”为上升沿触发，“-”为下降沿触发。

⑳ 扫描扩展开关：按下时扫描速度扩展 10 倍。

㉑ CH2 INV：通道 2 的信号反向，当此键按下时，通道 2 的信号以及通道 2 的触发信号同时反向。

㉒ 触发电平：显示一个同步稳定的波形，并设定一个波形的起点。

➤ 示波器的简单使用：

第一步：将示波器电源插头接到 220V 交流电源上。合上电源开关，指示灯应发亮，表明仪器进入预备工作状态，预热 5min 后才能正常使用。

第二步：调节“辉度”旋钮，使亮度适中。光点不能太亮，也不能长时间停留在一点上。

第三步：调节“聚焦”旋钮，使屏幕上的波形清晰。

第四步：调节“水平位移”和“垂直位移”旋钮，使光点（或亮线）移到屏幕中央。

第五步：根据被测信号的大小，选择适当的“Y 轴衰减”挡位。被测信号从 CH1 或 CH2 的“Y”端探头输入，在屏幕上显示出波形。

第六步：根据被测信号的频率，选择适当的扫描频率挡位；应该让波形能在屏幕上呈现完整波形。并缓慢调节“扫描微调”旋钮，再适当地调节“整步增幅”旋钮，则屏幕上就会显示出几个完整的、稳定的波形。

（2）低频信号发生器的使用　低频信号发生器是用来供给电路所需要的信号，并且这些信号波形的频率和幅值都可以调节的一种电工仪器，如图 10- 10 所示。

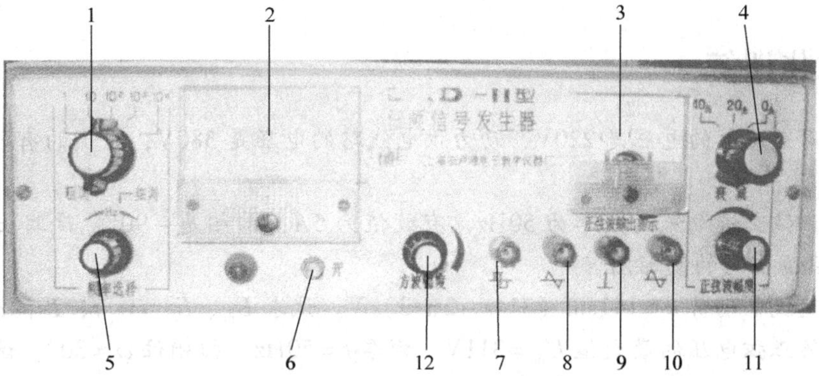

图 10-10 JXD-II 型低频信号发生器

➤ 低频信号发生器面板功能介绍：

以 JXD-Ⅱ型低频信号发生器为例，如图 10- 10 所示。

① 频率粗调旋钮：粗略调节输出信号的频率。

② 频率表：显示输出信号的频率。

③ 电压表：显示输出信号的幅值。

④ 信号衰减旋钮：衰减输出信号。

⑤ 频率细调旋钮：精细地调节输出信号的频率。

⑥ 电源开关：仪器的电源开关。

⑦ 方波接线端：方波信号输出的接线端。

⑧ 三角波接线端：三角波信号输出的接线端。

⑨ 公共接线端：各种信号输出的公共接线端。

⑩ 正弦波接线端：正弦波信号的输出接线端。

⑪ 正弦波幅度调节旋钮：调节输出信号的振幅大小。

⑫ 方波幅度调节旋钮：方波信号输出的接线端。

➤ 低频信号发生器的简单使用：

第一步：打开电源开关。

第二步：一根导线接到相应波形信号的红色接线端，另一根导线接到黑色公共接线端。

第三步：调节频率粗调旋钮，大致调到所需频率；再调节频率细调旋钮，精确调到所需频率。

第四步：调节相应波形信号的幅度旋钮，调到所需电压幅值。

优化训练

1. 照明用交流电的电压是220V，动力供电线路的电压是380V，它们的有效值、最大值分别是多少？

2. 某一正弦交流电流的频率为50Hz，有效值为5A，初相是$-90°$，试写出它的瞬时值表达式，并且画出它的波形图。

3. 已知交流电动势$e=141\sin(314t-2\pi/3)$ V。试求E_m、E、ω、f、T和φ各为多少？

4. 已知某正弦电压的最大值$U_m=311$V，频率$f=50$Hz，初相位$\varphi=30°$。试写出此电压的瞬时值表达式，绘出波形图，并求$t=0.01$s时的电压值。

5. 根据题图10-1所示分别写出u_1和u_2的解析式。

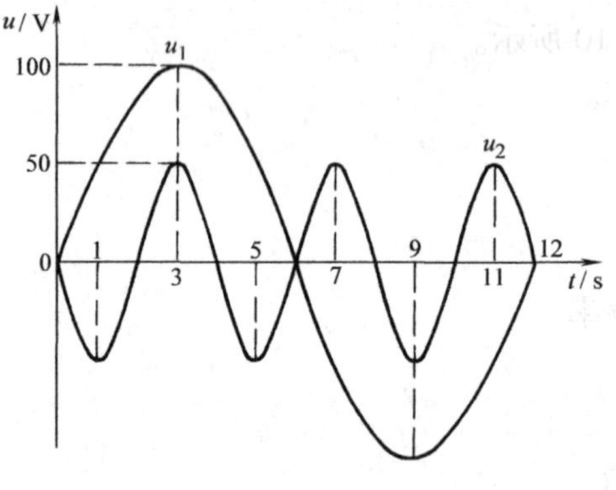

题图　10-1

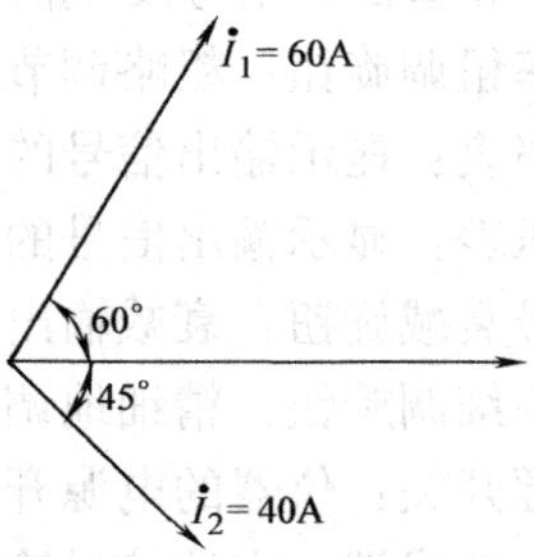

题图　10-2

6. 根据题图10-2所示分别写出i_1和i_2的解析式（设它们的角频率都为ω），然后用相量作图法求i_1和i_2的和，并在图上量取长度后写出i_1+i_2的瞬时值表达式。

7. 求交流电压$u_1=220\sqrt{2}\sin(100\pi t+\pi/6)$ V，$u_2=380\sqrt{2}\sin(100\pi t+\pi/3)$ V之间的相位差，指出它们之间的相位关系，并画出它们的波形图和相量图。

课题十一 单一参数交流电路分析

学习指南

本课题是在学习了正弦交流电基本物理量的基础上，继续学习电阻、电容及电感等单一参数交流电路中电压与电流之间的关系及功率的计算和测量。通过实验和分析，加强知识的巩固和应用，培养学习者的操作技能和分析能力。

本课题的内容是正弦交流电路的重要组成部分，正确分析单一参数交流电路的特点，搞清电阻、电容和电感等元件在正弦交流电路中的作用，是今后学习交流电机、变压器和电子技术的重要基础。

◇学习目标

1. 掌握电阻、电容和电感等单一参数交流电路的性质和特点。
2. 掌握三种交流电路各特征量的数学表达式，并学会简单的分析和计算。
3. 理解交流电路中瞬时功率、有功功率、无功功率的概念。
4. 进一步提高使用示波器分析交流电的技能。
5. 提高分析、归纳的能力。

◇学习重点

电阻、电容和电感等单一参数电路的性质、特点和作用，各电路中电压与电流之间的关系，电路中的有功功率、无功功率。

◇学习难点

各电路中电压与电流之间的相位关系，有功功率和无功功率的关系。

◇学习时数

7 学时。

任务书

项目	单一参数交流电路的检测与分析	时间	2 学时
工具材料	低频信号发生器 1 台，双踪示波器 1 台，电流表、电压表各 1 只，1kΩ 电阻 1 只，30mH 电感 1 只，1 000pF 电容 1 只，万用表 1 只，开关 1 只，导线若干		

实操要求

1. 按项目图 11-1 所示装接电路。将低频信号发生器输出信号调为正弦波，再将开关 S 闭合，观察电压表、电流表指针偏转的同步性并记录读数。再重做两次

2. 按项目图 11-2 所示装接电路。当开关 S 闭合后，依次输入 6Hz 和 60Hz 的信号，用示波器观察波形并记录波形，同时观察电压表、电流表的指针偏转情况并记录读数

3. 按项目图 11-3 所示装接电路。当开关 S 闭合后，依次输入 6Hz 和 60Hz 的信号，用示波器观察波形并记录波形，同时观察电压表、电流表的指针偏转情况并记录读数

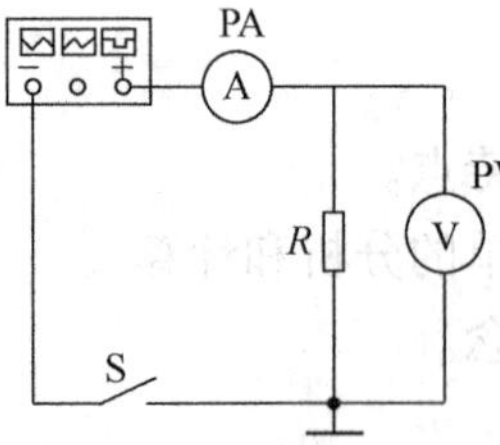

项目图 11-1

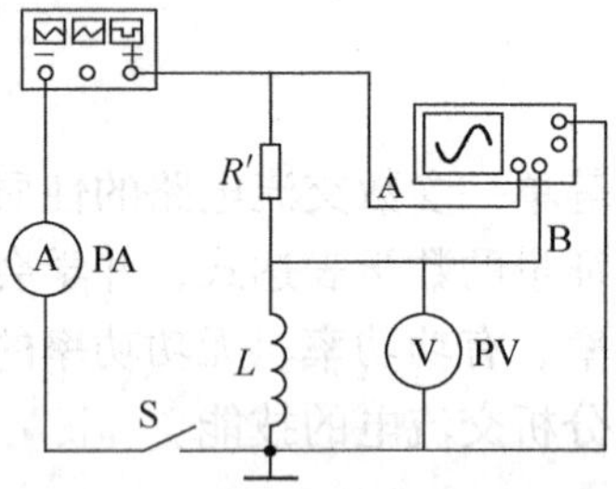

项目图 11-2

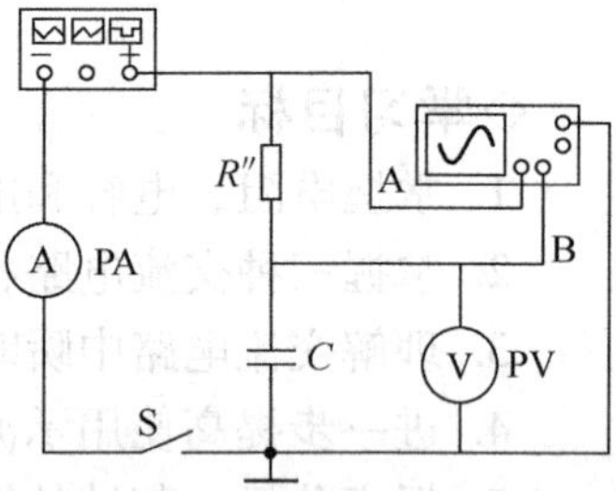

项目图 11-3

测量与记录

项目＼电路	纯电阻电路		纯电感电路		纯电容电路	
	6Hz	60Hz	6Hz	60Hz	6Hz	60Hz
电压表、电流表指针偏转的同步性						
波形	/	/				
电压/V						
电流/A						
对电流的阻碍性/Ω	$R=$	$R=$	$X_L=$	$X_L=$	$X_C=$	$X_C=$
有功功率/W						
无功功率/var						
电流与电压的相位关系						

（续）

计算与思考	1. 根据实验测得的电压、电流值，计算记录表中其余的物理量，并填在记录表中 2. 通过实验步骤“1”中电压、电流的同步性观察，你能得出什么结论 3. 在实验步骤“2”、“3”中观察到的电阻两端电压的波形与通过电感或电容的电流有什么关系？为什么？并由此说明电感或电容两端电压和流过的电流之间的关系 4. 在项目图 11-2、11-3 所示的电路中，为什么要接入电阻 R 5. 低频信号发生器的频率变化时，各电路中的电流与电压间的相位会发生变化吗？对电流的阻碍性会发生变化吗？为什么 6. 若输入信号为直流电，则 R、L、C 两端电压信号应是怎样？为什么 7. 在电感、电容电路中，电流、电压相位差只是接近 90°，而不是等于 90°，为什么
体会	
温馨提示	1. 在进行本任务之前，应对双踪示波器的使用有预先的学习 2. 建议 3 人一小组，每人做一个项目，同时进行实验，小组共享实验数据，可提高效率 3. 无条件做该实验的学校，可以让教师做演示实验，学生直接观察并记录、分析 4. 本项目任务所涉及的知识点有：单一参数交流电路的性质，电流与电压的相位及数量关系，有功功率和无功功率

知识链接

1. 纯电阻正弦交流电路

交流电路中如果只有线性电阻，这种电路就叫做纯电阻电路。如白炽灯、电炉、电烙铁等属于电阻性负载，它们与交流电源连接组成纯电阻电路，如图 11-1 所示。

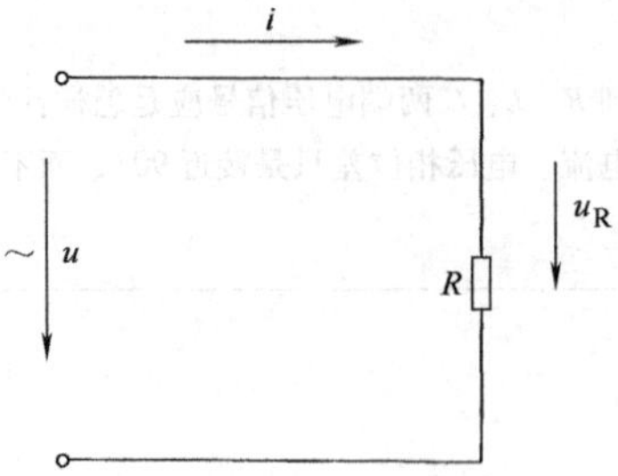

图 11-1　纯电阻电路

小知识

导线实际上是具有电阻的，只是我们在前面讨论中将其忽略不计而已。在频率较低时，趋肤效应引起的电阻增加可忽略不计，可认为欧姆电阻（导线对于直流的电阻）与有效电阻（导线对于交流的电阻）相等。但在高频时，导线的有效电阻有时会比欧姆电阻大几倍。为了能有效地利用金属材料，通过高频电流的导线常制成管形或者在其表面镀银。

（1）电流与电压的相位关系　在纯电阻交流电路中，电流与电压相位相同，即它们的频率和初相都相同。

小试身手

电压与电流关系

如图 11-2 所示，使低频信号发生器的频率为 6Hz 左右，接通电路后，仔细观察电流表、电压表指针的偏转情况，同时多次小试身手改变信号发生器的输出电压和频率，并记录电流表和电压表的读数。

实验表明：电流和电压同时到达最大值，同时回到零值，即电流表与电压表同步摆动；电流表和电压表的读数反映出电压与电流成正比，它们的比值等于电阻值。请你试一试！

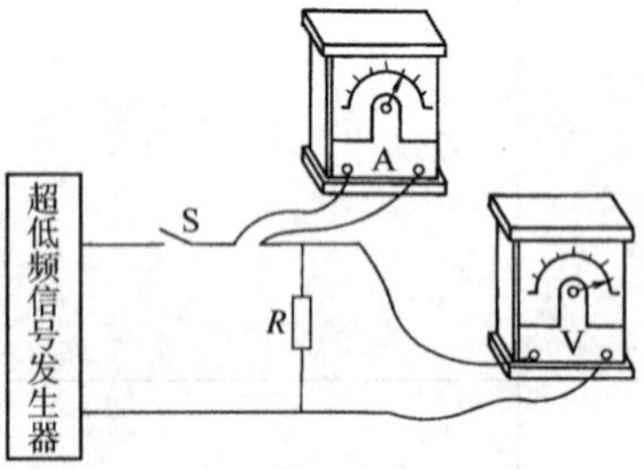

图 11-2　纯电阻电路的实验图

➤ 解析表达式为

$$u_R = U_m \sin(\omega t + \varphi_0)$$

$$i = I_m \sin(\omega t + \varphi_0) \quad (11\text{-}1)$$

➤ 波形图和相量图见图 11-3。

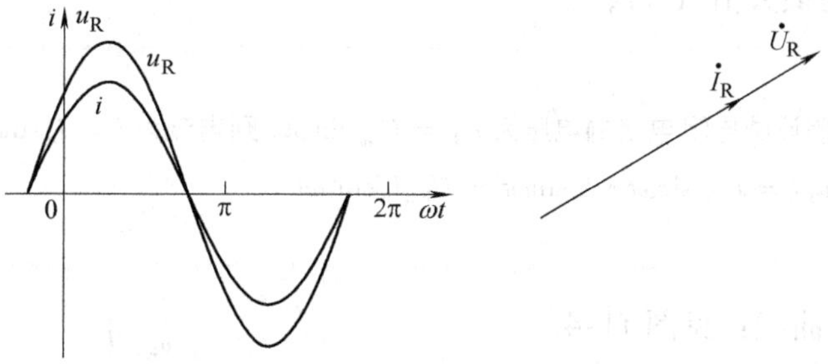

a) b)

图 11-3 纯电阻电路的波形图和相量图

a）波形图 b）相量图

（2）电流与电压的数量关系

➤ 纯电阻电路的欧姆定律：在纯电阻交流电路中，电流与电压成正比，即它们的有效值、最大值和瞬时值都服从欧姆定律。表示为

$$I = \frac{U}{R} \quad 或 \quad I_m = \frac{U_m}{R} \quad 或 \quad i = \frac{u_R}{R} \tag{11-2}$$

式中 I——通过电阻的电流有效值（A）；

U——电阻两端的电压有效值（V）；

I_m——电流的最大值（A）；

U_m——电压的最大值（V）；

i——流过电阻的电流瞬时值（A）；

u_R——电阻两端的电压瞬时值（V）；

R——电阻值（Ω）。

在纯电阻交流电路中，当电流 i 流过电阻 R 时，电阻上要产生热量，把电能转化为热能，电阻上必然有功率消耗。由于流过电阻的电流和电阻两端的电压都是随时间变化的，所以电阻 R 上消耗的功率也是随时间变化的，某一时刻的功率叫做瞬时功率。

（3）纯电阻电路的功率

➤ 瞬时功率：电阻在每一瞬时所吸收的功率称为瞬时功率，用小写字母 p 表示，其值等于电压瞬时值与电流瞬时值的乘积，即

$$P = u_R i$$

◆ 瞬时功率的表达式：假设纯电阻电路的电压为 $u_R = U_{Rm}\sin\omega t$，电流为 $i = I_m\sin\omega t$，其瞬时功率为

$$P = U_{Rm}I_m\sin^2\omega t \tag{11-3}$$

式中 P——瞬时功率（W）；

U_{Rm}——电压的最大值（V）；

I_m——电流的最大值（A）；

推导示例

假设纯电阻电路的电压为 $u_R = U_{Rm}\sin\omega t$，则电流为 $i = I_m\sin\omega t$，其瞬时功率为

$P = u_R i = U_{Rm}\sin\omega t \cdot I_m\sin\omega t = U_{Rm}I_m\sin^2\omega t$

◆ 瞬时功率的曲线：见图 11-4。

◆ 瞬时功率的特点：

① 瞬时功率的大小随时间作周期性的变化，功率 $P \geqslant 0$，最大值是 $U_{Rm} \cdot I_m$，最小值是零。这就说明电阻总是要消耗功率的，是耗能元件。

② 瞬时功率的频率是该电路电流或电压的 2 倍，它表示任一时刻电路中能量转换的快慢程度。

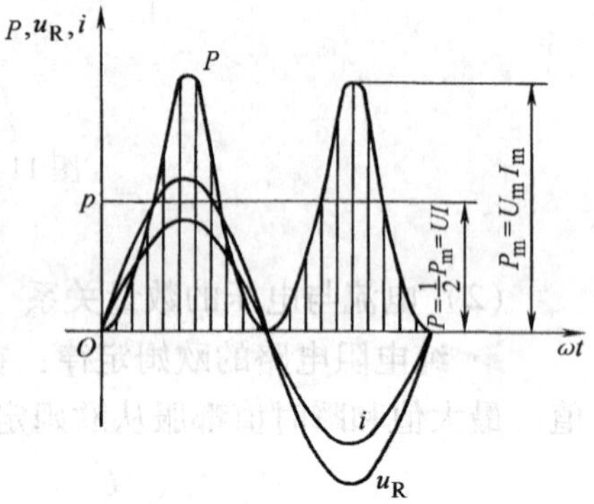

图 11-4　纯电阻电路功率曲线

➤ 有功功率：电阻在交流电的一个周期内所消耗功率的平均值叫有功功率，也叫平均功率。用大写字母 P 表示，其表达式为

$$P = \frac{1}{2}U_{Rm}I_m = U_R I = I^2 R = \frac{U_R^2}{R} \tag{11-4}$$

式中　P——有功功率（W）；

U_R——电压的有效值（V）；

I——电流的有效值（A）；

R——电阻值（Ω）。

［**例 11-1**］　已知某白炽灯的额定参数为“220V、100W”，其两端所加电压为 $u = 311\sin314t$V。试求：（1）白炽灯的工作电阻；（2）电流的有效值及解析表达式。

解　（1）根据式（11-3）得

$$R = \frac{U^2}{P} = \frac{(220\text{V})^2}{100\text{W}} = 484\Omega$$

（2）由 $u = 311\sin314t$V，可知电压的有效值为

$$U = \frac{U_m}{\sqrt{2}} = \frac{311\text{V}}{\sqrt{2}} = 220\text{V}（与白炽灯的额定电压相符，安全）$$

$$I = \frac{U}{R} = \frac{220\text{V}}{484\Omega} \approx 0.455\text{A}$$

白炽灯可视为纯电阻，电流与电压同相，所以

$$i = 0.455\sqrt{2}\sin314t\text{A}$$

2. 纯电感正弦交流电路

在交流电路中，如果只用电感线圈做负载，线圈的电阻和分布电容均可忽略不计，这样的电路叫做纯电感电路，如图11-5所示。

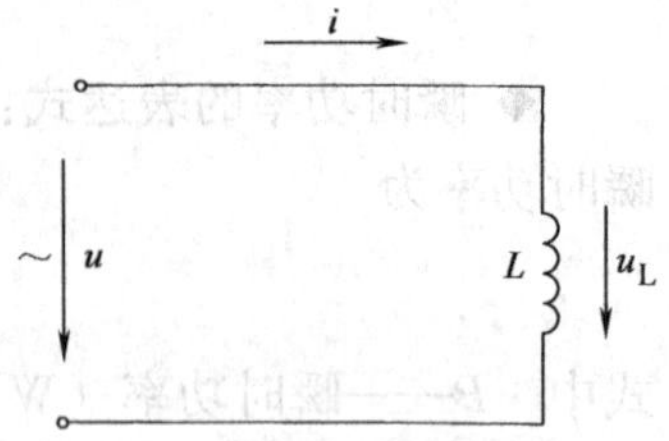

图 11-5　纯电感电路

温馨提示

一个电感线圈，通常被看成是一个电阻和一个电感相串联的元件，如图 11-6b 所示。当频率增大时，线圈的电阻和感抗都会发生变化。电阻除由于趋肤效应而有所增加外，还由于线圈匝间同方向的电流所产生磁场的影响，产生了邻近效应，使导线中电流分布的不均匀性增加，因而有效电阻的增加比直导线更大。此外，线圈匝间还有分布电容，因为线圈匝间有绝缘物隔开，相当于电容器，如图 11-6d 所示。在高频下，这些分布电容不可忽略。线圈在直流、低频交流和高频交流电路中的模型，分别如图 11-6a 、b 和 c 所示。

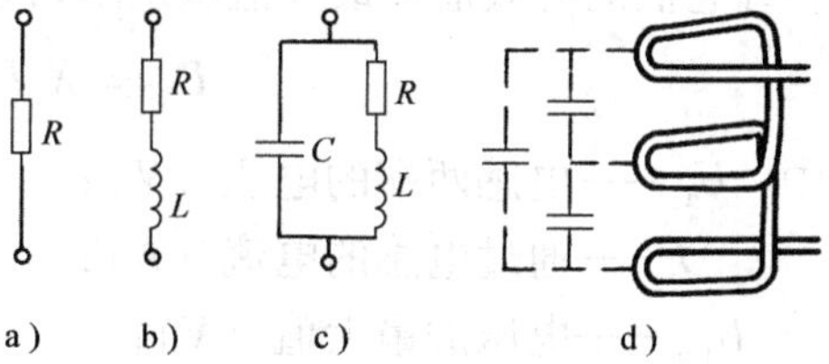

图 11-6　实际电感的等效电路

a）直流电路中　b）低频交流电路中

c）高频交流电路中　d）匝间电容

小试身手

按如图 11-7 所示连接电路，使低频信号发生器的频率为 6Hz 左右，接通电路后，仔细观察电流表、电压表的指针偏转情况。同时，在保证正弦交流电源频率一定的条件下，任意改变信号源的电压值，记录电压表与电流表的读数。若保持信号源输出电压不变，升高交流电的频率，再观察并记录电流表的读数。

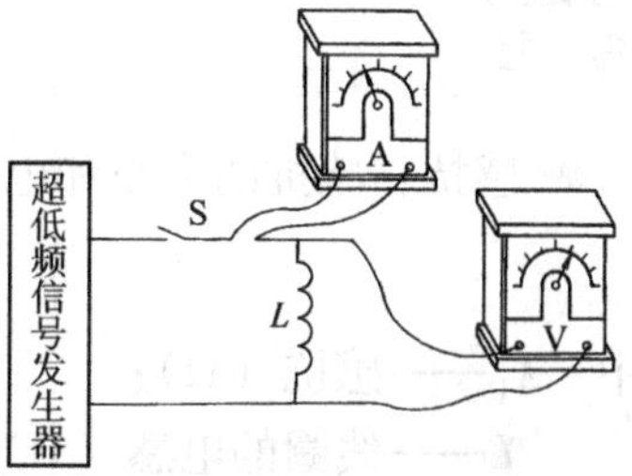

图 11-7　纯电感电路的实验图

实验表明：电压表的指针到达最大值时，电流表指针指向零值；当电压表指针由最大值向零值摆动时，电流表指针由零值向最大值摆动；当电压表指针指向零值时，电流表指针指向最大值。当电压频率一定时，电压表和电流表的读数反映出电压与电流成正比，它们的比值等于感抗。当电压不变时，升高交流电的频率，发现电流减小，说明感抗在增大。请你试一试！

（1）电流与电压的相位关系　在纯电感交流电路中，电压超前电流$\frac{\pi}{2}$，即电流滞后电压$\frac{\pi}{2}$，而它们的频率相同。

➤ 解析表达式：假设纯电感电路的电流初相为0，则电流和电压为

$$i = I_{m}\sin\omega t, u_{L} = U_{Lm}\sin(\omega t + \frac{\pi}{2}) \tag{11-5}$$

式中　i——通过电感的电流瞬时值（A）；

I_{m}——电流的最大值（A）；

u_{L}——电感两端的电压瞬时值（V）；

U_{Lm}——电压的最大值（V）。

➤ 波形图和相量图：见图 11-8。

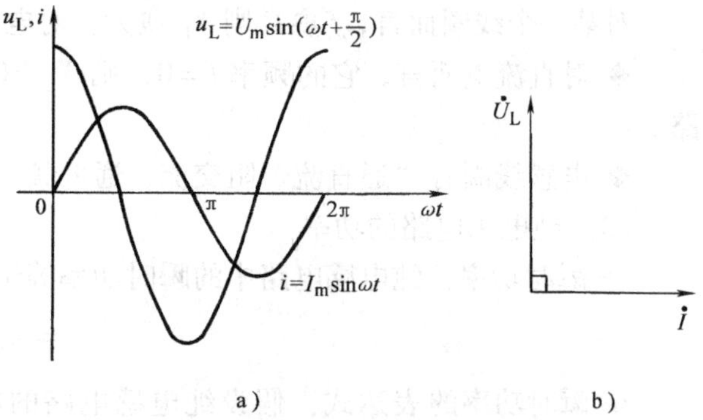

图 11-8　纯电感电路的波形图和相量图

a）波形图　b）相量图

（2）电流与电压的数量关系

➤ 纯电感电路的欧姆定律：在纯电感交流电路中，电压和电流的有效值或最大值成正比，即它们的有效值和最大值服从欧姆定律。表示为

$$U_L = X_L I \quad 或 \quad U_{Lm} = X_L I_m \tag{11-6}$$

式中　U_L——电感两端的电压（V）；

I——通过电感的电流（A）；

U_{Lm}——电压的最大值（V）；

I_m——电流的最大值（A）；

X_L——感抗（Ω）。

想一想

在纯电感电路中，电压的瞬时值和电流的瞬时值服从欧姆定律吗？为什么？

➤ 感抗：感抗的大小和电源的频率成正比，和线圈的电感成正比，即

$$X_L = 2\pi fL = \omega L \tag{11-7}$$

式中　X_L——感抗（Ω）；

L——线圈的电感（H）；

f——交流电的频率（Hz）；

ω——交流电的角频率（rad/s）。

温馨提示

值得注意的是，虽然感抗 X_L 和电阻 R 的作用相似，但是它与电阻 R 对电流的阻碍作用有本质的区别。线圈的感抗表示线圈所产生的自感电动势对通过线圈的交变电流有反抗阻碍的作用，它只有在交流电路中才有意义。

◆ 感抗表示线圈对通过的交流电所呈现的阻碍作用。

对某一个线圈而言，f 愈高则 X_L 愈大，对电路中的电流所呈现的阻碍作用也就越大。

◆ 对直流电而言，它的频率 $f=0$，则 $X_L=0$。因此，直流电路中的电感线圈可视为短路。

◆ 电感线圈有“通直流、阻交流，通低频、阻高频”的特性。

（3）纯电感电路的功率

➤ 瞬时功率：纯电感电路中的瞬时功率等于电压瞬时值与电流瞬时值的乘积，即

$$P = u_L i$$

◆ 瞬时功率的表达式：假设纯电感电路的电流为 $i = I_m\sin\omega t$，则电压为 $u_L = U_{Lm}\sin\left(\omega t + \dfrac{\pi}{2}\right)$，其瞬时功率表达式为

$$P_{\mathrm{L}}=U_{\mathrm{L}}I\sin2\omega t \tag{11-8}$$

式中 P_{L}——电感的瞬时功率（W）；

U_{L}——电压的有效值（V）；

I——电流的有效值（A）。

推导示例

假设纯电感电路的电流为 $i=I_{\mathrm{m}}\sin\omega t$，则电压为 $u_{\mathrm{L}}=U_{\mathrm{Lm}}\sin\left(\omega t+\dfrac{\pi}{2}\right)$，其瞬时功率为

$$P_{\mathrm{L}}=u_{\mathrm{L}}i=U_{\mathrm{Lm}}\sin\left(\omega t+\frac{\pi}{2}\right)I_{\mathrm{m}}\sin\omega t=\sqrt{2}U_{\mathrm{L}}\cos\omega t\times\sqrt{2}I\sin\omega t=U_{\mathrm{L}}I\times2\sin\omega t\cos\omega t=U_{\mathrm{L}}I\sin2\omega t$$

◆ 瞬时功率的曲线：见图 11-9。

◆ 瞬时功率的特点：

① 电感线圈的瞬时功率也是正弦函数，其大小随时间作周期性的变化，其频率是电流或电压的 2 倍，振幅为 $U_{\mathrm{L}}I$。

② 在电流变化的一个周期内，瞬时功率变化两个周期，即两次为正，两次为负，数值相等，平均功率（有功功率）为零，也就是说，纯电感元件在交流电路中不消耗电能。

③ 电感线圈虽不消耗电源的能量，但它是储能元件，电感元件与电源之间在不断地进行周期性的能量交换。

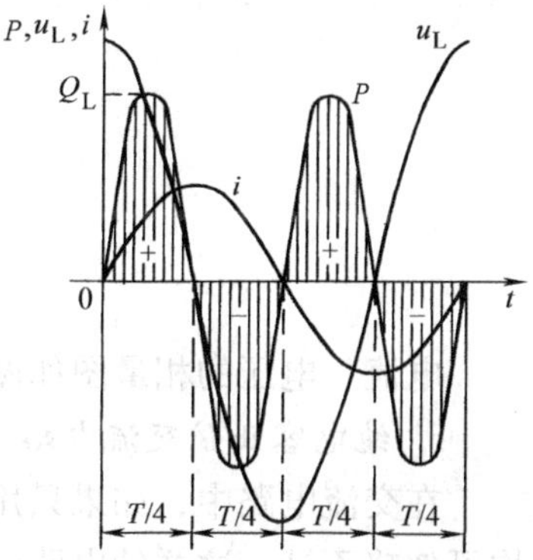

图 11-9 纯电感电路功率曲线

◆ 电感元件能量交换分析：

① 在第 1 个 $\dfrac{T}{4}$ 内，电流 i 由零增加到最大值，i 与 u_{L} 的方向相同，瞬时功率为正，表明电感线圈吸取电能并转换成磁场能，将磁场能储存在线圈的磁场中。

② 在第 2 个 $\dfrac{T}{4}$ 内，电流 i 由最大值减小到零，i 与 u_{L} 的方向相反，瞬时功率为负，表明电感线圈释放磁场能量并转换成电能还给电源。

温馨提示

无功功率反映的是储能元件与外界交换能量的规模。“无功”的含义是“交换”而不是“消耗”，它是相对于“有功”而言的。决不可把“无功”理解为“无用”。无功功率在工农业生产中占有很重要的地位，具有电感性质的变压器、电动机等设备都是靠电磁转换工作的。因此，没有无功功率，即没有电源和磁场间的能量转换，这些设备就无法工作。

③ 在第 3、第 4 个 $\dfrac{T}{4}$ 内，能量交换的物理过程分别与第 1、第 2 个 $\dfrac{T}{4}$ 的过程相同，只是所建立的磁场方向与原磁场方向相反。

➤ 无功功率：把电感瞬时功率的最大值，叫做电感元件的无功功率，用符号 Q_{L} 表示，其数学表达式为

$$Q_L = U_L I = I^2 X_L = \frac{U_L^2}{X_L} \tag{11-9}$$

式中，Q_L——无功功率（var）；

I——电流有效值（A）；

U_L——电压有效值（V）；

X_L——感抗（Ω）。

［**例 11-2**］　一个 5mH 的线圈，接在 $u=20\sqrt{2}\sin(10^6 t+30°)$ V 的电源上，试写出电流的瞬时值表达式，画出电流、电压的相量图，求电路的无功功率。

解

$$X_L = \omega L = 10^6 \mathrm{rad/s} \times 5 \times 10^{-3} \mathrm{H} = 5 \times 10^3 \Omega$$

$$I = \frac{U_L}{X_L} = \frac{20}{5\times 10^3}\mathrm{A} = 4\times 10^{-3}\mathrm{A} = 4\mathrm{mA}$$

$$i = 4\sqrt{2}\sin(10^6 t + 30° - 90°)\mathrm{mA} = 4\sqrt{2}\sin(10^6 t - 60°)\mathrm{mA}$$

$$Q_L = \frac{U_L^2}{X_L} = \frac{20^2}{5\times 10^3}\mathrm{var} = 0.08\mathrm{var}$$

电流、电压的相量图如图 11-10 所示。

3. 纯电容正弦交流电路

在交流电路中，如果只用电容器做负载，电容器的绝缘电阻很大，介质损耗和分布电感均可忽略不计，这样的电路叫做纯电容电路，如图 11-11 所示。

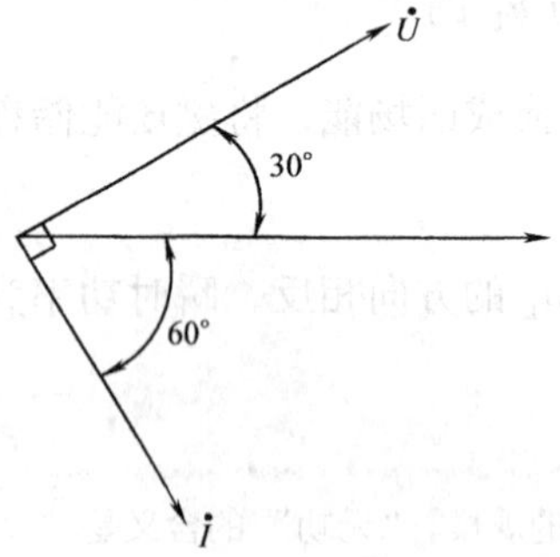

图 11-10　例 11-2 图

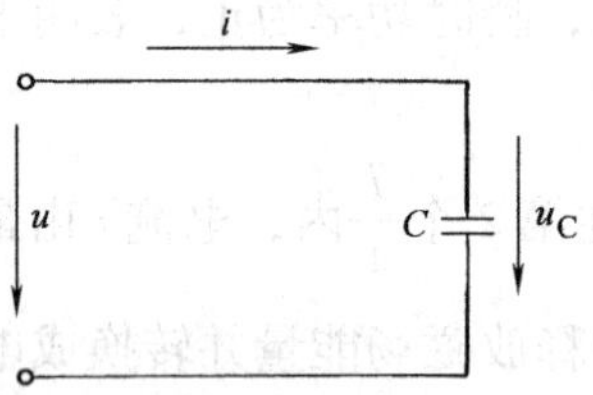

图 11-11　纯电容电路

温馨提示

实际的电容器也和理想电容器有所不同。由于电容器极板之间的绝缘物不可能做到完全绝缘，因此，在电压的作用下，总有些漏电流，产生功率损耗。另外，极板间介质受到交变极化也有一些热损耗，并且随频率的增加而增大。考虑到这两种损耗，一只实际电容器可用一只电阻 R 与电容 C 的并联电路作为电路模型，如图 11-12 所示。漏电流可认为是从电阻 R 上流过。

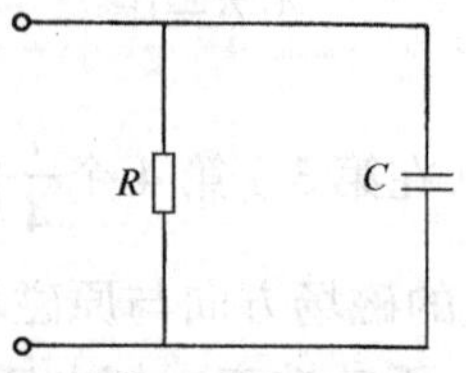

图 11-12　实际电容的等效电路

（1）电流与电压的相位关系 在纯电容交流电路中，电流超前电压$\frac{\pi}{2}$，即电压滞后电流$\frac{\pi}{2}$，而它们的频率相同。

按如图 11-13 所示连接电路，使低频信号发生器的频率为 6Hz 左右，接通电路后，仔细观察电流表、电压表的指针偏转情况。同时，在保证正弦交流电源频率一定的条件下，任意改变信号源的电压值，记录电压表与电流表的读数。若保持信号源输出电压不变，升高交流电的频率，再观察并记录电流表的读数。

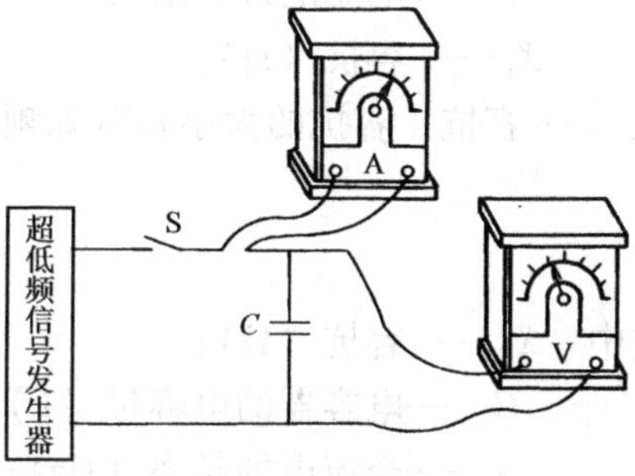

图 11-13 纯电容电路的实验图

实验表明：电流表的指针到达最大值时，电压表指针指零值；当电流表指针由最大值向零值摆动时，电压表指针由零值向最大值摆动；当电流表指针指向零值时，电压表指针指向最大值。当电压频率一定时，电压表和电流表的读数反映出电压与电流成正比，它们的比值等于容抗。保证电压不变，升高交流电的频率，发现电流增大，说明容抗在减小。

➤ 解析表达式：假设纯电容电路的电压初相为 0，则电压和电流为

$$u_C = U_{Cm}\sin\omega t, i = I_m\sin(\omega t + \frac{\pi}{2}) \tag{11-10}$$

式中 i——通过电容电路的电流瞬时值（A）；

I_m——通过电容电路的电流最大值（A）；

u_C——电容两端的电压瞬时值（V）；

U_{Cm}——电容两端电压的最大值（V）。

➤ 波形图和相量图：见图 11-14。

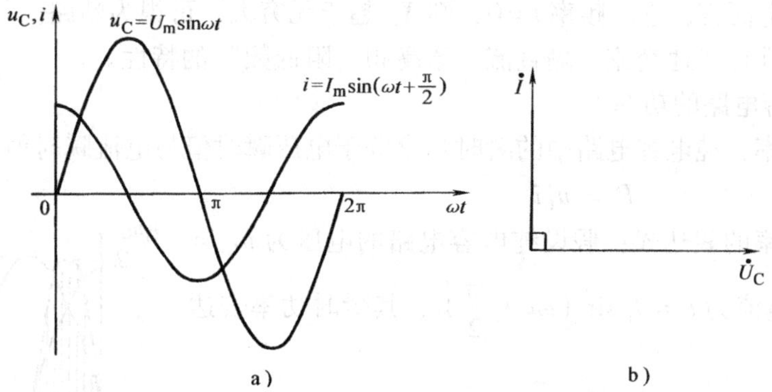

图 11-14 纯电容电路的波形图和相量图

a）波形图 b）相量图

（2）电流与电压的数量关系

➤ 纯电容电路的欧姆定律：在纯电容电路中，电压和电流的有效值或最大值成正比，即它们的有效值和最大值服从欧姆定律。表示为

$$U_C = X_C I \quad 或 \quad U_{Cm} = X_C I_m \tag{11-11}$$

式中 U_C——电容两端的电压（V）；

I——通过电容电路的电流（A）；

U_{Cm}——电压的最大值（V）；

I_m——电流的最大值（A）；

X_C——容抗（Ω）。

➤ 容抗：容抗的大小和电源频率成反比，和电容器的电容量成反比，即

$$X_C = \frac{1}{2\pi fC} = \frac{1}{\omega C} \tag{11-12}$$

式中 X_C——容抗（Ω）；

C——电容器的电容量（F）；

f——交流电的频率（Hz）；

ω——交流电的角频率（rad/s）。

想一想

在交流电路中，电阻、感抗、容抗有什么相同点和不同点？

◆ 容抗表示电容器对通过的交流电所呈现的阻碍作用。

◆ 当频率一定时，在同样大小的电压作用下，电容量越大的电容器所储存的电荷量就越多，电路中的电流也就越大，电容器对电流的阻碍作用也就越小。

◆ 当外加电压和电容量一定时，电源频率越高，电容器充、放电的速度也越快，则电路中电流也就越大，电容器对电流的阻碍作用也就越小。

◆ 对直流电而言，它的频率 $f=0$，则 X_C 趋于无穷大，可视为断路。

◆ 电容器具有“通交流、隔直流，通高频、阻低频”的特性。

（3）纯电容电路的功率

➤ 瞬时功率：纯电容电路中的瞬时功率等于电压瞬时值与电流瞬时值的乘积，即

$$P = u_C i$$

◆ 瞬时功率的表达式：假设纯电容电路的电压为 $u_C = U_{Cm}\sin\omega t$，则电流为 $i = I_m\sin\left(\omega t + \frac{\pi}{2}\right)$，其瞬时功率表达式为

$$P_C = U_C I\sin 2\omega t \tag{11-13}$$

式中 P_C——瞬时功率（W）；

U_C——电容两端的电压有效值（V）；

I——通过电容电路的电流有效值（A）。

◆ 瞬时功率的曲线：见图 11-15。

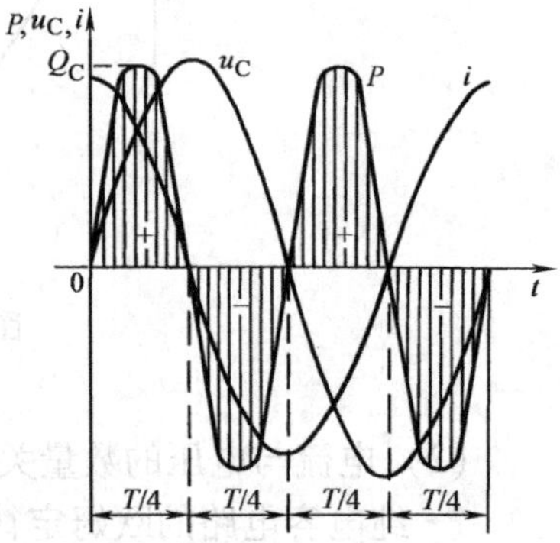

图 11-15 纯电容电路功率曲线

◆ 瞬时功率的特点：

① 电容器的瞬时功率也是正弦函数，其大小随时间作周期性的变化，其频率是电流或电压的 2 倍，振幅为 $U_C I$。

② 电容器也是储能元件，它在交流电路中不消耗电能，电路的平均功率（有功功率）为零。

温馨提示

我们讨论的电容元件，绝缘介质材料要十分良好，没有漏电，电容本身没有能量损耗，这样，充电时吸收的能量和放电时释放的能量才相等，一个周期内的平均功率为零。

◆ 电容元件能量交换分析：

① 在第 1 和第 3 两个$\frac{T}{4}$内，电压的绝对值在增加，电容器处在充电状态，电流与电压同向，瞬时功率为正，说明电容器吸收电源的能量，建立电场，储存电场能量，此时电容器起着一个负载的作用。

② 在第 2 和第 4 两个$\frac{T}{4}$内，电压的绝对值在减小，电容器处在放电状态，电流与电压反向，瞬时功率为负，说明电容器在释放能量，将电场能转换成电能送回给电源，此时电容器起着一个电源的作用。

➤ 无功功率：把电容的瞬时功率的最大值，叫做电容元件的无功功率，用符号 Q_C 表示，其表达式为

$$Q_C = U_C I = I^2 X_C = \frac{U_C^2}{X_C} \tag{11-14}$$

式中 Q_C——无功功率（var）；

I——电流的有效值（A）；

U_C——电压的有效值（V）；

X_C——容抗（Ω）。

［**例 11-3**］ 一个 10 μF 的电容器，接在 $u = 220\sqrt{2}\sin(314t + 30°)$ V 的电源上，试写出电流的瞬时值表达式，画出电流、电压的相量图，求出电路的无功功率。

解 $X_C = \frac{1}{\omega C} = \frac{1}{314 \times 10 \times 10^{-6}}\Omega \approx 318\Omega$

$$I = \frac{U}{X_C} = \frac{220}{318}\text{A} \approx 0.692\text{A}$$

$$i = 0.692\sqrt{2}\sin(314t + 30° + 90°)\text{A}$$

$$= 0.692\sqrt{2}\sin(314t + 120°)\text{A}$$

$$Q_C = UI = 220 \times 0.692\text{var} = 152\text{var}$$

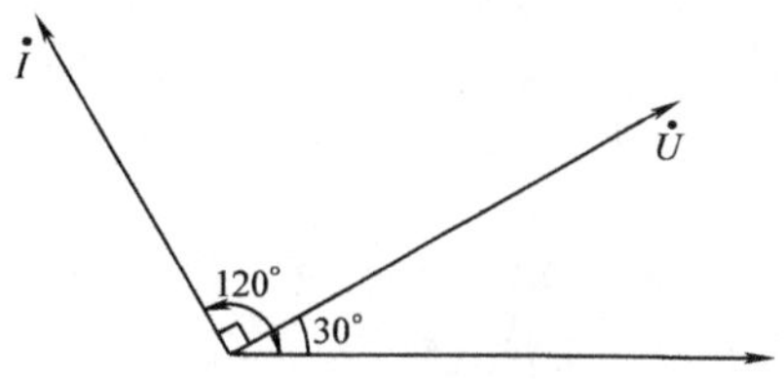

图 11-16 例 11-13 图

电压、电流相量图如图 11-16 所示。

4. 三种单一参数交流电路的比较（见表 11-1）

表 11-1　单一参数交流电路中的电压、电流和功率间的关系

项目 \ 电路形式		纯电阻电路	纯电感电路	纯电容电路
对电流的阻碍作用		电阻 R	感抗 $X_L=\omega L$	容抗 $X_C=\dfrac{1}{\omega C}$
电流和电压间的关系	大小	$I=\dfrac{U}{R}$	$I=\dfrac{U}{X_L}$	$I=\dfrac{U}{X_C}$
	相位	电流电压同相	电压超前电流 90°	电压滞后电流 90°
有功功率		$P=U_RI=RI^2$	0	0
无功功率		0	$Q_L=U_LI=X_LI^2$	$Q_C=U_CI=X_CI^2$

优化训练

1. 一个1000Ω的纯电阻负载，接到 $u=311\sin(314t+30°)$ V的电源上，求负载中电流瞬时值的表达式，并画出电压和电流的相量图。

2. 一个线圈的电阻只有几欧，自感系数为0.6H，把线圈接在50Hz的交流电路中，它的感抗是多大？从感抗和电阻的大小来说明为什么在粗略计算时，可以略去电阻的作用而认为它是一个纯电感电路。

3. 一个线圈的自感系数为0.5H，电阻可以忽略不计，把它接在频率为50Hz、电压为220V的交流电源上，求通过线圈的电流。若以电压作为参考相量，写出电流瞬时值的表达式，并画出电压和电流的相量图。

4. 有一线圈，其电阻可忽略不计，把它接在220V、50Hz的交流电源上，测得通过线圈的电流为2A，求线圈的自感系数。

5. 试计算电容为100pF的电容器，对频率是 10^6Hz的高频电流和频率是 10^3Hz的音频电流的容抗各是多少？

6. 把电容为5μF的电容器接到220V、50Hz的交流电源上，通过电容器的电流是多少？若把电容器换为0.05μF时，通过的电流是多少？

7. 已知加在2μF电容器上的交流电压为 $u=220\sqrt{2}\sin(100\pi t+\pi/6)$ V，求通过电容器的电流，写出电流瞬时值的表达式，并画出电流和电压的相量图。

课题十二　电阻、电感和电容串并联电路分析

学习指南

实际的电路并不是单一特性的，往往是由电阻、电感、电容相互串联或并联而组成。因此，我们在上述两个课题的基础上，重点对 *RL*、*RC* 及 *RLC* 串联电路进行分析，并简单介绍 *RLC* 并联电路，目的在于有效提高学习者对实际问题的分析能力。

通过荧光灯电路的安装和检测，巩固了 *RLC* 串、并联电路的相关知识和相应的分析方法，提高了实际操作能力，这些知识、方法和技能对我们后续学习的“电子技术”等课程起着很大的帮助作用。

◇学习目标

1. 掌握用相量图分析和计算简单串联电路的方法。
2. 理解用相量图分析电阻、电感和电容并联电路的方法。
3. 理解交流电路中有功功率、无功功率和视在功率的含义及其关系，并掌握其简单的计算。
4. 掌握发生串、并联谐振的条件及特点。
5. 理解功率因数的涵义，了解提高功率因数的意义和主要方法。
6. 掌握荧光灯电路的安装方法和基本故障的排除。
7. 学会单相功率表的使用。
8. 提高安装技能和分析问题的能力。

◇学习重点

RL、*RC*、*RLC* 串联电路中的总电压和电流的关系分析，阻抗和有功功率的计算，谐振电路的特点。

◇学习难点

RLC 串联电路和 *RLC* 并联电路的分析。

◇学习时数

18 学时。

任务书

项目	荧光灯电路的安装和检测	时间	4学时
工具材料	220V交流电流，单相功率表1只，示波器1台，万用表1只，荧光灯1套（灯管、灯座、镇流器、起辉器），2μF电容1只，开关1只，连接导线若干		

实操要求

1. 检查元器件后，按项目图12所示装接电路（电容先不并入）
2. 合上开关S，观察荧光灯的点亮过程及镇流器、灯管（或起辉器）两端电压波形的变化情况
3. 灯管点亮后，记录电流I、功率P，并分别测量灯管两端电压U_{EL}和镇流器两端电压U_L
4. 断开电源，接入电容，重复步骤“3”

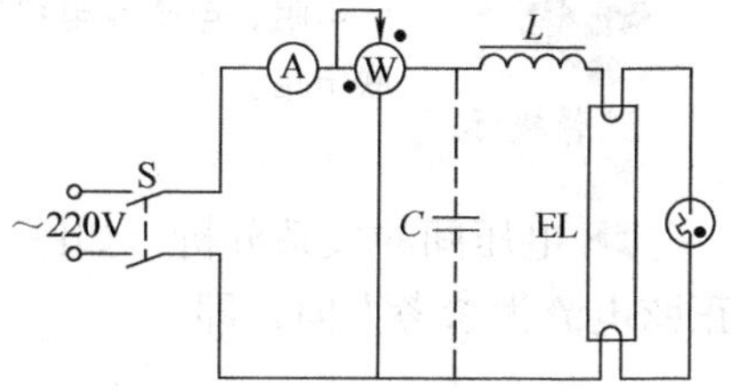

项目图12 荧光灯实验电路

计算与记录

现象分析	现象记录	成因分析
荧光灯点亮过程		
U_{EL}波形的变化情况		
U_L波形的变化情况		

数据记录	I/A	P/W	U_{EL}/V	U_L/V	S/V·A	Q/var	$\cos\varphi$
无电容							
接入容量为2μF的电容							

计算与思考

1. 记录荧光灯点亮过程和镇流器、灯管两端电压波形的变化，并简单分析其成因
2. 镇流器在荧光灯点亮过程中起什么作用？正常发光时，又起何作用
3. 若你是一名电工，手头没有起辉器，你用何方法启动荧光灯？荧光灯亮后，拿去起辉器，灯能继续亮吗
4. 你知道起辉器中的小电容起什么作用吗？去除该电容灯能否点亮
5. 若电路出现以下现象，请分析故障原因：①起辉器在闪烁，而灯管不亮；②灯管两端闪跳，不能正常发光；③起辉器亮，灯管两端发红
6. 根据实验数据，计算各状态下的视在功率S、无功功率Q和功率因数$\cos\varphi$
7. 实验数据中的U_{EL}和U_L之和是否等于220V，为什么
8. 当并联电容后，电路的总电流、功率因数将如何变化？为什么

体会

温馨提示

1. 线路接好后，需进行检查，确保正确连接，经教师检查允许后方可接通电源，同时在操作过程中要注意人身及设备安全
2. 在拆除实验线路时，应先切断电源
3. 将2~3人分为一组，有利于提高学习效率，培养团队合作能力
4. 本项目所涉及的知识点有：RL串联电路、LC并联电路及电路中的电压、电流、功率关系，提高功率因数的办法，荧光灯的工作原理和故障排除等

知识链接

1. 电阻与电感串联电路

(1) *RL* 串联电路电压间的关系

温馨提示

单一参数的交流电路是理想电路，在实际电路中，当电阻不能被忽略时，就构成电阻、电感或电容的串联或并联电路。本课题就来探究电阻、电感及电容串、并联电路。

➤ 电压间的关系分析：如图 12-1 所示，由于通过 R、L 的电流相同，故以通过电路的正弦电流为参考方向，即

$$i = I_m \sin\omega t$$

则电阻两端的电压为

$$u_R = U_{Rm} \sin\omega t$$

电感线圈两端的电压为

$$u_L = U_{Lm} \sin(\omega t + \frac{\pi}{2})$$

电路的总电压

$$u = u_R + u_L$$

与之对应的电压有效值相量关系为

$$\dot{U} = \dot{U}_R + \dot{U}_L$$

想一想

荧光灯是最常见的 *RL* 串联电路，它是把镇流器（电感线圈）和灯管（电阻）串联起来后，再接到交流电源上的一种负载。图 9-10 所示是荧光灯的原理图，按图连接日光灯电路，用电压表测量镇流器和灯管两端的电压，结果是镇流器两端的电压为 190V，灯管两端的电压为 110V 左右，显然 $u_R + u_L \neq u = 220V$。请你想一想：这是为什么？

它们的相量图如图 12-2 所示。

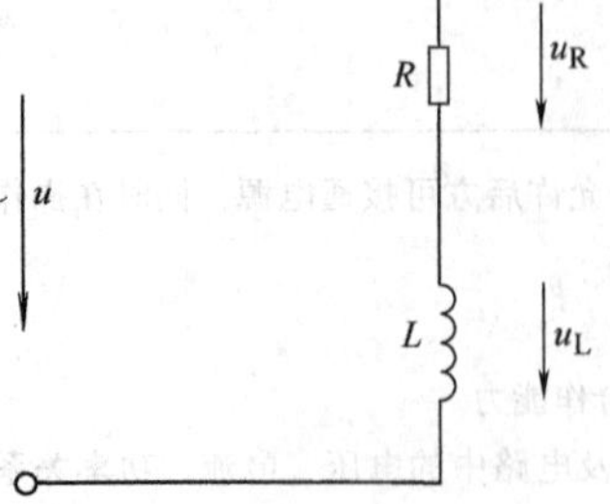

图 12-1　*RL* 串联电路

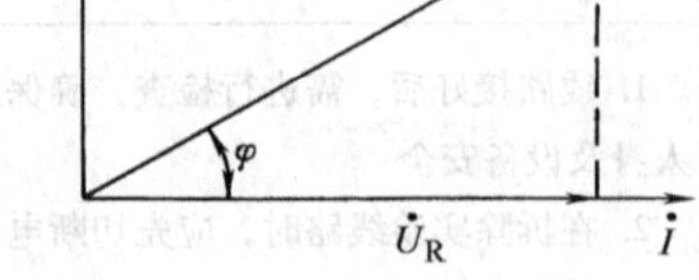

图 12-2　*RL* 串联电路电压相量图

➤ 电压三角形：由 $\dot{U}$、$\dot{U}_R$ 和 $\dot{U}_L$ 构成的直角三角形，叫做电压三角形，如图 12-3 所示。

◆ 电压间的数量关系为

$$U = \sqrt{U_R^2 + U_L^2} \tag{12-1}$$

式中 U——总电压的有效值（V）；

U_R——电阻两端电压的有效值（V）；

U_L——电感两端电压的有效值（V）。

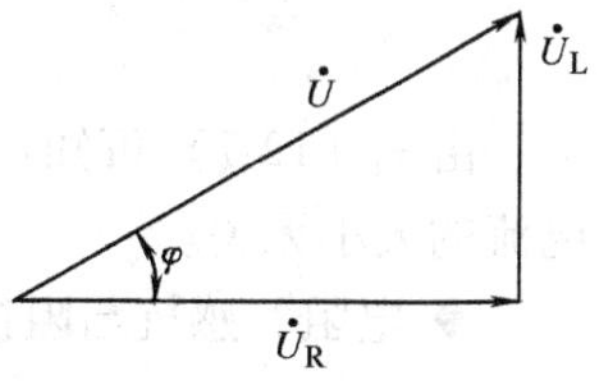

图 12-3 电压三角形

◆ 总电压与总电流的相位关系：总电压的相位超前总电流的相位，其相位差为

$$\varphi = \arctan\frac{U_L}{U_R} \tag{12-2}$$

◆ 总电压与各部分电压之间的关系为

$$U_R = U\cos\varphi \tag{12-3}$$

$$U_L = U\sin\varphi \tag{12-4}$$

> 推导示例
>
> 在电阻、电感串联电路中，电阻两端的电压 $U_R = IR$，电感两端的电压 $U_L = IX_L$，将它们代入式（12-1）中，得：
>
> $$U = \sqrt{U_R^2 + U_L^2} = \sqrt{(IR)^2 + (IX_L)^2} = I\sqrt{R^2 + X_L^2} = IZ$$

（2）*RL* 串联电路的阻抗

➤ *RL* 串联电路中的欧姆定律为

$$U = IZ \tag{12-5}$$

其中

$$Z = \sqrt{R^2 + X_L^2} \tag{12-6}$$

式中 Z——电路的阻抗（Ω），表示电阻电感串联电路对交流电的总阻碍作用；

X_L——感抗（Ω）。

➤ 阻抗三角形：将图 12-3 所示的电压三角形的三边同时除以电流 I，得到由电阻、感抗和阻抗组成的三角形，叫做阻抗三角形，如图 12-4 所示。

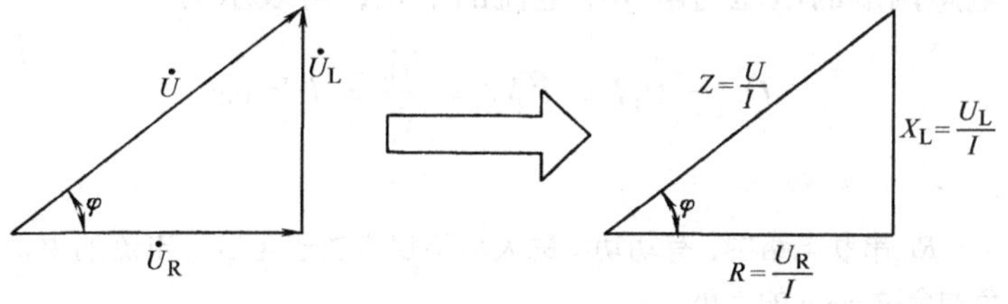

图 12-4 阻抗三角形

◆ 阻抗角：阻抗三角形中阻抗与电阻的夹角，等于电压三角形中 $\dot{U}$ 与 $\dot{U}_R$ 的夹角，即

电压与电流的夹角 φ，φ 叫做阻抗角，也就是电压与电流的相位差。数学表达式为

$$\varphi = \arctan\frac{X_L}{R} \tag{12-7}$$

由式（12-7）可知：阻抗角 φ 的大小决定于电路参数（R、L）及电源频率，而与电压、电流的大小无关。

◆ 电阻、感抗与阻抗的关系为

$$R = Z\cos\varphi \tag{12-8}$$

$$X_L = Z\sin\varphi \tag{12-9}$$

（3）*RL* 串联电路的功率

➤ 功率三角形：将电压三角形三边同时乘以电流 I，就可以得到由有功功率、无功功率和视在功率（总电压有效值与电流的乘积）组成的直角三角形，即功率三角形，如图 12-5 所示。

◆ 有功功率：电路中电阻消耗的功率，它等于电阻两端的电压与电路中电流的乘积，可表示为

$$P = U_R I = I^2 R = \frac{U_R^2}{R} = UI\cos\varphi \tag{12-10}$$

式中 P——有功功率（W）；

U——总电压的有效值（V）；

I——总电流的有效值（A）；

φ——总电压与总电流的相位差（rad）。

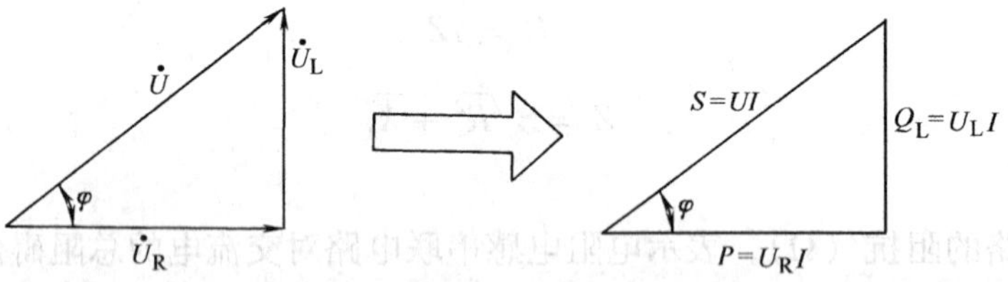

图 12-5 功率三角形

◆ 无功功率：电感不消耗能量，它与电源之间不停地进行能量交换，能量交换的规模即无功功率等于电感两端的电压与电路中电流的乘积，可表示为

$$Q_L = U_L I = I^2 X_L = \frac{U_L^2}{X_L} = UI\sin\varphi \tag{12-11}$$

温馨提示

RL 串联电路中，有功功率的大小不仅取决于电压、电流的乘积，还取决于阻抗角的余弦 $\cos\varphi$ 的大小。

RL 串联电路中，无功功率的大小不仅取决于电压、电流的乘积，还取决于阻抗角的正弦 $\sin\varphi$ 的大小。

式中 Q_L——无功功率（var）；

U——总电压的有效值（V）；

I——总电流的有效值（A）；

φ——总电压与总电流的相位差（rad）。

◆ 视在功率：它表示电源提供总功率（包括 P 和 Q_L）的能力，即交流电源的容量。视在功率用 S 表示，其大小等于总电压 U 与总电流 I 的乘积，即

$$S = UI \tag{12-12}$$

式中 S——视在功率（V·A）；

U——总电压的有效值（V）；

I——总电流的有效值（A）。

◆ 有功功率、无功功率和视在功率之间的关系和阻抗角的大小为

$$S = \sqrt{P^2 + Q_L^2} \tag{12-13}$$

$$\varphi = \arctan\frac{Q_L}{P} \tag{12-14}$$

➤ 功率因数：把有功功率与视在功率的比值叫做功率因数，它反映功率的利用率，用 $\cos\varphi$ 表示，即

$$\cos\varphi = \frac{P}{S} = \frac{R}{Z} = \frac{U_R}{U} \tag{12-15}$$

◆ 当视在功率一定时，电路的功率因数越大，用电设备的有功功率也越大，电源输出功率的利用率就越高。

◆ 功率因数的大小由电路参数（R、L）和电源频率决定。

◆ 工厂中的交流电机、变压器等都是感性负载，功率因数一般较低。

温馨提示

在 RL 串联电路中，既有耗能元件电阻，又有储能元件电感，因此电源提供的总功率一部分被电阻消耗，是有功功率，另一部分被储存在纯电感中，或纯电感与电源进行能量交换，是无功功率。这样就存在电源功率利用率的问题，从而引出功率因数的概念。

［**例 12-1**］ 将电感为 25.5mH、电阻为 6Ω 的线圈串接到 $u = 220\sqrt{2}\sin(314t + 30°)$ V 的交流电源上。试求：（1）线圈的阻抗；（2）电路中电流的有效值和瞬时值；（3）电路的有功功率、无功功率和视在功率及功率因数；（4）电流和电压的相量图。

解 （1）$X_L = \omega L = 314\text{rad/s} \times 25.5 \times 10^{-3}\text{H} \approx 8\Omega$

$$Z = \sqrt{R^2 + X_L^2} = \sqrt{6^2 + 8^2}\Omega = 10\Omega$$

（2）$I = \dfrac{U}{Z} = \dfrac{220\text{V}}{10\Omega} = 22\text{A}$

由 $\varphi = \arctan\dfrac{X_L}{R} = \arctan\dfrac{8}{6} \approx 53°$，可知电压超前电流 53°，即电流滞后电压 53°。

所以　$\varphi_i = \varphi_u - \varphi = 30° - 53° = -23°$

因此　$i = 22\sqrt{2}\sin(314t - 23°)\text{A}$

（3）$P = I^2R = 22^2 \times 6\text{W} = 2904\text{ W}$

$Q = I^2X_L = 22^2 \times 8\text{var} = 3872\text{var}$

$S = UI = 220 \times 22\text{V}\cdot\text{A} = 4840\text{V}\cdot\text{A}$

$\cos\varphi = \cos53° = 0.6$ 或 $\cos\varphi = \dfrac{R}{Z} = 0.6$

（4）电压、电流的相量图如图 12-6 所示。

2. 电阻与电容串联电路

（1）*RC* 串联电路电压间的关系

➤ 电压间的关系分析：如图 12-7 所示电路，串联电路中的电流处处相同，电阻两端电压与电流同相，电容两端电压滞后电流 $\frac{\pi}{2}$，设 $i = I_m\sin\omega t$，则电阻两端的电压为

$$u_R = U_{Rm}\sin\omega t$$

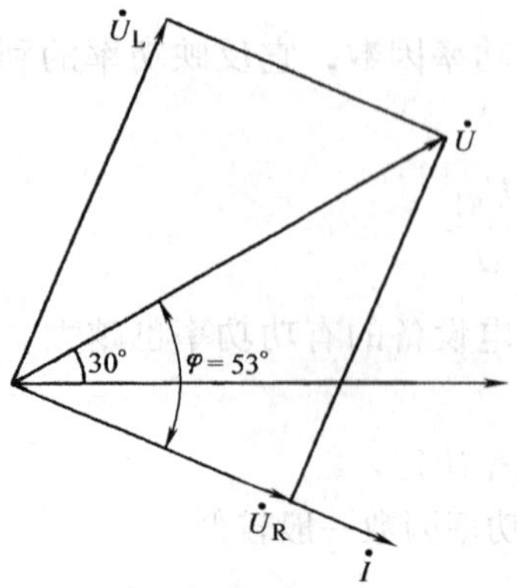

图 12-6　例 12-1 图

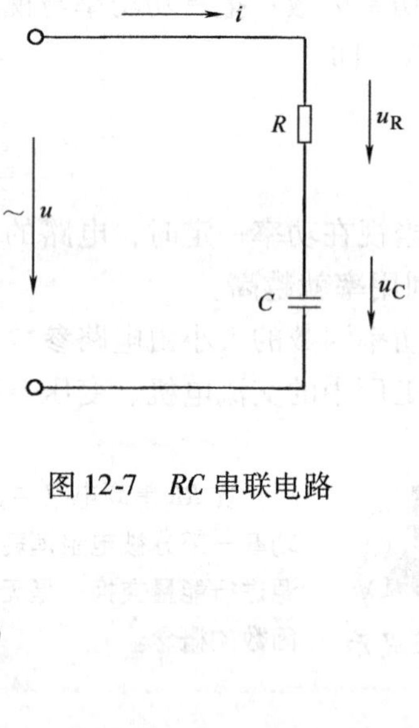

图 12-7　*RC* 串联电路

电容两端的电压为

$$u_C = U_{Cm}\sin\left(\omega t - \frac{\pi}{2}\right)$$

电路的总电压为

$$u = u_R + u_C$$

与之对应的电压有效值相量关系为

$$\dot{U} = \dot{U}_R + \dot{U}_C$$

温馨提示

在电子技术中，经常遇到电阻和电容串联电路，如阻容耦合放大器、*RC* 移相器、*RC* 振荡器等，都包含有 *RC* 串联电路。

它们的相量图如图 12-8 所示。

➤ 电压三角形：由 $\dot{U}$、$\dot{U}_R$ 和 $\dot{U}_C$ 构成的电压三角形，如图 12-9 所示。

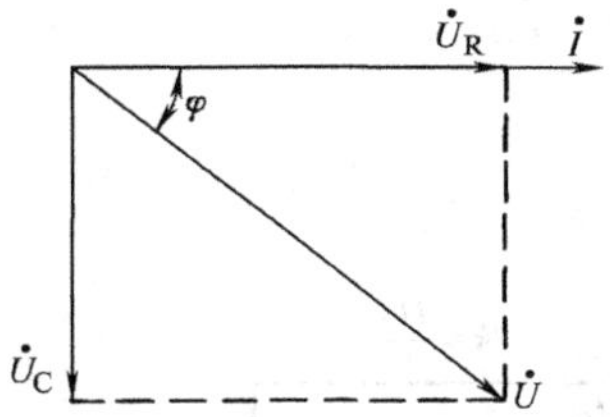

图 12-8 *RC* 串联电路相量图

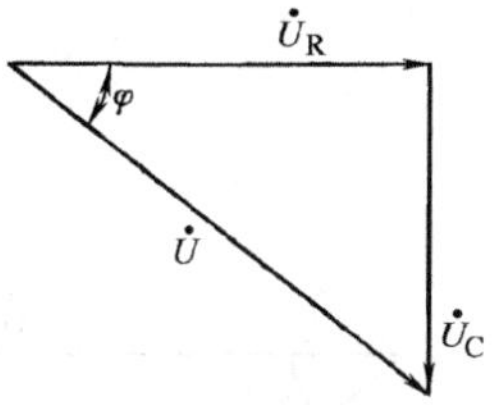

图 12-9 电压三角形

◆ 电压间的数量关系为

$$U = \sqrt{U_R^2 + U_C^2} \tag{12-16}$$

式中 U——总电压的有效值（V）；

U_R——电阻两端电压的有效值（V）；

U_C——电容两端电压的有效值（V）。

请把一只几微法的电容与一只几百欧姆的电阻按图 12-7 所示电路串联接到 6V 的交流电源上，用万用表测量 U、U_R、U_C，结果 U 会等于 U_R 加上 U_C 吗？为什么？

想一想

◆ 总电压与电流相位的关系：总电压的相位滞后于电流，其相位差为

$$\varphi = \arctan\frac{U_C}{U_R} \tag{12-17}$$

◆ 总电压与各部分电压之间的关系为

$$U_R = U\cos\varphi \tag{12-18}$$

$$U_C = U\sin\varphi \tag{12-19}$$

（2）*RC* 串联电路的阻抗

➤ *RC* 串联电路中的欧姆定律为

$$U = IZ \tag{12-20}$$

其中

$$Z = \sqrt{R^2 + X_C^2} \tag{12-21}$$

式中 Z——电路的阻抗，单位是欧姆（Ω）。它表示 *RC* 串联电路对交流电的阻碍作用，大小决定于电路参数（R、C）和电源频率。

➤ 阻抗三角形：将图 12-9 所示的电压三角形的三边同时除以电流 I，得到电阻、容抗和阻抗构成的阻抗三角形，如图 12-10 所示。

◆ 阻抗三角形的阻抗角为

$$\varphi = \arctan\frac{X_C}{R} \tag{12-22}$$

◆ 阻抗与电阻、容抗间的关系为

$$R = Z\cos\varphi \tag{12-23}$$

$$X_C = Z\sin\varphi \tag{12-24}$$

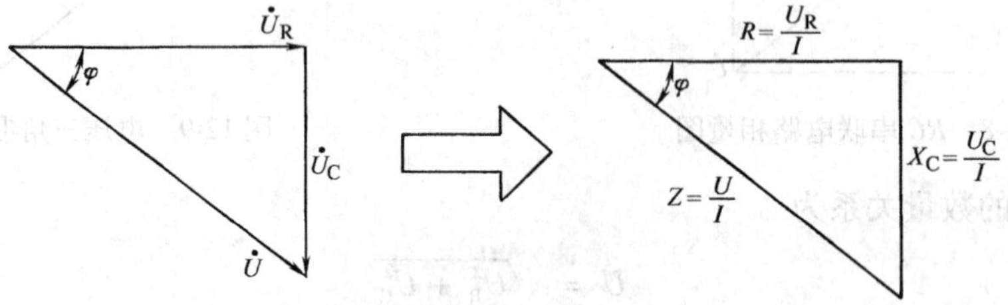

图 12-10　阻抗三角形

（3）*RC* 串联电路的功率　将电压三角形三边同时乘以电流 I，就可以得到功率三角形，如图 12-11 所示。在 *RC* 串联电路中，既有耗能元件电阻，又有储能元件电容。因此，电源所提供的功率既有有功功率，又有无功功率，其表达式分别为

$$P = U_R I = I^2 R = \frac{U_R^2}{R} = UI\cos\varphi = S\cos\varphi \tag{12-25}$$

$$Q_C = U_C I = I^2 X_C = \frac{U_C^2}{X_C} = UI\sin\varphi = S\sin\varphi \tag{12-26}$$

$$S = UI = I^2 Z = \frac{U^2}{Z} = \sqrt{P^2 + Q_C^2} \tag{12-27}$$

电压与电流的相位差 φ，即阻抗角或是 S 与 P 之间的夹角为

$$\varphi = \arctan\frac{Q_C}{P} \tag{12-28}$$

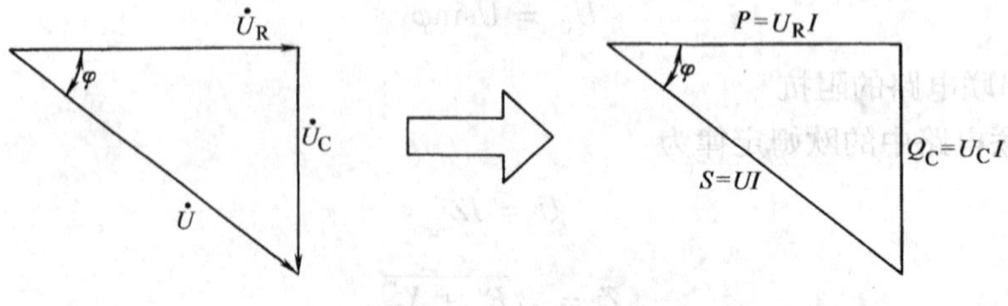

图 12-11　功率三角形

［例 12-2］　*RC* 串联电路中，已知 $C=10\mu F$，$R=100\Omega$，电源频率 $f=50Hz$，$U=220V$。试求：（1）电路中电流的有效值及电阻和电容上的电压；（2）以端电压为参考量作相量图。

解 （1）$X_C = \frac{1}{2\pi fC} = \frac{1}{2\times3.14\times50\text{H}\times10\times10^{-6}\text{F}} \approx 318\Omega$

$Z = \sqrt{R^2 + X_C^2} = \sqrt{100^2 + 318^2}\Omega \approx 333\Omega$

$I = \frac{U}{R} = \frac{220\text{V}}{333\Omega} \approx 0.66\text{A}$

$U_R = IR = 0.66\text{A}\times100\Omega = 66\text{V}$

$U_C = IX_C = 0.66\text{A}\times318\Omega = 210\text{V}$

（2）电流超前电压的相位角为

$$\varphi = \arctan\frac{X_C}{R} = \arctan\frac{318\Omega}{100\Omega} \approx 72.5°$$

电路的相量图如图 12-12 所示。

3. 电阻、电感和电容的串联电路

（1）*RLC* 串联电路电压间的关系

➤ 电压间的关系分析：如图 12-13 所示，设通过 *RLC* 串联电路的电流为 $i = I_m\sin\omega t$，则电阻两端的电压为

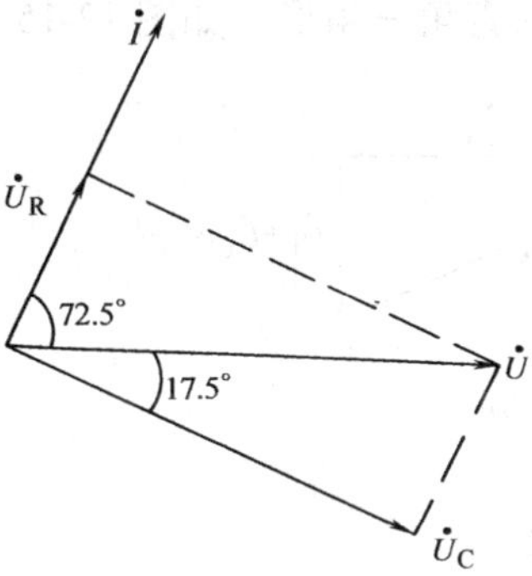

图 12-12 例 12-2 图

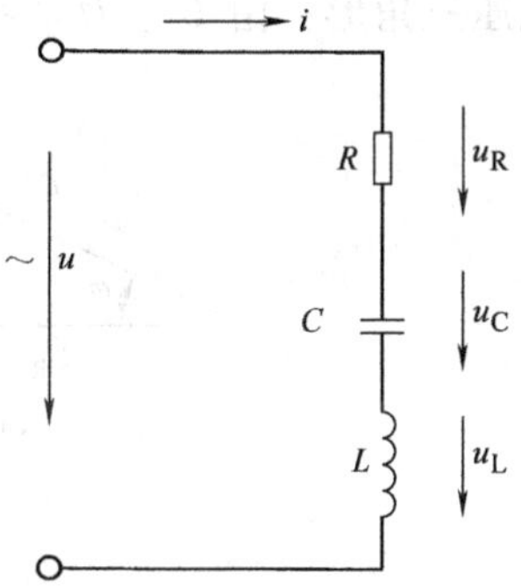

图 12-13 *RLC* 串联电路

温馨提示

电阻、电感和电容的串联电路，简称 *RLC* 串联电路，包含了三个不同的电路参数，是在实际工作中常常遇到的典型电路，如供电系统中的补偿电路和电子技术中常用的串联谐振电路都属于这种电路。

$$u_R = I_mR\sin\omega t$$

电感两端的电压为

$$u_L = I_mX_L\sin(\omega t + \frac{\pi}{2})$$

电容两端的电压为

$$u_C = I_mX_C\sin(\omega t - \frac{\pi}{2})$$

电路总电压瞬时值等于各个元件上电压瞬时值之和，即

$$u = u_R + u_L + u_C$$

对应的相量关系为

$$\dot{U} = \dot{U}_R + \dot{U}_L + \dot{U}_C$$

作出与 i、u_R、u_L 和 u_C 相对应的相量图，如图 12-14 所示。

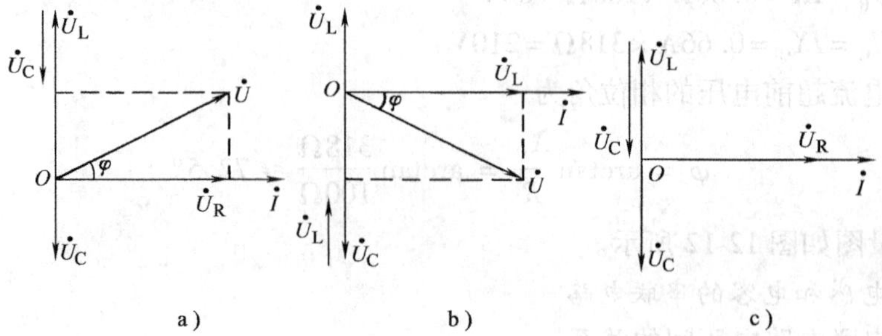

图 12-14 *RLC* 串联电路的相量图

a）$U_L > U_C$ b）$U_L < U_C$ c）$U_L = U_C$

➤ 电压三角形：由 $\dot{U}$、$\dot{U}_R$ 和（$\dot{U}_L - \dot{U}_C$）构成的直角三角形，如图 12-15 所示。

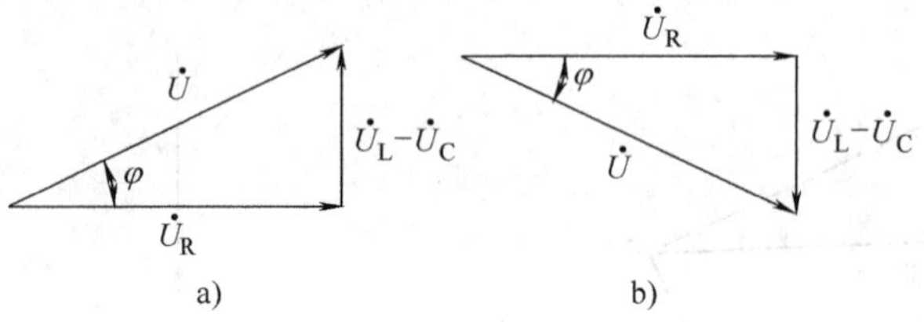

图 12-15 电压三角形

a）$U_L > U_C$ b）$U_L < U_C$

◆ 电压间的数量关系为

$$U = \sqrt{U_R^2 + (U_L - U_C)^2} \tag{12-29}$$

◆ 总电压与电流的相位关系：

当 $U_L > U_C$ 时，$\varphi > 0$，电压超前电流；当 $U_L < U_C$ 时，$\varphi < 0$，电压滞后电流；当 $U_L = U_C$ 时，$\varphi = 0$，电压、电流同相。相位差表达式为

$$\varphi = \arctan\frac{U_L - U_C}{U_R} \tag{12-30}$$

（2）*RLC* 串联电路的阻抗　将 $U_R = IR$、$U_L = IX_L$、$U_C = IX_C$ 代入式（12-29），得

$$U = \sqrt{(IR)^2 + (IX_L - IX_C)^2} = I\sqrt{R^2 + (X_L - X_C)^2} = I\sqrt{R^2 + X^2} = IZ$$

➤ *RLC* 串联电阻欧姆定律为

$$I = \frac{U}{Z} \tag{12-31}$$

其中 $$Z = \sqrt{R^2 + (X_L - X_C)^2} = \sqrt{R^2 + X^2} \tag{12-32}$$

式（12-31）中，Z 是电路的总阻抗，$X = X_L - X_C$ 是电抗，它是电感与电容共同作用的结果，单位都为欧［姆］（Ω）。

➤ 阻抗三角形：阻抗 Z、电阻 R 和电抗 X 组成一个直角三角形，称为阻抗三角形，如图 12-16 所示。

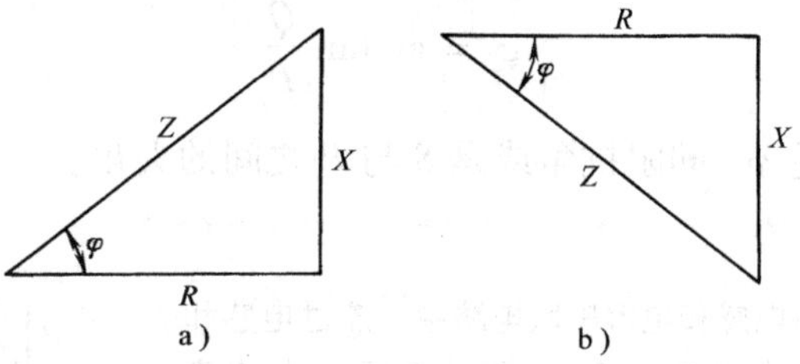

图 12-16　RLC 串联电路的阻抗三角形

a）$X_L > X_C$　b）$X_L < X_C$

◆ 阻抗三角形阻抗角的数学表达式为

$$\varphi = \arctan\frac{X_L - X_C}{R} = \arctan\frac{X}{R} \tag{12-33}$$

◆ 电路性质：阻抗角的大小决定于电路参数 R、L、C 及电源频率 f，电抗 X 的值决定电路的性质。下面分三种情况进行讨论：

① 当 $X_L > X_C$ 时，则 $\varphi = \arctan\frac{X}{R} > 0$（图 12-16a），即总电压 u 超前电流 i，电路呈感性。

② 当 $X_L < X_C$ 时，则 $\varphi = \arctan\frac{X}{R} < 0$（图 12-16b），即总电压 u 滞后于电流 i，电路呈容性。

③ 当 $X_L = X_C$ 时，则 $\varphi = \arctan\frac{X}{R} = 0$，即总电压 u 与电流 i 同相，电路呈阻性。

（3）RLC 串联电路的功率　如果将电压三角形的三边同时乘以电流有效值 I，就可以得到由视在功率 S、有功功率 P 和无功功率 Q 组成的直角三角形，即功率三角形，如图 12-17 所示。

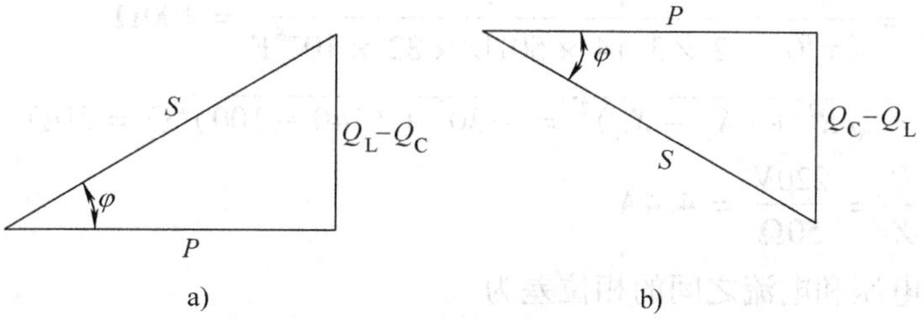

图 12-17　功率三角形

a）$Q_L > Q_C$　b）$Q_L < Q_C$

在 RLC 串联电路中，有功功率 P、无功功率 Q 和视在功率 S 的表达式分别为

$$P = U_R I = UI\sin\varphi \tag{12-34}$$

$$Q = (U_L - U_C)I = U_L I - U_C I = Q_L - Q_C = UI\cos\varphi \tag{12-35}$$

$$S = \sqrt{P^2 + Q^2} \tag{12-36}$$

$$\varphi = \arctan\frac{Q}{P} \tag{12-37}$$

电压与电流的相位差 φ，即阻抗角或是 S 与 P 之间的夹角。

温馨提示

在电阻、电感和电容串联电路中，流过电感和电容的是同一个电流，而电感两端电压 u_L 与电容两端电压 u_C 的相位相反，感性无功功率 Q_L 与容性无功功率 Q_C 是可以互相补偿的。以电流 i 为参考正弦量，作出 i、u_L、u_C、p_L 和 p_C 的波形图，如图 12-18 所示。从波形图中可以看出，当 p_L 为正值，p_C 为负值；当 p_L 为负值，p_C 为正值。即电感线圈放出的能量被电容器吸收，以电场能的形式储存在电容器中，电容器放出的能量又被电感线圈吸收，以磁场能的形式储存在线圈中，减轻了电源的负担。电路中的无功功率为两者之差，即 $Q = Q_L - Q_C$。

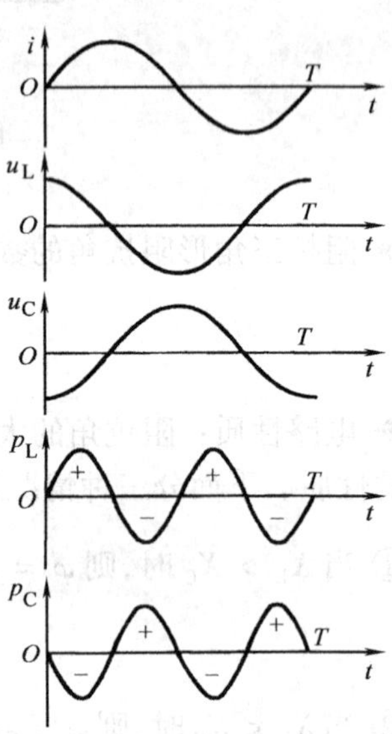

图 12-18　RLC 串联电路波形图

［例 12-3］　在 RLC 串联电路中，已知电路端电压 $U = 220\text{V}$，电源频率为 $f = 50\text{Hz}$，电阻 $R = 30\Omega$，电感 $L = 445\text{mH}$，电容 $C = 32\mu\text{F}$。求：（1）电路中的电流大小；（2）端电压和电流之间的相位差；（3）电阻、电感和电容两端的电压；（4）电路的有功功率、无功功率和视在功率。

解　（1）$X_L = 2\pi fL = 2 \times 3.14 \times 50\text{Hz} \times 0.445\text{H} = 140\Omega$

$$X_C = \frac{1}{2\pi fC} = \frac{1}{2 \times 3.14 \times 50\text{Hz} \times 32 \times 10^{-6}\text{F}} = 100\Omega$$

$$Z = \sqrt{R^2 + (X_L - X_C)^2} = \sqrt{30^2 + (140 - 100)^2}\Omega = 50\Omega$$

所以　$I = \dfrac{U}{Z} = \dfrac{220\text{V}}{50\Omega} = 4.4\text{A}$

（2）端电压和电流之间的相位差为

$$\varphi = \arctan\frac{X_L - X_C}{R} = \arctan\frac{140\Omega - 100\Omega}{30\Omega} = 53.1°$$

因为 $X_L > X_C$、$\varphi > 0$，所以电压超前电流，电路呈感性。

（3）电阻、电感和电容两端的电压分别是

$U_R = RI = 30\Omega \times 4.4A = 132V$

$U_L = X_L I = 140\Omega \times 4.4A = 616V$

$U_C = X_C I = 100\Omega \times 4.4A = 440V$

（4）电路的有功功率、无功功率和视在功率分别为

$P = U_R I = 132V \times 4.4A = 581W$

$Q = (U_L - U_C)I = (616 - 440)V \times 4.4A = 744var$

$S = UI = 220V \times 4.4A = 968V \cdot A$

（4）**串联谐振** 在 RLC 串联电路中，电抗 X 的值决定电路的性质。$X>0$，电路呈感性；$X<0$，电路呈容性；$X=0$，电路呈电阻性，端电压与电流同相，电路的这种状态叫做串联谐振。

如图 12-19 所示，将三个元件 R、L 和 C 与一个小灯泡串联，接在频率可调的正弦交流电源上，并保持电源电压不变。将电源频率逐渐由小调大，发现小灯泡也慢慢由暗变亮。当达到某一频率时，小灯泡最亮；当频率继续增加时，又会发现小灯泡又慢慢由亮变暗。

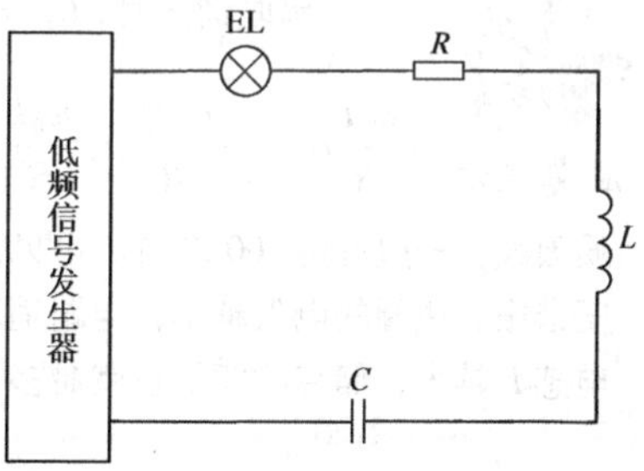

图 12-19 串联谐振实验图

为什么会出这种现象呢？设电路两端所加的正弦电压为 U，则

$$I = \frac{U}{Z}$$

式中

$$Z = \sqrt{R^2 + (X_L - X_C)^2} = \sqrt{R^2 + (\omega L - \frac{1}{\omega C})^2}$$

当频率较低时，容抗大而感抗小，阻抗 Z 较大，电流较小；当频率较高时，感抗大而容抗小，阻抗 Z 也较大，电流也较小；在这两个频率之间，总会有某一频率，使容抗和感抗恰好相等，这时阻抗最小且为纯电阻，电流达到最大值，且与端电压同相，这就发生了串联谐振。

➤ 串联谐振的条件为

$$X_L = X_C \quad 或 \quad \omega_0 L = \frac{1}{\omega_0 C}$$

即

$$\omega_0 = \frac{1}{\sqrt{LC}} \quad 或 \quad f_0 = \frac{1}{2\pi\sqrt{LC}} \qquad (12\text{-}38)$$

◆ 谐振频率 f_0 仅由电路参数 L 和 C 决定，与电阻 R 无关，它反映电路本身的固有性质。

◆ 当电路的参数确定之后，对应的 f_0 有确定的值（把 f_0 叫做电路的固有频率）。要使电路发生谐振，电源的频率必须等于电路的固有频率。

◆ 在实际应用中，常常通过调节 L 或 C 的大小来实现谐振。

➤ 串联谐振的特点：

◆ 串联谐振时，$X_L = X_C$，$Z_0 = R$，电路呈阻性，即整个电路相当于一个电阻。电源供给的能量全部被电阻吸收，电源与电路之间不发生能量互换，能量互换只发生在电感线圈与电容之间。

◆ 串联谐振时，因阻抗最小，在电源电压 U 一定时，电流最大，其值 $I_0 = \dfrac{U}{Z_0} = \dfrac{U}{R}$。由于电路呈电阻性，故电流与电源电压同相。

◆ 电阻两端的电压等于总电压，电感和电容两端的电压相等，其大小为总电压的 Q 倍。Q 称为串联谐振电路的品质因数，其值为

$$Q = \frac{\omega_0 L}{R} = \frac{1}{\omega_0 CR} \tag{12-39}$$

温馨提示

串联谐振时，$U_L = X_L I_0 = \dfrac{\omega_0 L}{R}U$，$U_C = X_C I_0 = \dfrac{1}{\omega_0 CR}U$。由于 $U_L = U_C$，故 $U_L = U_C = \dfrac{\omega_0 L}{R}U = \dfrac{1}{\omega_0 CR}U$，令 $\dfrac{\omega_0 L}{R} = \dfrac{1}{\omega_0 CR} = Q$，则 $U_L = U_C = QU$。式中 Q 称为串联谐振电路中的品质因数，一般可达 100 左右。可见，电感和电容上的电压比电源电压大很多倍，故串联谐振也叫电压谐振。线圈的电阻越小，电路消耗的能量也越小，则表示电路的品质因数高，品质好；若线圈的电感 L 越大，储存的能量也就越多，同样说明电路的品质因数高，品质好。

➤ 串联谐振的应用：串联谐振在电子技术中有着广泛的应用，它能将微弱信号转化为一个与信号电压频率相同但大很多倍的电压，如应用于调谐电路、反馈电路。但在电力工程上，应尽量避免发生串联谐振，因为谐振时，电容或电感上会出现高于端电压很多倍的过电压，可能击穿线圈、电容或其他电气设备，造成设备损坏及事故。

小知识

在收音机中，常利用串联谐振电路来选择电台信号，这个过程叫调谐。图 12-20a 所示是它的输入回路，图 12-20b 所示是它的等效电路。当各种不同频率信号的电波在天线上产生感应电流时，电流经过线圈 L_1 感应到线圈 L_2 上。如果 L_2C 回路对某一频率信号发生谐振时，回路中该信号的电流最大，则在电容器两端产生一个高于该信号电压 Q 倍的电压 U_C。而对于其他频率的信号，因为没有发生谐振，在回路中电流很小，从而被电路抑制掉。所以，可以改变电容器的电容 C，以改变回路的谐振频率，来选择所需的电台信号。

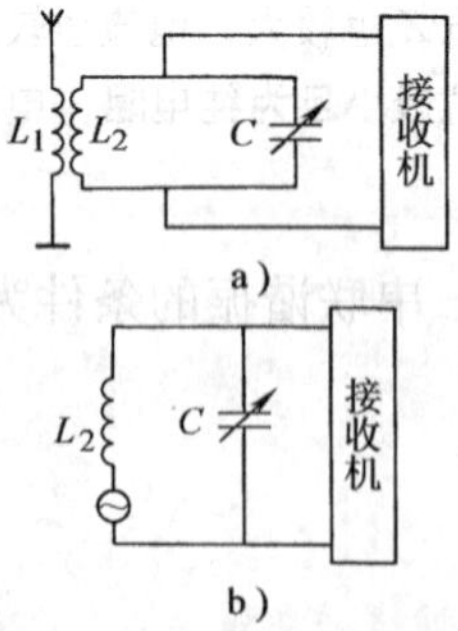

图 12-20　收音机的输入回路

a）输入回路　b）等效电路

➤ 串联谐振电路的选择性和通频带：

◆ 串联谐振电路的选择性：电路的品质因数 Q 值的大小是标志谐振回路质量优劣的重要指标，它对谐振曲线（电流随频率变化的曲线）有很大的影响。Q 值不同，谐振曲线的

形状不同，可以看出谐振回路的质量好坏。图 12-21 所示选取不同的 Q 值时，I/I_0 随 ω/ω_0 的变化曲线，可以看出 Q 值越高，在一定的频率偏离下，电流衰减得越厉害，其谐振曲线越陡，说明电路越具有选择最接近谐振频率的电流的性能，这种性能称为选择性。因此，在电子技术中，常用品质因数 Q 值的高低来体现选择性的好坏。

温馨提示

回路的 Q 值越高，谐振曲线越尖锐，电路的通频带就越窄；反之，回路的 Q 值越小，谐振曲线越平坦，电路的通频带越宽。

在广播通信中，信号既有高音，又有中音和低音，而且要有一定的频率范围。这样，既要考虑选择性，又要考虑通频带，因此既要考虑回路选择性的优劣，又要考虑到一定频率范围内回路允许信号通过的能力。品质因数要选得恰当、合理。

◆ 串联谐振回路的通频带：规定在谐振曲线上，$I/I_0 = 1/\sqrt{2}$ 所包含的频率范围叫做电路的通频带，用字母 BW 表示，如图 12-22 所示。

$$BW = f_2 - f_1 = 2\Delta f \qquad (\Delta f = f_2 - f_0 = f_0 - f_1)$$

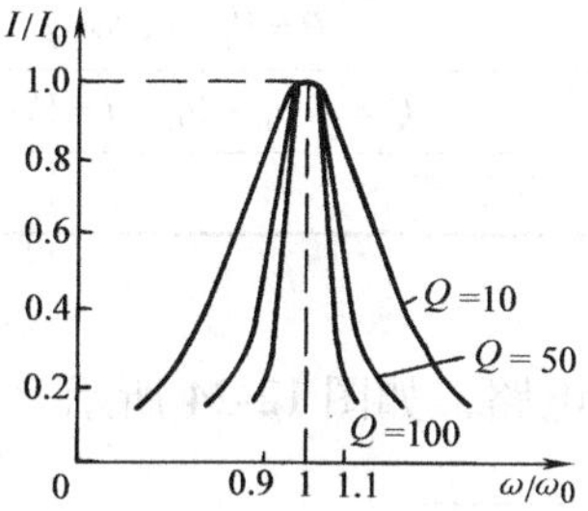

图 12-21　谐振曲线

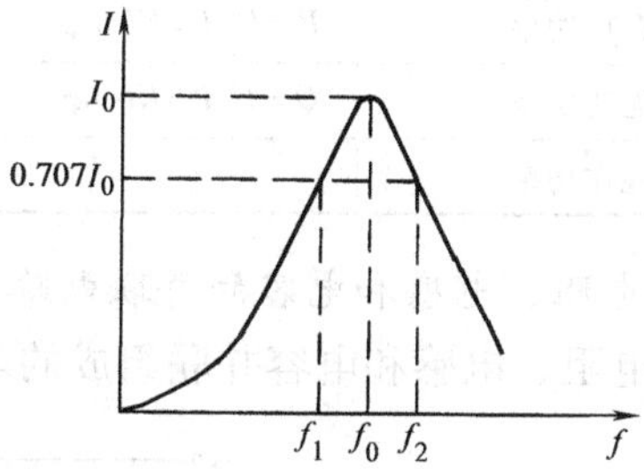

图 12-22　通频带

［例 12-4］　某收音机的输入回路如图 12-23 所示，线圈的电感为 0.2mH，要想使频率为 820kHz 的信号获得最佳收听效果，电容 C 应调节到多少？

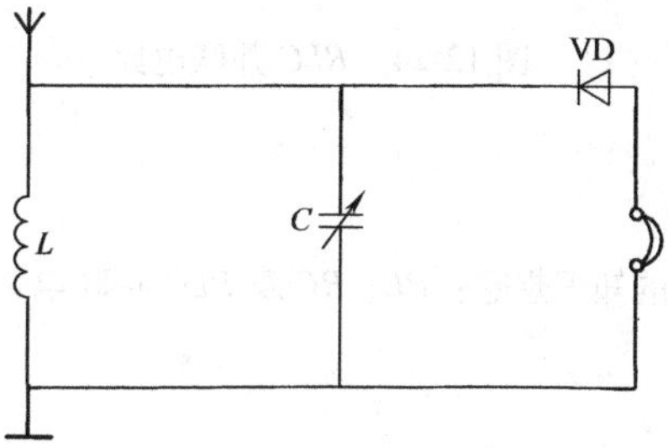

图 12-23　例 12-4 图

解　要使 f = 820kHz 的信号获得最佳效果，必须使电路的固有频率为 820kHz，即电路的谐振频率为 820kHz。因为

$$f_0 = \frac{1}{2\pi\sqrt{LC}}$$

所以 $C=\dfrac{1}{4\pi^2 f_0^{\,2} L}=\dfrac{1}{4\times3.14^2\times(820\times10^3\text{Hz})^2\times0.2\times10^{-3}\text{H}}=200\text{pF}$

4. 串联电路中电压、电流和功率的关系

其关系见表 12-1。

表 12-1　串联电路中电压、电流和功率的关系

项目 \ 电路形式		RL 串联电路	RC 串联电路	RLC 串联电路
阻抗		$Z=\sqrt{R^2+X_L^2}$	$Z=\sqrt{R^2+X_C^2}$	$Z=\sqrt{R^2+(X_L-X_C)^2}$
电流和电压间的关系	大小	$I=\dfrac{U}{Z}$	$I=\dfrac{U}{Z}$	$I=\dfrac{U}{Z}$
	相位	电压超前电流 φ $\tan\varphi=\dfrac{X_L}{R}$	电压滞后电流 φ $\tan\varphi=\dfrac{X_C}{R}$	$\tan\varphi=\dfrac{X_L-X_C}{R}$ $X_L>X_C$，电压超前电流 φ，呈感性 $X_L<X_C$，电压滞后于电流 φ，呈容性 $X_L=X_C$，电压与电流同相，呈阻性
有功功率		$P=U_RI=UI\cos\varphi$	$P=U_RI=UI\cos\varphi$	$P=U_RI=UI\cos\varphi$
无功功率		$Q=U_LI=UI\sin\varphi$	$Q=U_CI=UI\sin\varphi$	$Q=(U_L-U_C)I=UI\sin\varphi$
视在功率		$S=UI=\sqrt{P^2+Q^2}$		

5. 电阻、电感和电容的并联电路

由电阻、电感和电容并联组成的电路叫做 *RLC* 并联电路，如图 12-24 所示。

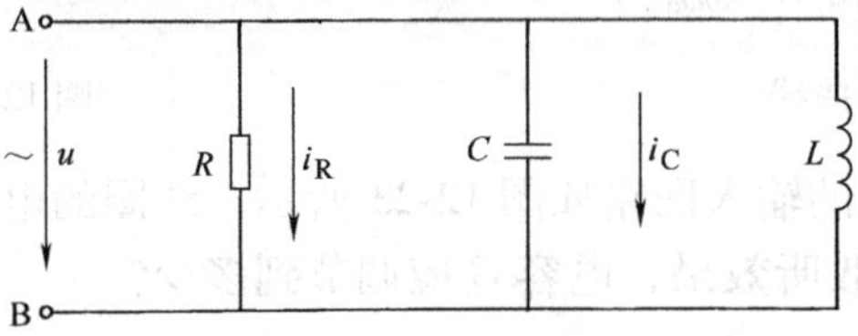

图 12-24　*RLC* 并联电路

请你利用已学的知识想想：*RL*、*RC* 及 *RLC* 并联电路中各电流间的关系及阻抗和功率是多少。

想一想

（1）电路电流分析　在 *AB* 两端加上一个正弦交流电压 $u=U_m\sin\omega t$，那么，各支路上的电流分别为

$$i_R=I_{Rm}\sin\omega t, I_R=\frac{U}{R}$$

$$i_L=I_{Lm}\sin\left(\omega t-\frac{\pi}{2}\right), I_L=\frac{U}{X_L}$$

$$i_C = I_{Cm}\sin\left(\omega t + \frac{\pi}{2}\right), I_C = \frac{U}{X_C}$$

电路中任一瞬间总电流等于各支路电流瞬时值之和，即

$$i = i_R + i_L + i_C$$

对应的相量关系为

$$\dot{I} = \dot{I}_R + \dot{I}_L + \dot{I}_C$$

作出与 U、i_R、i_L、i_C 相对应的相量图，如图 12-25 所示。

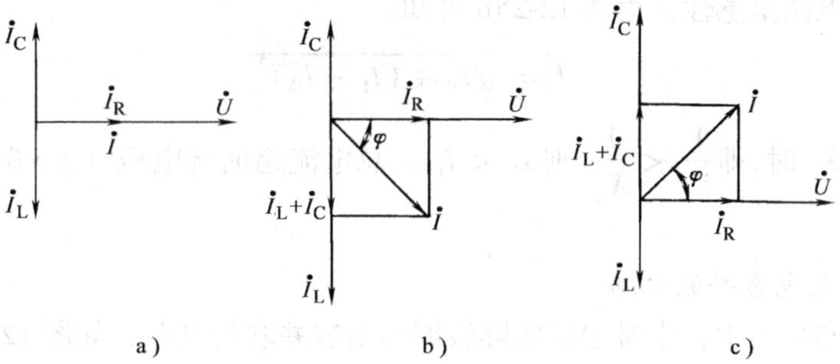

图 12-25 *RLC* 并联电路的相量图

a) $X_L = X_C$ b) $X_L < X_C$ c) $X_L > X_C$

(2) 相关计算公式

➤ 欧姆定律：

$$I = \frac{U}{Z}$$

请你利用已学知识推导 *RLC* 并联电路中 Z、φ 的表达式。

式中，Z 为电路的阻抗，其表达式为

$$Z = \frac{1}{\sqrt{\left(\frac{1}{R}\right)^2 + \left(\frac{1}{X_L} - \frac{1}{X_C}\right)^2}} \tag{12-40}$$

➤ 总电流与端电压的相位差为

$$\varphi = -\arctan\frac{I_L - I_C}{I_R} \tag{12-41}$$

(3) 电路性质分析　电阻上的电流与电路端电压同相，而电感支路的电流则滞后端电压 90°，电容支路的电流则超前端电压 90°，因此，电感支路的电流与电容支路的电流是反相的，故 *RLC* 并联电路的性质要由这两个电流分量的大小来决定。又因各元件两端的电压

相等，所以电路的性质由感抗和容抗的大小来决定。

➤当$X_L = X_C$时，即$\frac{1}{X_L} = \frac{1}{X_C}$，则$I_L = I_C$，这就是说，电感支路电流$I_L$和电容支路电流$I_C$大小相等、相位相反，电路中的总电流等于电阻支路的电流，即$I = I_R$。此时，端电压和总电流的相位差为零，即端电压与总电流同相，电路呈阻性，电路的这种状态叫做并联谐振，如图 12-25a 所示。

➤当$X_L < X_C$时，即$\frac{1}{X_L} > \frac{1}{X_C}$，则$I_L > I_C$，总电流应为电阻、电感与电容的电流之和，并滞后于端电压，电路呈感性，由图 12-25b 可知。

$$I = \sqrt{I_R^2 + (I_L - I_C)^2} \tag{12-42}$$

➤当$X_L > X_C$时，即$\frac{1}{X_L} < \frac{1}{X_C}$，则$I_L < I_C$，总电流超前端电压（$\varphi > 0$），如图 12-25c 所示，电路呈容性。

6. 实际线圈与电容并联电路

在实际生产和生活中，常常遇到实际线圈与电容并联的电路，如图 12-26 所示。

（1）电路电流分析　由于各支路的阻抗不仅影响电流的大小，而且影响电流的相位。因此，解这类问题可分两步进行：先按串联电路的规律分别对各支路进行分析、计算；然后再根据并联电路的规律，用相量求和的方法计算总电流。

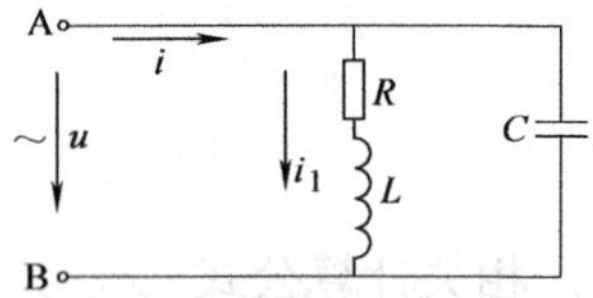

图 12-26　实际线圈与电容并联电路

➤第一步：如图 12-26 所示，加在各支路的电压是同一电压。以电压为参考量，即

$$u = U_m \sin\omega t$$

实际线圈支路中的电流为

$$I_1 = \frac{U}{Z_1} = \frac{U}{\sqrt{R^2 + X_L^2}}$$

该支路电流i_1滞后电压u的角度为

$$\varphi_1 = \arctan\frac{X_L}{R}$$

电容支路的电流为

$$I_C = \frac{U}{X_C}$$

该支路电流i_C超前电压u

$$\varphi_c = \frac{\pi}{2}$$

➤第二步：作出总电压与各支路电流的相量图，如图 12-27a 所示。应用平行四边形法则，求出各支路电流的相量和，就是总电流的相量，即

$$\dot{I} = \dot{I}_1 + \dot{I}_C$$

总电流的大小为

$$I = \sqrt{(I_1\cos\varphi_1)^2 + (I_1\sin\varphi_1 - I_C)^2}$$

总电流与电压的相位差为

$$\varphi = \arctan\frac{I_1\sin\varphi_1 - I_C}{I_1\cos\varphi_1}$$

在求出电路的总电流 I 和电流与电压间的相位差 φ 以后，可按下面的公式求电路的功率。

$$\begin{cases} S = UI \\ P = UI\cos\varphi \\ Q = UI\sin\varphi \end{cases}$$

（2）电路谐振分析　由图 12-27a 所示还可知道，在 LC 并联电路两端外加交流电压，当电源频率很低时，电感支路中的阻抗较小，电流 I_1 较大；电容支路中阻抗较大，电流 I_C 较小，结果电路中将流过较大的电流 I。当电源频率很高时，电感支路中的阻抗较大，电流 I_1 较小；电容支路中的阻抗较小，电流 I_C 较大，结果电路中仍将流过较大的电流 I。这两种情况都相当于并联电路的总阻抗较小。

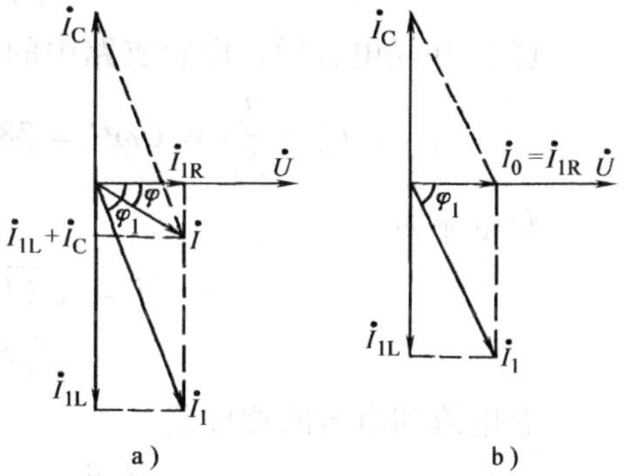

图 12-27　电压、电流的相量图

a）电压相量图　b）电流相量图

在上述频率很高或很低的两种极端之间，总会有某一频率使得电感支路中的电流 I_1 与电容支路中的电流 I_C 大小相等，这时由于两支路电流的相位差接近于 180°（因为 $X_L \gg R$），它们互相抵消，在电路中仅剩下一很小的电流 I，该电流是与端电压 U 同相的，这时电路达到并联谐振状态，其相量图如图 12-27b 所示。

➤ 并联谐振的条件为

$$\omega_0 \approx \frac{1}{\sqrt{LC}} \quad 或 \quad f_0 \approx \frac{1}{2\pi\sqrt{LC}} \qquad (12\text{-}43)$$

➤ 电路谐振时的特点：

◆ 谐振时，电路的阻抗最大，且为纯电阻。其值为

$$Z_0 = \frac{X_L^{\ 2}}{R} = \frac{\omega_0^{\ 2}\cdot L^2}{R} = \frac{L}{RC}$$

◆ 谐振时，阻抗 Z 最大，所以电流最小，即

$$I_0 = \frac{U}{Z_0} = \frac{URC}{L}$$

电路呈电阻性，故总电流与端电压同相。

想一想

并联谐振和串联谐振相关公式的推导类似，谐振曲线的形状相同，选择性和通频带也一样，请学习者自行思考。

◆ 电感和电容上的电流接近相等，并为总电流的 Q 倍。Q 为电路的品质因数，其值为

$$Q=\frac{\omega_0 L}{R}=\frac{1}{\omega_0 CR} \tag{12-44}$$

［例 12-5］ 有一感性负载，功率 $P=20\text{kW}$，$\cos\varphi_1=0.6$，电源电压 $U=380\text{V}$，$f=50\text{Hz}$，求：（1）电路中电流的大小；（2）若并联一个 $C=374\mu\text{F}$ 的电容，这时电路中的总电流、功率因数各为多少？

解 （1）电路中的电流为

$$I_1=\frac{P}{U\cos\varphi_1}=\frac{20\times10^3\text{W}}{380\text{V}\times0.6}=87.7\text{A}$$

（2）并联电容后，电容支路中的电流为

$$I_C=\frac{U}{X_C}=U\omega C=380\text{V}\times314\text{rad/s}\times374\times10^{-6}\text{F}=44.7\text{A}$$

总电流为

$$\begin{aligned}I&=\sqrt{(I_1\cos\varphi_1)^2+(I_1\sin\varphi_1-I_C)^2}\\&=\sqrt{(87.7\text{A}\times0.6)^2+(87.7\text{A}\times0.8-44.7\text{A})^2}=58.5\text{A}\end{aligned}$$

总电流和电压的相位差

$$\varphi=\arctan\frac{I_1\sin\varphi_1-I_C}{I_1\cos\varphi_1}=\frac{87.7\text{A}\times0.8-44.7\text{A}}{87.7\text{A}\times0.6}=25.8°$$

功率因数为

$$\cos\varphi=\cos25.8°=0.9$$

7. *RLC* 串并联谐振电路的特点比较

RLC 串并联谐振电路的特点见表 12-2。

表 12-2 *RLC* 串并联谐振电路的特点

电路形式 项目	*RLC* 串联谐振电路	电感线圈与电容器并联谐振电路
谐振条件	$X_L=X_C$	$X_L=X_C$
谐振频率	$f_0=\frac{1}{2\pi\sqrt{LC}}$	$f_0\approx\frac{1}{2\pi\sqrt{LC}}$
谐振阻抗	$Z_0=R$（最小）	$Z_0=\frac{L}{RC}$（最大）
谐振电流	$I_0=\frac{U}{R}$（最大）	$I_0=\frac{U}{Z_0}$（最小）
品质因数	$Q=\frac{\omega_0 L}{R}=\frac{1}{\omega_0 RC}$	$Q=\frac{\omega_0 L}{R}=\frac{1}{\omega_0 RC}$
电感或电容器上的电压或电流	$U_L=U_C=QU$ $U_R=U$	$I_{RL}=I_C=QI_0$ $I_C\approx I_L$

8. 提高功率因数的意义和方法

（1）提高功率因数的意义　提高电力系统的功率因数对国民经济的发展有着极其重要的意义。功率因数的提高能使发电设备的容量得到充分利用，同时能节约大量电能。

> 温馨提示
>
> 在交流电路中，有功功率 $P = UI\cos\varphi = S\cos\varphi$ 上式中的 $\cos\varphi$ 就是电路的功率因数。功率因数是用电设备的一个重要技术指标，是由负载中包含的电阻与电抗的相对大小所决定的，或者说由电路中有功功率与无功功率的相对大小所决定的。生产中使用的电气设备大多属于感性负载，如变压器、异步电动机及带镇流器的荧光灯等，它们的功率因数都比较低。提高用户的功率因数对于提高电网运行的经济效益以及节约电能都有重要意义。纯电阻电路中，电流与电压同相，其功率因数为 1，感性负载的功率因数介于 0 ~ 1 之间。

➤ 提高供电设备的能量利用率：每个供电设备都有额定容量，即视在功率 $S = UI$。在电路正常工作时是不允许超过额定值的，否则会损坏供电设备。对于非电阻性负载电路，供电设备输出的总功率 S 中，一部分为有功功率 $P = S\cos\varphi$，另一部分为无功功率 $Q = S\sin\varphi$。如果输出的总功率一定时，功率因数 $\cos\varphi$ 越小，电路的有功功率就越小，而无功功率就越大。为了使同等容量的供电设备向用户提供更多的有功功率，就必须提高功率因数。

[例 12-6]　一台发电机的额定电压为 220V，输出的总功率为 4400kV · A。求：（1）该发电机向额定工作电压为 220V，有功功率为 4.4kW，功率因数为 0.5 的用电器供电，能使多少个这样的用电器正常工作？（2）若把用电器的功率因数提高到 0.8，又能使多少个用电器正常工作？

解　（1）发电机的额定工作电流

$$I_N = \frac{S}{U} = \frac{4400 \times 10^3 \text{V} \cdot \text{A}}{220\text{V}} = 20000\text{A}$$

当 $\cos\varphi = 0.5$ 时，每个用电器中的电流为

$$I = \frac{P}{U\cos\varphi} = \frac{4400\text{W}}{220\text{V} \times 0.5} = 40\text{A}$$

则发电机能供给的用电器个数为

$$n = \frac{I_N}{I} = \frac{20000\text{A}}{40\text{A}} = 500 \text{个}$$

（2）当 $\cos\varphi = 0.8$ 时，每个用电器中的电流为

$$I' = \frac{P}{U\cos\varphi'} = \frac{4400\text{W}}{220\text{V} \times 0.8} = 25\text{A}$$

则发电机能供给的用电器个数

$$n = \frac{I_N}{I'} = \frac{20000\text{A}}{25\text{A}} = 800 \text{个}$$

> 温馨提示
>
> 由例 12-6 可知，当 $\cos\varphi = 0.5$ 时，发电机的有功功率仅为 2200kW，当 $\cos\varphi$ 提高到 0.8 时，发电机的有功功率可达 3520kW，从而提高了发电机的能量利用率。

➤ 减小输电线路上的能量损失：功率因数低，还会增加发电机绕组、变压器和线路的功率损失。在一定的电源电压下，向用户输送一定的有功功率时，由于

$$I = \frac{P}{U\cos\varphi}$$

可知，电流和功率因数成反比。功率因数越低，电路中的电流越大。由于输电线路本身具有一定的阻抗，因此，线路上的压降也就越大，电路的功率损失也就越大。这样，不仅使电能白白地消耗在线路上，而且使负载两端的电压降低，影响负载的正常工作。

想一想

工业用电的测量过程中，既有有功电能表，又有无功电能表。既然“无功”是指“交换”而不表示“消耗”，可又为什么要计算无功电能呢?

[例 12-7]　一座发电站以 220kV 的高压输给负载 4.4×10^5kW 的电力，如果输电线路的总电阻为 10Ω，试计算负载的功率因数由 0.5 提高到 0.8 时，输电线上一天可少损失多少电能?

解　当功率因数 $\cos\varphi_1 = 0.5$ 时，线路中的电流为

$$I_1 = \frac{P}{U\cos\varphi_1} = \frac{4.4\times10^8\text{W}}{220\times10^3\text{V}\times0.5} = 4\times10^3\text{A}$$

当功率因数 $\cos\varphi_2 = 0.8$ 时，线路中的电流为

$$I_2 = \frac{P}{U\cos\varphi_2} = \frac{4.4\times10^8\text{W}}{220\times10^3\text{V}\times0.8} = 2.5\times10^3\text{A}$$

一天少损失的电能为

$$\Delta W = (I_1^2 - I_2^2)Rt = [(4\times10^3\text{A})^2 - (2.5\times10^3\text{A})^2]\times10\Omega\times24\text{h} = 2.34\times10^6\text{kW}\cdot\text{h}$$

(2) 提高功率因数的方法

➤ 提高用电设备本身的功率因数：合理选择和使用电气设备的容量，避免“大马拉小车”、轻载和空载运行的情况。

◆ 容量匹配：异步电动机和变压器是电网中占用无功功率最多的电气设备，当电动机实际负荷比其额定容量低许多时，功率因数将急剧下降。这时电动机做功不大，耗用的无功功率却很多，造成电能的浪费。要提高功率因数，就必须合理选择电动机，使电动机的容量与被拖动的机械负载相配套。电力变压器的选择同样也要配套，容量过大而负荷较小的变压器，也会增大无功功率和铁心的损耗。

◆ 合理使用电动机：对负载有变化但经常处在轻载运行状态的电动机，应对电动机采用降压运行，采用△-Y 接线方式进行自动切换，也可以提高设备自身的功率因数。

➤ 在感性负载上并联电容器提高功率因数：要提高功率因数就要尽可能减小电路的阻抗角 φ。在感性负载上并联电容器，就可以减小阻抗角 φ，从而达到提高功率因数的目的。

◆ 并联电容器以后电路的有功功率不变，负载的工作状态不受任何影响，这是因为电容器不消耗电能。

◆ 在实际电力系统中，并不要求将功率因数提高到 1。因为这样做经济效果并不显著，

还要增加大量的设备投资。

◆ 根据具体的电路，经过经济技术比较，把功率因数提高到适当的数值即可。

温馨提示

在具有感性负载的电路中，一般功率因数比较低。异步电动机的功率因数，在额定负载时一般为0.6~0.8左右，轻载时，功率因数会更低。所有的感性负载在建立磁场的过程中都存在无功功率，因为励磁电流是不断变化的，磁场能量不断增减，电感线圈和电源之间不停地进行能量交换，因此都需要无功功率。变压器需要无功功率，否则无法工作；电动机也需要无功功率，否则无法转动。但是，为了使发电机的容量得到充分的利用，从经济观点出发，必须减小无功功率，提高功率因数。

[**例 12-8**]　如何提高荧光灯电路的功率因数。

答　如图 12-28a 所示的荧光灯电路，是典型的感性电路。在并联电容前，电压超前电流的角度为

$$\varphi_1 = \arctan \frac{X_L}{R}$$

式中　X_L——荧光灯电路的感抗（Ω）；

　　　R——荧光灯电路的电阻（Ω）。

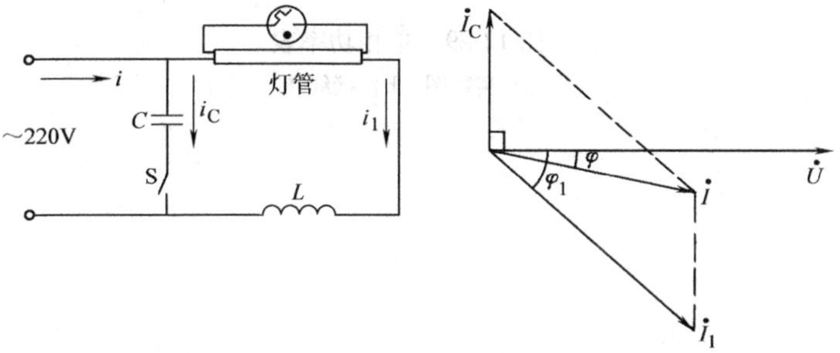

a)　　　　b)

图 12-28　提高荧光灯电路的功率因数

a）电路图　b）相量图

小知识

荧　光　灯

荧光灯亦叫日光灯，它的发光效率比白炽灯高出3倍以上，一盏30W的荧光灯所发出的光量相当于一盏100W的白炽灯所发出的光量。荧光灯的光线柔和且温度低，使用寿命也比白炽灯长得多，但荧光灯的价格比白炽灯高，使用传统镇流器的荧光灯功率因数低，电源电压的波动对发光效率的影响大。采用电子镇流器的荧光灯，提高了功率因数。

荧光灯的使用寿命一般在3000h以上。按灯管功率来分，荧光灯有8W、12W、15W、20W、30W、40W等多种。灯管型号中标有“RR”表示日光色、“RL”表示冷白色、“S”表示细径管。

当感性负载（荧光灯电路）并联电容器以后，电容器支路的电流超前电压$\frac{\pi}{2}$，作出它们的相量图，如图 12-28b 所示，这样就使电流与电压间的夹角减小，即 $\varphi < \varphi_1$，从而达到

了提高功率因数的目的。

9. 单相功率表的使用

（1）正确选择量程　选择的单相功率表的功率量程、电压量程、电流量程都要大于被测电路的功率、电压、电流。

（2）正确接线　单相功率表（图 12-29a）有电流线圈和电压线圈，每个线圈有两个接线端，且两个接线端中有一个发电机端。接线时，电流线圈串联到被测电路，电流从发电机端流进（交流电火线接发电机端）；电压线圈并联到被测电路，高电位处接发电机端（交流电火线接发电机端）。如图 12-29b 所示。

（3）正确读数　读取指针在刻度盘上偏转过的格数，再将格数乘以分格常数（每格功率大小）即得其功率大小。

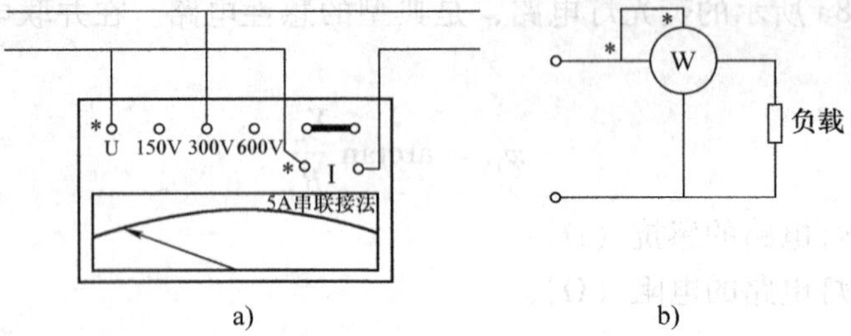

图 12-29　单相功率表
a）实物图　b）接线图

优化训练

1. 把一个 $R=20\Omega$，$L=48\text{mH}$ 的线圈接到 $u=110\sqrt{2}\sin\left(314t+\dfrac{\pi}{2}\right)\text{V}$ 的交流电源上，求电流的有效值，并写出瞬时值的表达式，画出电压、电流的相量图。

2. 一个电感线圈接到电压为 120V 的直流电源上，测得电流为 20A；接到频率为 50Hz、电压为 220V 的交流电源上，测得电流为 28.2A，求线圈的电阻和电感。

3. 荧光灯电路可以看成 RL 串联电路，若已知灯管电阻为 300Ω，镇流器感抗为 400Ω，接在 $u=220\sqrt{2}\sin314t\text{V}$ 的交流电压，求：(1) 电路中的电流；(2) 电路中的有功功率、无功功率、视在功率及功率因数。

4. 将阻值为 30Ω 的电阻和电容量为 80μF 的电容串联接到交流电源上，已知电源电压 $U=220\text{V}$，$f=50\text{Hz}$，试求电路中电流的大小，并作电压、电流的相量图。

5. 为了使一个“36V、0.3A”的灯泡接在 220V、50Hz 的交流电源上能正常工作，可以串上一个电容器限流，问应串联多大的电容才能达到目的？

6. 如题图 12-1 所示的移相电路，已知电容为 0.046μF，欲使输出电压 u_C 的相位落后于输入电压 u30°，问当电压频率 $f=60\text{Hz}$ 时，应配多大的电阻？

7. 将阻值为 30Ω 的电阻和电容量为 80μF 的电容串联接到交流电源上。已知电源电压 $U=220\text{V}$，$f=50\text{Hz}$，试求电路的有功功率、无功功率及视在功率。

8. 在一个 RLC 串联电路中，已知电阻为 8Ω，感抗为 10Ω，容抗为 4Ω，电路的端电压为 220V，求电路中的总阻抗、电流、各元件两端的电压、电流和端电压的相位关系，并画出电压、电流的相量图。

9. 在 RLC 串联交流电路中，已知 $R=6\Omega$，$X_L=15\Omega$，$X_C=7\Omega$，$u=20\sqrt{2}\sin(314t+15°)\text{V}$，求电路中电流的有效值，写出电流的瞬时值表达式，画出电流和电压的相量图。

10. 如题图 12-2 所示，已知 $R=40\Omega$，$X_C=50\Omega$，$U_C=100\text{V}$，$u=141\sin100t\text{V}$，求电感 L。

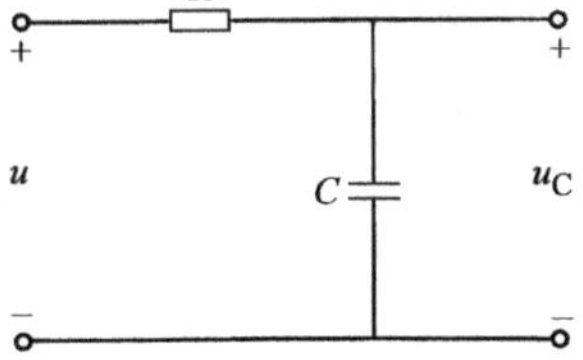

题图 12-1

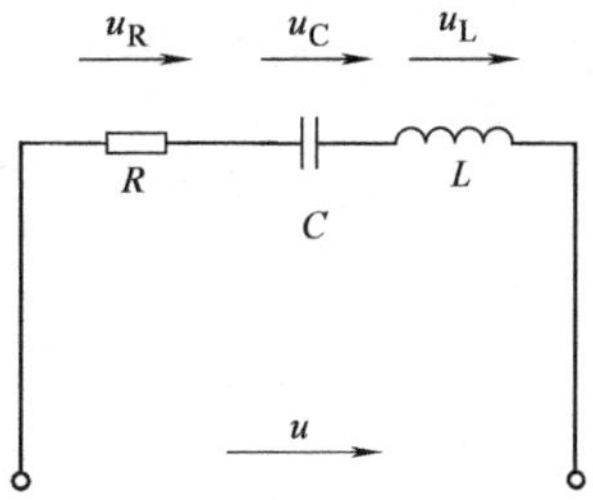

题图 12-2

11. 把一个电阻为 13.7Ω，电感为 0.25mH 的线圈与一个电容为 85pF 的电容器接成串联谐振电路时，试求出谐振频率和谐振时的阻抗。

12. 收音机的输入调谐回路为 RLC 串联谐振电路，当电容为 150pF，电感为 250μH，电阻为 20Ω 时，求谐振频率和品质因数。

13. 在 RLC 串联谐振电路中，已知信号源电压为 1V，频率为 1MHz，现调节电容器使回路达到谐振，这时回路电流为 100mA，电容器两端电压为 100V，求电路元件参数 R、L、C 和回路的品质因数。

14. 已知某交流电路，电源电压 $u=100\sqrt{2}\sin\omega t\text{V}$，电路中的电流 $i=\sqrt{2}\sin(\omega t-60°)\text{A}$，求电路的功率因数、有功功率、无功功率和视在功率。

15. 在 RLC 串联电路中，$R=20\Omega$，$L=63.5\text{mH}$，$C=30\mu\text{F}$，电源电压 $u=311\sin(314t+15°)\text{V}$。试求：(1) 电路的感抗、容抗和阻抗；(2) 总电流的有效值和瞬时值的表达式；(3) 各个元件上电压的有效值；(4) 有功功率、无功功率、视在功率；(5) 判断电路的性质。

16. 滤波器中有一种为 RL 滤波电路，如图 12-3 所示。$R=22\Omega$，电感 $L=0.5\text{H}$，试求：(1) 当 A、B 两端所接直流电压 $U=220\text{V}$，C、D 两端的输出电压是多少？(2) 当 A、B 两端所接交流电压 $u=220\sqrt{2}\sin314t\text{V}$，C、D 两端的输出电压又是多少？

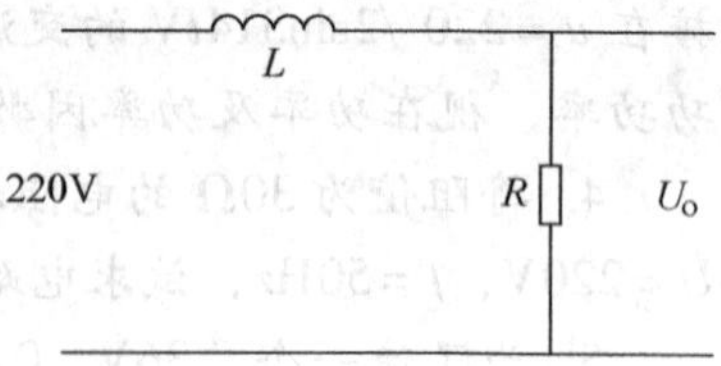

题图 12-3

17. 为了求出一个线圈的参数，在线圈两端接上频率为 50Hz 的交流电源，测得线圈两端的电压为 150V，通过线圈的电流为 3A，线圈消耗的有功功率为 360W，问此线圈的电感和电阻是多大？

18. 某变电所输出的电压为 220V，额定视在功率为 220kV·A。如果给电压为 220V、功率因数为 0.75、额定功率为 33kW 的单位供电，问能供给几个这样的单位？若把功率因数提高到 0.9，又能供给几个这样的单位？

19. "220V、40W" 的荧光灯，接到 220V、50Hz 的交流电源上，要求将功率因数从 0.45 提高到 0.9。试求：需并联多大容量的电容？

20. "220V、30W" 的荧光灯，接到 220V、50Hz 的交流电源上，通过的电流是 0.41A，试求：(1) 它的功率因数是多少？(2) 如果要把功率因数提高 90%，问应并联多大容量的电容？

21. 在 220V、50Hz 的交流电路中，接一盏 40W 的荧光灯，测得功率因数为 0.5，现若并联一只 4.75μF 的电容器，求：(1) 并联电容前后电路中的总电流；(2) 并联电容后的功率因数。

第六单元

三相正弦交流电路

课题十三　三相交流电源及负载星形联结分析

学习指南

三相正弦交流电路是在单相正弦交流电路的基础上学习的，两者存在密切的联系。在电力系统中，广泛应用三相交流电路，电能的生产、输送和分配几乎全部采用三相制。为此本课题在单相交流电路的基础上，从介绍三相交流电动势的产生和特点出发，着重讨论三相负载的星形联结问题。

通过对三相负载星形联结的实验观察和分析，巩固所学知识，提高观察、分析及应用的能力。

◇学习目标

1. 了解三相交流电动势的产生、特点及三相交流电源的连接。
2. 理解线电压、线电流、相电压、相电流及有功功率、无功功率、视在功率等基本概念。
3. 掌握三相四线制电源的线电压和相电压的关系。
4. 掌握对称负载星形联结方式和电路特点。
5. 掌握对称负载星形联结电路的分析和相关计算。
6. 掌握中性线的作用。
7. 巩固万用表的使用方法，掌握钳形电流表和三相功率表的使用方法。
8. 进一步提高安装技能和分析问题的能力。

◇学习重点

三相负载的星形联结，线电压、相电压、线电流、相电流、三相功率等物理量的概念及计算，中性线的作用。

◇学习难点

三相不对称负载电路的分析。

◇学习时数

8 学时。

任务书

项目	星形联结的三相正弦交流电路的装接和检测	时间	2 学时
工具材料	三相调压器（0～380V）1 台，三相负载（36V、40W 灯泡及灯座）6 只，万用表 1 只，钳形电流表 1 只，三相闸刀开关（500V、10A）1 个，单极开关（250V、3A）2 个，连接导线若干		
实操要求	1. 按项目图 13 连接好电路，检查无误后，闭合开关 S2 和 S3，然后闭合开关 S1 2. 慢慢转动调压器手柄，使调压器输出的相电压为 36V，然后测出各相电流、中性线电流及各相电压、各线电压 3. 断开开关 S3，重复上述实验 4. 断开开关 S2，在开关 S3 闭合和断开的两种情况下，重复上述实验		

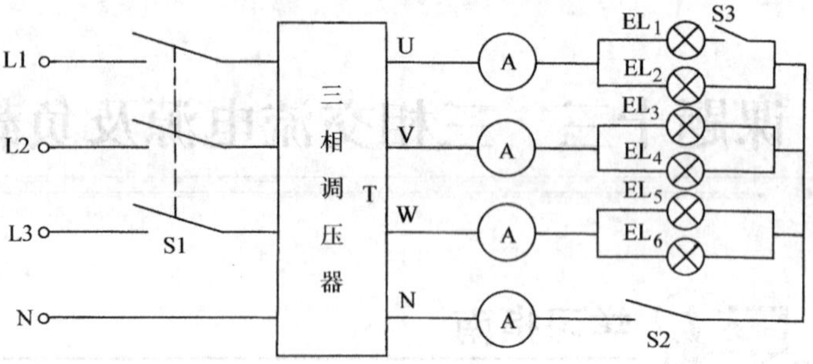

项目图 13

测量与记录

联结情况 \ 实验数据		U_{UV} /V	U_{VW} /V	U_{WU} /V	U_U /V	U_V /V	U_W /V	I_U /A	I_V /A	I_W /A	I_N /A	P /W
对称负载	有中性线											
	无中性线											
不对称负载	有中性线											
	无中性线											

计算与思考	1. 用实验数据验证对称三相负载星形联结时，线电压与相电压的关系 2. 从记录表的“对称负载”栏的数据中，你能得出哪几个结论 3. 从记录表的“不对称负载”栏的数据中，你又能得出哪几个结论 4. 照明电路为什么均采用三相四线制
体会	
温馨提示	1. 三相调压器的输入、输出端不能接错 2. 输出电压与负载的额定电压要相同 3. 若无三相调压器，也可直接从三相电流引入，但负载选择要作相应调整；若无钳形电流表，可用万用表或电流表代替 4. 本项目涉及的知识点有：三相电流、三相负载 Y 联结，相电压与线电压，相电流与线电流，三相功率，中性线的作用

知识链接

1. 三相交流电源

（1）三相制电路

➤ 单相交流电路：电源只有一个交变电动势的电路，称为单相交流电路。

➤ 多相制电路：在交流电路中由几个电动势同时供电，每个电动势的最大值相等、频率相同，只有初相位不同，称这种电路为多相制电路。

◆ 每一个电动势所构成的电路称为多相制的一相。

➤ 三相制电路：由三个最大值相等、频率相同，在相位上互差120°的电动势组成的供电体系称为三相制电路。

◆ 三相制电路的应用最为广泛。

◆ 实际上，单相电源多是从三相交流电源中获得的。

小知识

三相交流电的优点

三相正弦交流电路的应用比单相使用得更广泛，它和单相交流电路相比较有以下优点：第一，三相发电机比尺寸相同的单相发电机输出的功率大；第二，三相发电机的结构、制造都较简单，便于使用和维修，运转时比单相发电机的振动小；第三，在相同条件下输送相同的功率，特别是远距离输电时，三相比单相节约线材。

（2）三相交流电动势的产生

➤ 三相交流发电机结构：由定子、转子、端盖及轴承等部件构成，最简单的交流发电机的结构如图13-1a所示。

◆ 转子：由转子铁心（或磁级）、绕组、转轴、护环、中心环、滑环及风扇等部件组成。也可由永久磁铁组成，转动的磁极产生旋转磁场。

◆ 定子：由定子铁心、定子绕组、机座等部件组成。定子是在铁心槽上放置的三组几何尺寸与匝数完全相同的线圈（称为定子绕组），如图13-1b所示，按相位差为$\frac{2\pi}{3}$的角度（电角度为120°）均匀放置在铁心槽里，分别形成发电机的U、V、W三相绕组。其中U1、V1、W1表示各相绕组的首端，U2、V2、W2表示各相绕组的末端。

➤ 三相交流发电机的工作原理：三相发电机的转子在原动机的带动下，按顺时针方向以角速度ω匀速转动时形成旋转磁场。此时定子中的每相绕组就以角速度ω逆时针作切割磁力线的运动，因而在U、V、W三相绕组上分别产生感应电动势e_U、e_V、e_W，即三相交流电动势。

小试身手

电动机“变”为发电机

利用电动机与发电机的可逆性，借助一台三相电动机，在其绕组接线端接一个万用表电流挡（采用mA挡或μA挡的量程），然后快速转动转子，我们会观察到万用表电流挡的表头指针发生偏转，这说明已经产生交流电。

➤ 三相交流电动势：由于 U、V、W 三相绕组的结构相同，在空间互差$\frac{2\pi}{3}$的电角度，因此，产生的感应电动势 e_U、e_V、e_W 的最大值相等，频率相同，彼此间的相位差为$\frac{2\pi}{3}$，称之为对称三相电动势。

◆ 各相绕组电动势参考方向的规定：由线圈的末端指向始端，如图 13-1c 所示。

◆ 提供三相电动势的电源称作三相电源。

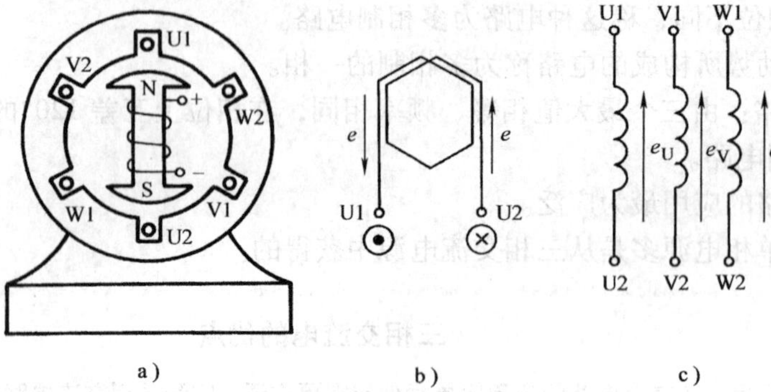

图 13-1　三相交流发电机

a）基本结构　b）定子绕组　c）绕组首、末端

（3）三相交流电动势的表达（以 e_U 为参考正弦量）

➤ 解析式为

$$
\begin{aligned}
e_U &= E_m \sin\omega t \\
e_V &= E_m \sin\left(\omega t - \frac{2\pi}{3}\right) \\
e_W &= E_m \sin\left(\omega t + \frac{2\pi}{3}\right)
\end{aligned}
\tag{13-1}
$$

➤ 波形图表示：如图 13-2a 所示。

➤ 相量图表示：如图 13-2b 所示。

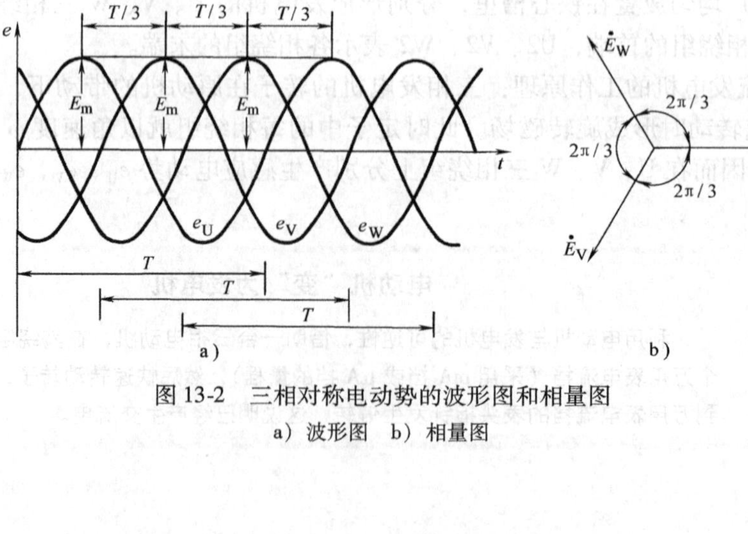

图 13-2　三相对称电动势的波形图和相量图

a）波形图　b）相量图

（4）三相交流电源相序

➤ 相序：三相电动势随时间按正弦规律变化，它们到达最大值（或零值）的先后顺序，叫做相序。

➤ 正序：若 e_U 超前 e_V，e_V 又超前 e_W，e_W 又超前 e_U，这种 U—V—W—U 的顺序叫正序，又称顺序。

➤ 负序：若 e_U 超前 e_W，e_W 又超前 e_V，e_V 又超前 e_U，这种 U—W—V—U 的顺序叫负序，又称逆序。

➤ 工程上通用的相序是正序。若要改变相序，只要将其中任意两相对调即可。

小知识

三相异步电动机正、反转控制

三相异步电动机的旋转方向由三相电源所产生的旋转磁场的方向决定，而磁场的旋转方向又决定于三相电源的相序。所以，改变三相电源的相序，就可改变电动机的旋转方向。为此只要将接在三相电源的三根相线中的任意两根对调即可达到反转之目的。如图 13-3，设闭合 KM1 时电动机 M 正转，则闭合 KM2（KM1 和 KM2 不能同时闭合）即将 U 与 W 对调，电动机 M 反转。

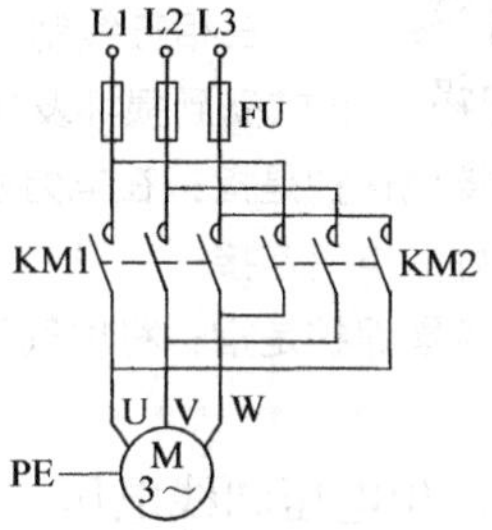

图 13-3 三相异步电动机正、反转控制原理

2. 三相交流电源绕组的连接

（1）制式

➤ 三相六线制：三相电源的 U1-U2、V1-V2、W1-W2 三相绕组均可作为一个独立的电源，这样各相绕组两端用二根导线接上一个负载，就可得到三个互不相关的独立的单相电路，这种形式称为三相六线制，这种电路既不经济又无实用价值。

➤ 三相四线制：从三相绕组 U1、V1、W1 的首端分别引出三根导线，同时把末端 U2、V2、W2 连接为一个公共端点，并引出一根导线，组成的供电系统称为三相四线制，如图 13-4a 所示。

◆ 中性点：把三相绕组的末端 U2、V2、W2 连接成一点，该点就称为中性点，用字母 N 表示。

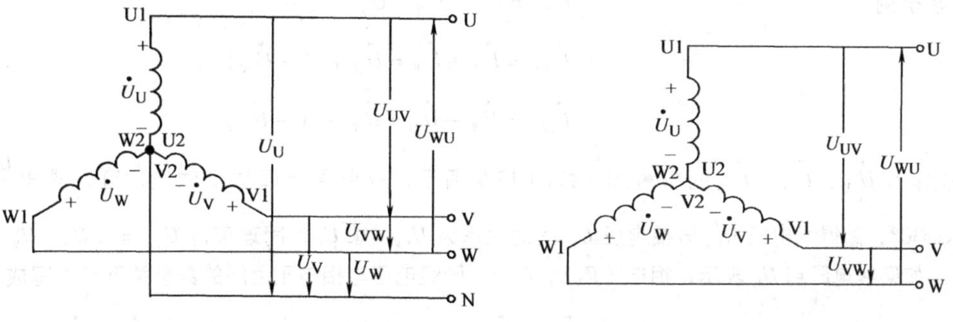

a) b)

图 13-4 三相交流电源绕组的连接

a）三相四线制 b）三相三线制

◆ 中性线：把从中性点引出的导线，称为中性线（简称中线或零线），用 N 表示，颜色通常为黑色。

◆ 相线：从三相绕组的首端 U1、V1、W1 引出的三根导线，称为相线或端线，俗称火线。分别用符号 L1、L2、L3 表示，颜色通常分别为黄、绿、红。

➤ 三相三线制：只有三根相线而无中性线的供电系统，称为三相三线制。如图 13-4b 所示。

三相五线制

小知识

由三根相线（L1、L2、L3）、一根工作零线（N）、一根保护零线（PE）组成的供电系统，称为三相五线制线路，即 TN-S 系统。

三相五线制电路有接地保护和接零保护两种。主要是为了电器设备的正常工作而防止其受到损坏及保护操作者的人身安全，也有防雷和防静电的屏蔽作用。

接地保护是指：在电力系统中，将电气设备和用电装置的中性点或金属外壳及支架等与大地进行良好的电气连接。

接零保护是指：将电气设备和用电装置的中性点或金属外壳等与供电系统的零线相接。

（2）相电压和线电压

➤ 线电压：相线与相线之间的电压称为线电压，分别用 U_{UV}、U_{VW}、U_{WU} 表示其有效值，如图 13-4a 所示。它们在数值上相等，且相位差为 120°，如图 13-5 所示。

➤ 相电压：各相线与中性线间的电压称为相电压，分别用 U_U、U_V、U_W 表示其有效值（图 13-4a）。它们在数值上与各相绕组的电动势相等，且相位差为 120°，如图 13-5 所示。

➤ 线电压与相电压的关系如图 13-5 所示。

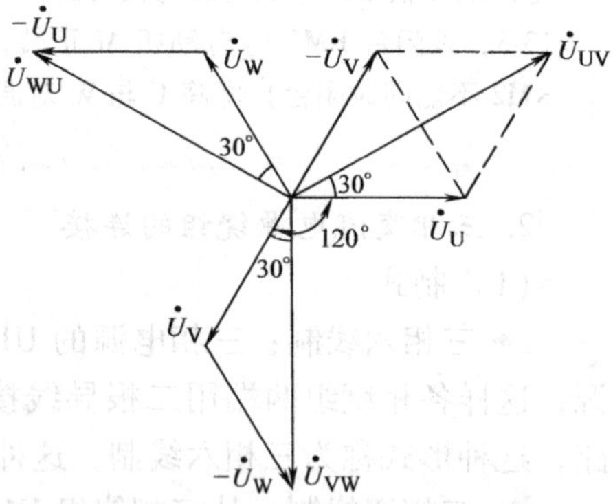

图 13-5 三相四线制电源电压相量图

线、相电压的关系

推导示例

线电压与相电压的有效值相量之间的关系为

$$\dot{U}_{UV}=\dot{U}_U-\dot{U}_V=\dot{U}_U+(-\dot{U}_V)$$

$$\dot{U}_{VW}=\dot{U}_V-\dot{U}_W=\dot{U}_V+(-\dot{U}_W)$$

$$\dot{U}_{WU}=\dot{U}_W-\dot{U}_U=\dot{U}_W+(-\dot{U}_U)$$

分别作出 $\dot{U}_U$、$\dot{U}_V$、$\dot{U}_W$ 的相量图，如图 13-5 所示，应用平行四边形法则，可以求出 $\frac{U_{UV}}{2}=U_U\cos30°$，即得线电压 U_{UV} 与相电压 U_U 间的关系为 $U_{UV}=\sqrt{3}U_U$，同理可得 $U_{VW}=\sqrt{3}U_V$，$U_{WU}=\sqrt{3}U_W$。如果线电压用 U_L 表示，相电压用 U_P 表示，则线电压与相电压之间的数量关系可以写成 $U_L=\sqrt{3}U_P$，从图 13-5 中还可以看出线电压 $\dot{U}_{UV}$、$\dot{U}_{VW}$、$\dot{U}_{WU}$ 分别超前相应的相电压 $\dot{U}_U$、$\dot{U}_V$、$\dot{U}_W$ 30°，三个线电压彼此间相差 120°，线电压也是对称的。

◆ 数量关系为

$$U_L = \sqrt{3}U_P \tag{13-2}$$

式（13-2）中，U_L 为线电压，U_P 为相电压。

◆ 相位关系：线电压 U_L 比相应的相电压 U_P 超前30°。

（3）三相四线制的应用

➤ 输出线路：在实际应用中，由于不必要知道发电机绕组的连接方式，为了简便，电路中一般只画出四根输电线，并分别标上相线与中性线的符号，如图13-6所示。

➤ 输出电压：我们通常所说的380V和220V电压，是指三相四线制电源输出的线电压和相电压的有效值。如不特别说明，都是指线电压。

➤ 三相四线制低压配电线路：如图13-7所示，接到动力开关上的是三根相线，它们间的电压 $U_L = 380V$，接到照明开关上的是相线和中性线，它们间的电压 $U_P = 220V$。

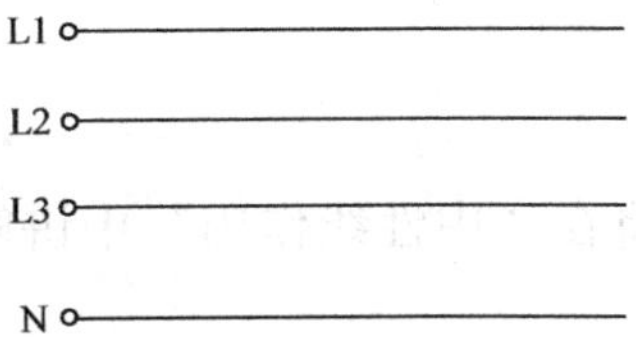

图13-6　三相四线制输出电路

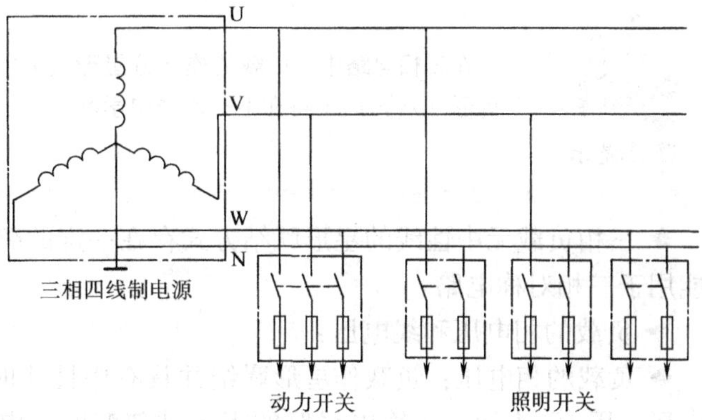

图13-7　三相四线制低压配电线路

［**例13-1**］　已知三相电源的线电压为380V，试求相线与中性线之间的电压最大值为多少？

解

$$U_P = \frac{U_L}{\sqrt{3}} = \frac{380V}{\sqrt{3}} = 220V$$

$$U_{Pm} = \sqrt{2}U_P = \sqrt{2} \times 220V = 311V$$

3. 三相负载星形联结电路

（1）三相负载分类

➤ 对称三相负载：各相负载的大小和性质完全相同的叫对称三相负载，即 $Z_U = Z_V = Z_W$，如三相电动机、三相变压器、三相电炉等。

➤ 不对称三相负载：各相负载不同的叫不对称三相负载，如三相电源供给的照明电路。

（2）三相负载星形联结

➤ 三相负载有中性线的星形联结：把各相负载的末端U2、V2、W2连在一起接到三相电源的中性线上，把各相负载的首端U1、V1、W1分别接到三相交流电源的三根相线的连接方法，用Y表示。如图13-8所示。

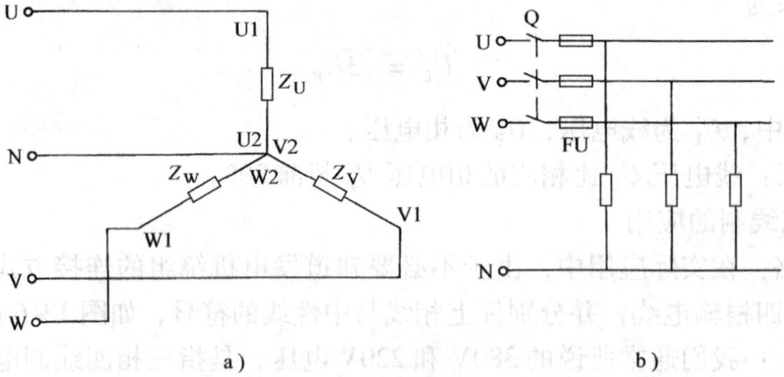

图 13-8　三相负载星形联结的电路
a）原理图　b）实际电路图

温馨提示

在三相电路中，负载的连接分星形（Y）和三角形（△）两种连接方式，其中三角形（△）联结将在下一课题中学习。

◆ 三相负载无中性线的星形联结方式存在一定的弊端（将在“中性线作用”中讲解），只能用于三相对称电路。

➤ 负载的相电压和线电压：

◆ 负载的相电压：负载作星形联结并具有中性线时，每相负载两端的电压叫做负载的相电压，用 U_{YP}表示。当输电线路的阻抗被忽略时，电源的相电压与负载两端的相电压相等，即 $U_{YP}=U_P$。

◆ 负载的线电压：三相负载电路中每两根电源相线之间的电压叫做负载的线电压，用 U_{YL}表示。当输电线路的阻抗被忽略时，负载的线电压 U_{YL}就是电源的线电压 U_L，即 $U_{YL}=U_L$。

◆ 负载的相电压和线电压的关系：

① 数量关系为

$$U_{YL}=\sqrt{3}U_{YP} \tag{13-3}$$

② 相位关系：负载线电压的相位超前对应的相电压 30°，相量图如图 13-5 所示。

➤ 负载的相电流和线电流：

◆ 负载的相电流：流过每一相负载的电流叫做相电流，用 I_{YP}表示。

◆ 负载的线电流：流过每根相线的电流叫做线电流，用 I_{YL}表示。

◆ 负载的相电流和线电流的关系：线电流等于相电流。数量关系表达式为

$$I_{YL}=I_{YP} \tag{13-4}$$

➤ 各相电流与对应的相电压的相位差为

$$\varphi_U=\arccos\frac{R_U}{Z_U};\quad \varphi_V=\arccos\frac{R_V}{Z_V};\quad \varphi_W=\arccos\frac{R_W}{Z_W}$$

➤ 三相功率：在三相交流电路中，三相负载消耗的总功率等于各相负载消耗的功率之和。即

$$P = P_U + P_V + P_W$$
$$Q = Q_U + Q_V + Q_W$$
$$S = S_U + S_V + S_W$$

也可表达为

$$P = U_U I_U \cos\varphi_U + U_V I_V \cos\varphi_V + U_W I_W \cos\varphi_W \quad (13\text{-}5)$$

$$Q = U_U I_U \sin\varphi_U + U_V I_V \sin\varphi_V + U_W I_W \sin\varphi_W \quad (13\text{-}6)$$

$$S = U_U I_U + U_V I_V + U_W I_W \quad (13\text{-}7)$$

式中，$\cos\varphi$ 为各相的功率因数。

(3) 对称三相负载星形联结的计算

➤ 数量计算：在对称星形（Y）联结中，各相电压对称，三相负载对称，则流过各相负载的电流的有效值相等，即

$$I_U = I_V = I_W = I_{YP} = \frac{U_{YP}}{Z_P} \quad (13\text{-}8)$$

式中 I_U、I_V、I_W、I_{YP}——三相负载相电流（A）；

U_{YP}——三相负载相电压（V）；

Z_P——每相负载的阻抗（Ω）。

温馨提示

对于三相电路中的每一相来说，都是一个单相电路，所以，各相电流与相电压之间的数量和相位关系，可用单相电路方法来讨论。

➤ 相位确定：各相电流与各相电压的相位差相等，即 $\varphi_U = \varphi_V = \varphi_W = \varphi_{YP} = \arctan\frac{X_P}{R_P}$，且三个相电流的相位差也互差 120°。

试一试

相位差计算式

请你从单相电路中的阻抗三角形推导 $\varphi_U = \arccos\frac{R_U}{Z_U}$。

[**例 13-2**] 将一台星形（Y）联结的三相异步电动机，接在电压 $U_L = 380\text{V}$ 的三相电源上，若电动机每相绕组的电阻 $R = 24\Omega$，感抗 $X_L = 32\Omega$。求相电压 U_{YP}、相电流 I_{YP}、线电流 I_{YL} 及相电流与相电压的相位差。

解 对称三相负载作星形联结，每相负载两端的电压等于电源的相电压，即

$$U_{YP} = \frac{U_L}{\sqrt{3}} = \frac{380\text{V}}{\sqrt{3}} = 220\text{V}$$

每相负载的阻抗为

$$Z_P = \sqrt{R^2 + X_L^2} = \sqrt{24^2 + 32^2}\Omega = 40\Omega$$

则线电流、相电流为

$$I_{YL} = I_{YP} = \frac{U_{YP}}{Z_P} = \frac{220V}{40\Omega} = 5.5A$$

因为电动机绕组是感性负载，所以相电压超前相电流，相位差为

$$\varphi = \arctan\frac{X_L}{R} = \arctan\frac{32}{24} = \arctan\frac{4}{3} \approx 53.8°$$

➤ 功率计算：

有功功率 $P = 3U_P I_P \cos\varphi = \sqrt{3}U_L I_L \cos\varphi$ （13-9）

无功功率 $Q = 3U_P I_P \sin\varphi = \sqrt{3}U_L I_L \sin\varphi$ （13-10）

视在功率 $S = 3U_P I_P = \sqrt{3}U_L I_L$ （13-11）

三者关系 $S = \sqrt{P^2 + Q^2}$ （13-12）

有功功率计算式

试一试 请你利用相电压与线电压、相电流与线电流的关系推导 $P = \sqrt{3}U_L I_L \cos\varphi$。

式中 U_P——负载的相电压（V）；

I_P——流过负载的相电流（A）；

U_L——负载的线电压（V）；

I_L——流过负载的线电流（A）；

φ——相电压与相电流之间的相位差（rad）；

$\cos\varphi$——每相负载的功率因数；

P——三相负载总的有功功率（W）；

Q——三相负载总的无功功率（var）；

S——三相负载总的视在功率（V·A）。

◆ 同一负载作星形或三角形联结时，线电压是相同的，线电流是不相同的，所消耗的总功率也不同。

◆ φ 仍然是相电压与相电流间的相位差，而不是线电压与线电流间的相位差。

◆ 同单相交流电路一样，三相负载中既有耗能元件，又有储能元件。

◆ 在实际工作中，测量线电压、线电流比较方便，因此，三相电路的总功率常用线电压和线电流来表示。

［**例 13-3**］ 有一个对称星形三相负载（图 13-9），每相的电阻 $R = 8\Omega$，感抗 $X_L = 6\Omega$，接到线电压为 380V 的对称三相电源上。试求：负载的有功功率、无功功率及视在功率。

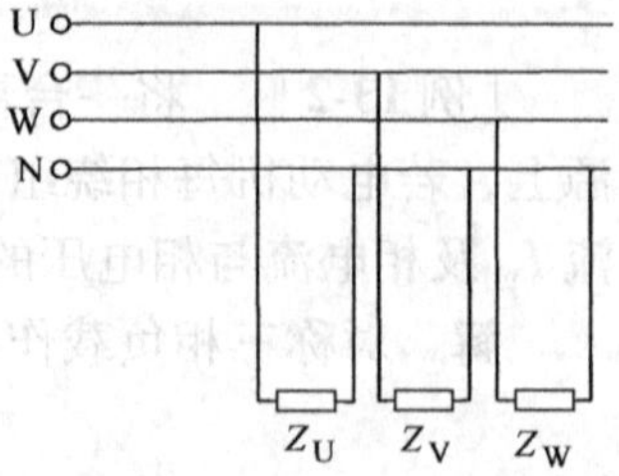

图 13-9 示例 13-3 图

解　由已知可求得，各相负载的阻抗为

$$Z = \sqrt{R^2 + X_L^2} = \sqrt{8^2 + 6^2}\Omega = 10\Omega$$

各相负载的功率因数为

$$\cos\varphi = \frac{R}{Z} = \frac{8\Omega}{10\Omega} = 0.8$$

$$\sin\varphi = \sqrt{1 - \cos^2\varphi} = \sqrt{1 - 0.8^2} = 0.6$$

各相负载的线电流为

$$I_{YL} = I_{YP} = \frac{U_{YP}}{Z} = \frac{U_L}{\sqrt{3}Z} = \frac{380V}{\sqrt{3} \times 10\Omega} = 22A$$

三相负载的功率为

$$P_Y = \sqrt{3}U_L I_{YL}\cos\varphi = \sqrt{3} \times 380V \times 22A \times 0.8 \approx 11.6kW$$

$$Q_Y = \sqrt{3}U_L I_{YL}\sin\varphi = \sqrt{3} \times 380V \times 22A \times 0.6 \approx 8.7kvar$$

$$S_Y = \sqrt{3}U_L I_{YL} = \sqrt{3} \times 380V \times 22A \approx 14.5kV \cdot A$$

（4）中性线的作用　当三相负载不对称，又没有中性线时，会造成负载重的一相电压降的过低，该相的用电设备不能正常工作；负载轻的一相电压升的过高，会导致用电设备被烧毁。

想一想

中性线电流

为什么三相对称负载的中性线电流为零，而不对称负载中性线就有电流存在？若中性线去掉，电流又是怎么流回去的呢？

当中性线存在时，即使三相负载不对称，也能保证不对称三相负载电压的对称，防止发生事故。

➤ 对于不对称星形负载的三相电路，必须采用带中性线的三相四线制供电。

➤ 三相负载越不对称，则中性线电流越大，各相电流越不平衡。

➤ 中性线不允许安装熔断器和开关，通常还要把中性线接地，以确保安全。

➤ 对称三相负载作星形联结时的中性线电流为零。在这种情况下去掉中性线也不影响三相电路的正常工作，为此常常采用三相三线制电路。

小知识

中性线上不准装熔断器

在三相四线制线路中，不允许在中性线上安装熔断器，否则由于熔体烧断，会造成负载中性点和电源中性线之间的通路被切断，这样会出现两种严重的后果：（1）线路系统若采用接零保护，特别是负载不对称，负载中性点电位发生偏移，则线路上所有设备和装置的金属外壳均有带电的危险；（2）如果用电设备或装置有一相发生对中性线或外壳短路时，则其余两相的电压就都变成线电压，电压值要升到原来的$\sqrt{3}$倍，另一方面，若发生三相负载电流不对称，则三相电压也就不对称，这样就会造成负载大的一相电压下降，其余两相的电压升高，从而可能烧毁用电设备。因此在三相四线制线路中，中性线上不准安装熔断器。

[**例 13-4**]　在如图 13-10 所示的三相照明电路中，各相的电阻分别为 $R_U = 30\Omega$，$R_V = 30\Omega$，$R_W = 10\Omega$，将它们星形联结到线电压为 380V 的三相四线制电路中，各灯泡的额定电压为 220V。试求：(1) 各相电流、线电流和中性线电流；(2) 若中性线因故断开，U 相灯全部关闭，V、W 两相灯全部工作，V 相和 W 相电流多大？会出现什么情况？

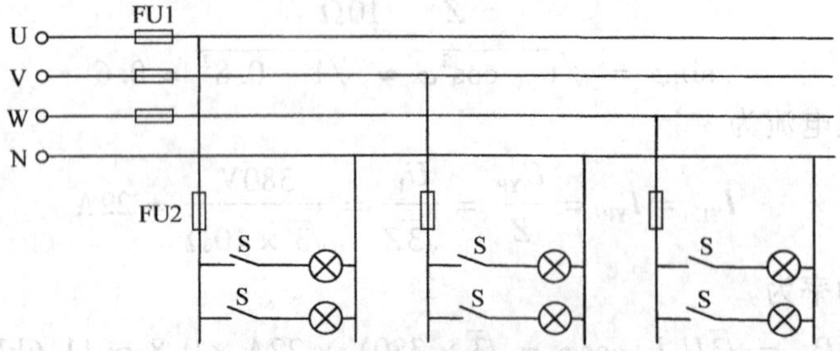

图 13-10　例 13-4 图

解　(1) 每相负载所承受的相电压为线电压的 $\frac{1}{\sqrt{3}}$，即

$$U_P = \frac{U_L}{\sqrt{3}} = \frac{380V}{\sqrt{3}} = 220V$$

U 相和 V 相的电阻相等，相电流也相等，相电流为

$$I'_U = I'_V = \frac{U_P}{R_U} = \frac{220V}{30\Omega} \approx 7.33A$$

W 相的相电流为

$$I'_W = \frac{U_P}{R_W} = \frac{220V}{10\Omega} = 22A$$

线电流等于相电流，则线电流为

$$I_U = I_V = I'_U = 7.33A$$

$$I_W = I'_W = 22A$$

照明电路是电阻性电路，各相电流与对应的相电压的相位相同，并且

$$\dot{I}_N = \dot{I}'_U + \dot{I}'_V + \dot{I}'_W$$

作出相量图，如图 13-11a 所示。从相量图中求得中性线电流为

$$I_N = I'_W - 2I'_U\cos 60° = 22A - 2 \times 7.33A \times 0.5 = 14.67A$$

并且 $\dot{I}_N$ 与 $\dot{I}'_W$ 同相位。

(2) 中性线断开并且断开 U 相的等效电路，如图 13-11b 所示。由该图可知，其等效电路实际上就是将 R_V 串上 R_W 以后接到线电压 U_{VW} 上，因此 V、W 两相流过的电流相等。即

$$I'_V = I'_W = \frac{U_L}{R_V + R_W} = \frac{380V}{30\Omega + 10\Omega} = 9.5A$$

V 相和 W 相的相电压分别为

$$U_V = I'_V R_V = 9.5A \times 30\Omega = 285V$$

$$U_W = I'_W R_W = 9.5A \times 10\Omega = 95V$$

由于 V 相灯泡两端的电压超过了灯泡的额定工作电压，灯泡将会烧毁。W 相灯泡两端

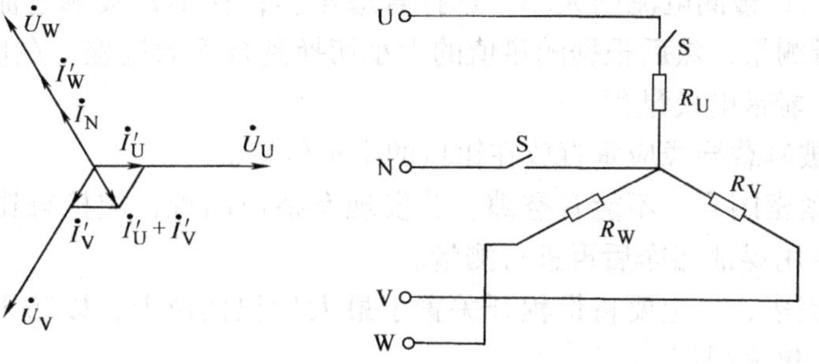

a)　　　　　　　　b)

图 13-11　相量图及中性线、U 相断开电路

a) 相量图　b) 中性线、U 相断开电路

电压低于灯泡额定电压，灯泡不能正常工作。当 V 相灯泡烧毁后（开路），W 相也处于断路状态。

（5）星形联结的应用　当任何电气设备正常工作时，都要求每相负载所承受的电压等于它的额定电压。所以，当负载的额定电压为三相电源线电压的$\frac{1}{\sqrt{3}}$时，负载应采用星形联结。

4. 仪表的使用

（1）钳形电流表

➤ 分类：可分为数字式和指针式，如图 13-12a、b 所示。

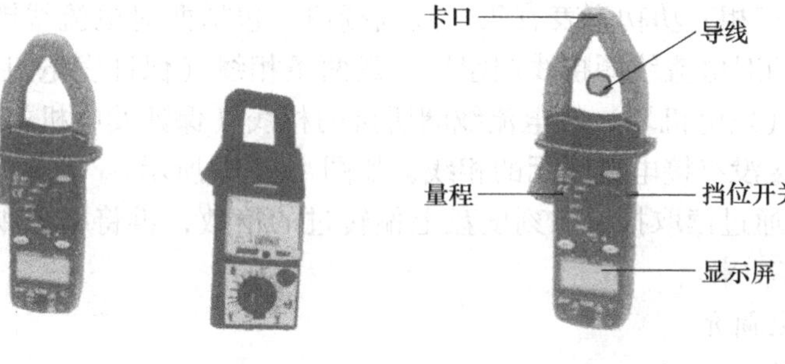

a)　　b)　　c)

图 13-12　钳形电流表

a) 数字式　b) 指针式　c) 用法示意图

➤工作原理：利用电流互感器原理制成，当任意一相载流导线垂直置于钳口中央时，如图 13-12c 所示，由电磁感应产生的感应电动势使二次绕组出现感应电流，此时电流表指针发生偏转，从而指示出被测电流的数值（数字式直接显示读数），即该相的线电流。用钳形电流表来测量通过任意导线的电流时，可以不必从导线中断开。

➤ 使用时的注意事项：

◆ 测量前要机械调零。

◆ 被测线路的电压应低于钳形电流表的额定电压。

◆ 测量前应估计被测电流的大小，选择合适量程；在不知被测电流的大小时，先选择最大的量程挡进行测量，然后根据测量值的大小切换到合适的量程，在切换量程时应先退出导线后再进行，不能带电换量程。

◆ 测量时，被测载导线应垂直放在钳口的中央位置。

◆ 钳口应该紧密闭合，不能有空隙。若发现有杂声出现，应检查钳口结合处是否有污垢存在。如有则要用煤油擦净后再进行测量。

◆ 每次使用完毕，一定要将量程开关置于最大量程挡位上，以防下次使用时，由于使用者的疏忽而造成仪表损坏。

◆ 测量小电流时，为了较准确地测量出电流值，可把导线绕几匝（其匝数以钳口中央的匝数为准），放入钳口中进行测量，实际电流值 = 指示值 × 量程 /（满偏 × 匝数）。

（2）三相有功功率表

➤ 三相有功功率表的种类繁多，功能强大。三相有功功率的测量可采用三相有功功率表来进行，也可以采用几个单相有功功率表进行测量。

➤ 使用时的注意事项：

以铁磁电动系三相有功功率表为例，如图 13-13a 所示。

◆ 正确选择量程。选择的功率表的功率量程、电压量程、电流量程都要满足被测电路的功率、电压、电流的测量需要。

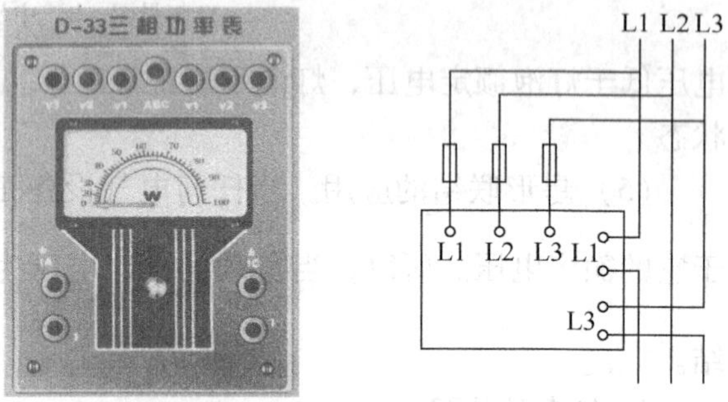

a)　　　　b)

图 13-13　三相功率表

a）实物图　b）接线图

◆ 正确接线。三相有功功率表有 7 个接线端钮，包括两对电流线圈接线端钮和三个电压线圈接线端钮。两对电流线圈接线端钮接任意两条相线（保证发电机端接电源边），两个电压线圈接线端钮（发电机端）接电流线圈所接的相线（保证发电机端接电源边），另一个电压线圈接线端钮接没有接电流线圈的相线，如图 13-13b 所示。

◆ 正确读数。通过读取指针在刻度盘上偏转过的格数，再将格数乘以分格常数（每格功率大小），即得其功率。

*5. 发电、输电简介

（1）发电和输电

➤ 发电厂：把其他形式的能量转换成电能的场所，称为发电站或发电厂。按发电能源种类进行划分，发电厂可分为水力、火力、风力、核能、太阳能、沼气等不同类型。现在世界各国建造得最多的是水力发电厂和火力发电厂。近几十年来，核电站也发展很快。

◆ 各种发电厂中的发电机几乎都是三相交流发电机。我国生产的交流发电机的电压等级有 115V、230V、400V、1.05kV、3.15kV、6.3kV、10.5kV、15.75kV 等多种。

➤ 电力网：大中型发电厂大多建在产煤地区或水力资源丰富的地区附近，距离用电地区往往是几十千米以至几百千米以上。所以，发电厂生产的电能要用高压输电线输送到用电地区，然后再降压分配给用户。联系发电和用电设备的输配电系统称为电力网。

➤ 电力系统：现在常将同一地区的各种发电厂联合起来组成一个强大的电力系统，可以提高各发电厂的设备利用率，合理调配各发电厂的负载，提高供电的可靠性和经济性。

◆ 为了提高输电效率并减少输电线路上的损失，通常采用升压变压器将电压升高后再进行远距离输电。送电距离越远，要求输电线的电压也就越高。目前我国远距离输电线的额定电压有 35kV、63kV、110kV、220kV、330kV、500kV、750kV 等。

（2）工业企业配电

➤ 变压与配电：电能输送到企业后，各企业都要进行变压或配电。

◆ 进行接电、变压和配电的场所称变电所。

◆ 若只进行接电和配电，而不变压的场所就称配电所。

◆ 高压配电线路的额定电压有 110kV、66kV、20kV、10kV、6kV；中压配电线路的额定电压为 3kV、6kV 和 10kV；低压配电线路的额定电压是 380V、220V。

➤ 低压配电线路的连接方式：

◆ 当负载比较分散而各个负载又具有相当大的集中负载时，则采用放射式配电线路。这种配电方式的最大优点是供电可靠，维修方便，某一配电线路发生故障时不会影响其他线路。

◆ 树干式配电是将每个独立负载或一组集中负载按其所在位置，依次接到某一配电干线上。一般企业内部多采用树干式配电。这种线路比较经济，但当干线发生故障时，接在它上面的所有负载都要受影响。

优化训练

1. 三相四线制电源、三相三线制电源能提供几种电压等级？

2. 现有几只“220V、40W”的灯泡，想把它们接到380V的三相电源上使用，该怎么办？

3. 已知对称三相电压中，V相电压为：$u_V = 220\sqrt{2}\sin(314t + \pi)$ V，试写出U相和W相电压的数学解析式。

4. 在三相四线制电网中，测得相电压为3815V，试求相电压的最大值及线电压的有效值和最大值。

5. 有一台三相发电机，绕组接成星形，每相绕组电压为220V，在试验时用电压表测得各相电压均为220V，但线电压 $U_{VW} = 380$V，$U_{UV} = 220$V，$U_{UW} = 220$V。试说明是什么原因？

6. 题图13-1所示各负载的连接方式中，哪些是属于有中性线的星形联结？哪些是属于无中性线的星形联结？

7. 如题图13-2所示，若 $R_1 = R_2 = R_3 = 10\Omega$，接在线电压为380V的三相电源上，试求各表读数。

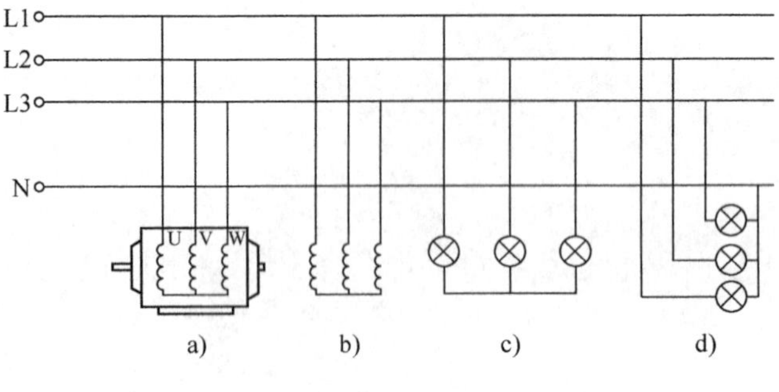

题图　13-1

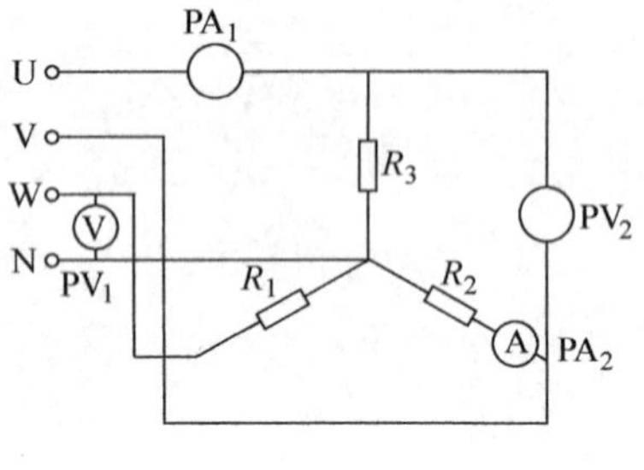

题图　13-2

8. 某三相对称负载，每相的 $R = 8\Omega$，$X_L = 6\Omega$，如果负载接成星形，接到 $U_L = 380$V的三相电源上，求相电流和线电流。

9. 为什么三相负载不对称时，应采用三相四线制，而其中性线上不允许加接熔断器？

10. 三相四线制电源的线电压为380V，接有星形联结的电灯，各相电阻分别为 $R_1 = 10\Omega$，$R_2 = 10\Omega$，$R_3 = 15\Omega$，试求各相电流及中性线电流，并画出电路图和所求电流的相量图。

11. 某三层大楼照明电灯由三相四线制供电，线电压为380V，每层楼均有220V、40W的白炽灯110只，每层楼使用一相电源。试求：

（1）三层楼电灯全部开亮时，各线电流和中性线电流；

（2）当某一层楼电灯全部熄灭，另两层楼电灯全部亮时的线电流和中性线电流；

（3）当第一层电灯全部熄灭，且中性线断掉，二、三层楼灯全亮时，灯泡两端电压；

（4）若再关掉三层楼的一半电灯，情况又如何？

12. 一台三相电动机的绕组接成星形，每组绕组的电阻为 30Ω，感抗为 40Ω，接于线电压为 380V 的三相电源上，求电动机的有功功率、无功功率和视在功率。

13. 一个三相对称电感性负载接成星形，接于 6kV 的三相电源上，线路电流为 10A，负载的功率因数为 0.85，求每相负载的电阻和感抗。

课题十四　三相对称负载三角形联结分析

学习指南

在实际工作中，负载功率很小的往往采用单相交流电供电，负载功率稍大一点的往往采用三相星形联结，而对于负载功率较大的则往往采用三相三角形联结，因此在学习了单相交流电路和三相负载的星形联结电路后，本课题就来探究三相三角形联结电路的特点、相关物理量的计算及其应用。在学习本课题的过程中，学习者可借鉴前一课题中所学的知识及分析、计算方法来解决本课题的问题。

◇学习目标

1. 掌握三相负载的三角形联结方式和电路的特点。
2. 掌握对称三相负载三角形联结电路的分析和相关计算。
3. 在已知电源电压和负载额定电压的情况下，能确定三相负载的联结方式。
4. 进一步巩固万用表、钳形电流表、三相功率表的使用方法。
5. 初步掌握三相电动机绕组的首尾判断，并能按要求连接。
6. 掌握安装、测量技术，进一步提高分析、归纳问题的能力。

◇学习重点

1. 三相负载三角形联结电路的线电压、相电压、线电流、相电流及三相功率等基本物理量的概念及相互间的关系。
2. 三相负载三角形联结及其计算和应用。
3. 在已知电源电压和负载额定电压的情况下，能确定三相负载的联结方式。

◇学习难点

三相交流电的相量图。

◇学习时数

7 学时。

任务书

项目	三相交流电动机的星形和三角形控制电路的装接和分析	时间	4学时
工具材料	组合开关、接触器、按钮各1只，熔断器5只，接线端子1只，三角形联结的电动机1台，导线若干		
实操要求	1. 查看电动机铭牌的相关参数，填写在记录表中 2. 用万用表测量电动机各相绕组的电阻，并对其首尾端进行判断，然后在电动机的六个端子上标注U1、V1、W1、U2、V2、W2 3. 按项目图14-1所示电路装接。在检查无误后，按SB1，则电动机定子绕组就按星形（Y）起动。这时请测量其相电压和线电压、相电流和线电流及其三相功率，然后按SB2，电动机停止转动 4. 按项目图14-2所示电路装接。按SB1，则电动机定子绕组就按三角形（△）起动，这时请重复测量步骤“3”中的相关物理量，然后按SB2，电动机停止转动		

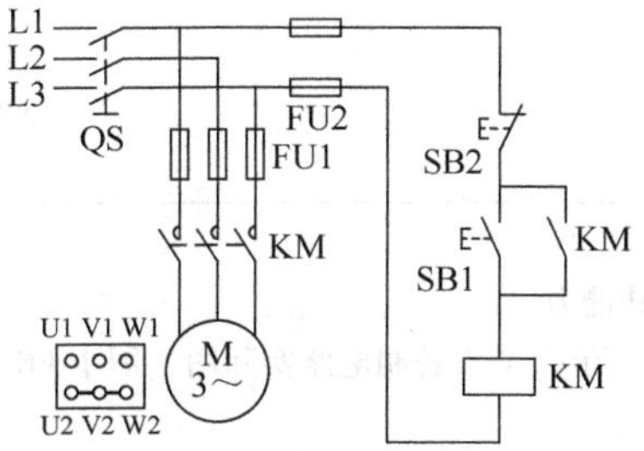

项目图14-1

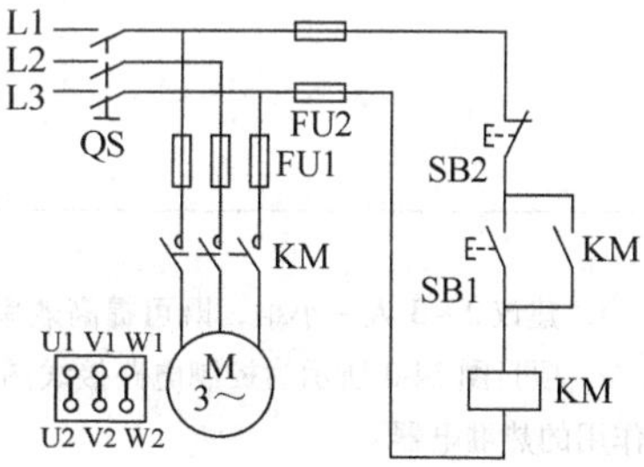

项目图14-2

测量与记录

电机参数	各相绕组电阻 R/Ω				额定工作电压/V		额定功率 P/W	$\cos\Phi$
	R_U	R_V	R_W	$\overline{R}$				
					Y/△			

Y形联结	线电压/V		相电压/V		线（相）电流/A		三相功率/W	
	U_{UV}		U_U		I_U		P_Y	
	U_{VW}		U_V		I_V		Q_Y	
	U_{WU}		U_W		I_W		S_Y	
	$\overline{U}_{YL}$		$\overline{U}_{YP}$		$\overline{I}_{YL}/\overline{I}_{YP}$		/	/

△形联结	线电压/V		相电压/V		线（相）电流/A		三相功率/W	
	U_U		I'_U		I_U		$P_\triangle$	
	U_V		I'_V		I_V		$Q_\triangle$	
	U_W		I'_W		I_W		$S_\triangle$	
	$\overline{U}_{\triangle L}$		$\overline{I}_{\triangle P}$		$\overline{I}_{\triangle L}$		/	/

（续）

计算与思考	1. 根据电动机△联结时所测得的电流数据，找出相电流和线电流的关系，并说明其原因 2. 根据电动机在Y、△联结的两种状态下测得的相关数据，找出Y、△联结时的线电流与有功功率的关系，并说明其原因 3. 根据相关实验数据，说明电动机为什么起动时先联结成Y形，然后联结成△形 4. 根据已知参数，计算无功功率、视在功率，并填入记录栏中
体会	
温馨提示	1. 建议2~3人一小组，既可提高效率，又可培养合作能力 2. 项目图14-3所示为控制电路接线图，项目图14-4所示为Y-△控制电路实际图（图中FR为起过载保护作用的热继电器） 3. 若实验条件（如学生基础、硬件设备、安全等）不足，则可实施以下两种方案：①选择部分实验内容，主要是选取三角形联结的相关实验；②负载可用灯泡替换，还可用三相调压器进行降压 4. 本项目涉及的知识点有：△电路的相电压和线电压、线电流和相电流、三相功率及Y、△联结的电流和功率的比较 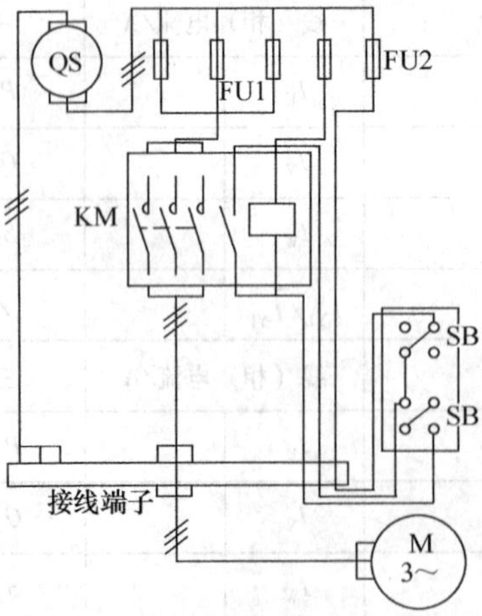 项目图14-3 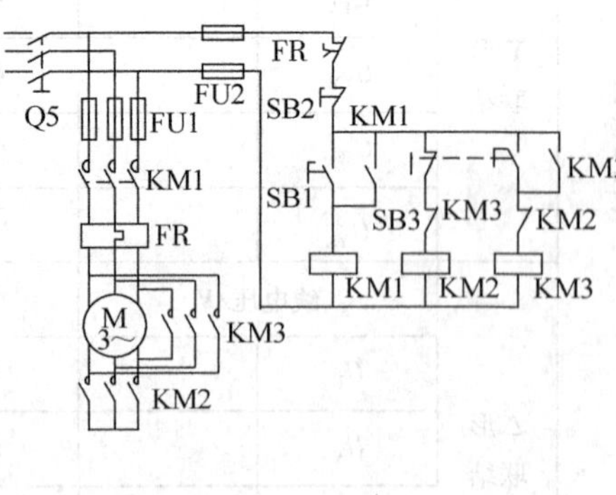 项目图14-4　Y-△实际电路图

知识链接

1. 三相负载的三角形联结

把三相负载一相的首端与另一相的尾端依次相连，再把接点分别接到三相电源的相线上，负载的这种连接方法叫三角形联结，用符号“△”表示。图 14-1a 所示的是三相负载作三角形联结的原理图，图 14-1b 所示的是三相负载三角形联结的实际电路图。

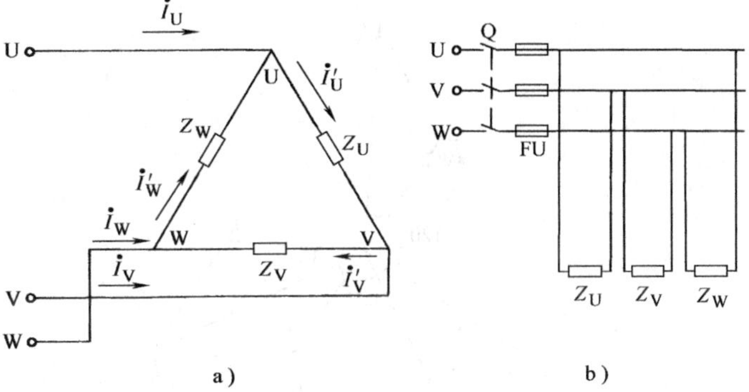

图 14-1　三相负载三角形联结的电路

a）原理图　b）实际电路图

（1）相电压和线电压　三角形联结中的各相负载全都接在了两根相线之间，因此电源的线电压等于负载两端的电压，即负载的相电压为

$$U_{\triangle P} = U_L \tag{14-1}$$

（2）相电流和线电流

➤ 三相不对称负载的相电流和线电流：

◆ 各相电流的有效值：

$$I_U = \frac{U_{\triangle P}}{Z_U} = ,I_V = \frac{U_{\triangle P}}{Z_V},I_W = \frac{U_{\triangle P}}{Z_W}$$

◆ 线电流与相电流的关系：

$$i_U = i'_U - i'_W, i_V = i'_V - i'_U, i_W = i'_W - i'_V$$

对应的相量关系

$$\dot{I}_U = \dot{I}'_U - \dot{I}'_W, \dot{I}_V = \dot{I}'_V - \dot{I}'_U, \dot{I}_W = \dot{I}'_W - \dot{I}'_V$$

温馨提示

对于负载作三角形联结的三相电路中的每一相负载来说，都是单相交流电路，因此可应用单相交流电路的计算关系来计算。线电流与相电流之间的关系可应用基尔霍夫第一定律来求解。

各相电流与对应的各相电压的相位差为

$$\varphi_U = \arctan\frac{X_U}{R_U},\ \varphi_V = \arctan\frac{X_V}{R_V},\ \varphi_W = \arctan\frac{X_W}{R_W}$$

➤ 三相对称负载的相电流和线电流：

◆ 数量关系：

$$I_{\triangle L} = \sqrt{3}I_{\triangle P} \tag{14-2}$$

◆ 相位关系：线电流 $\dot{I}_U$、$\dot{I}_V$、$\dot{I}_W$在相位上分别滞后相应的相电流 $\dot{I}'_U$、$\dot{I}'_V$、$\dot{I}'_W$30°，三个线电流彼此间相差 120°，线电流也是对称的，如图 14-2 所示。

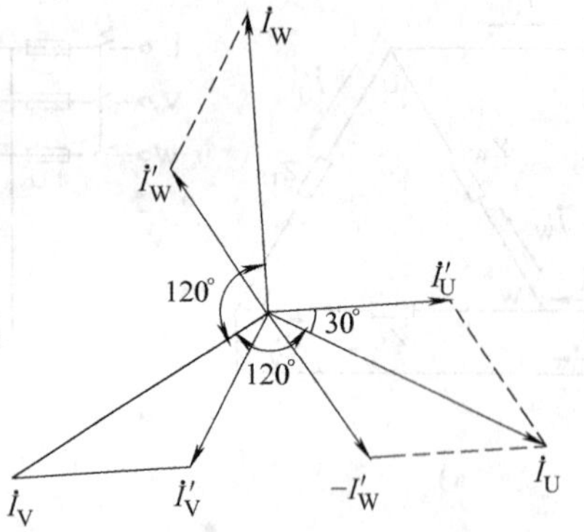

图 14-2 对称三角形电流相量图

请你推导三相对称负载的三角形联结电路中的相电流和线电流的大小和相位关系。

［**例 14-1**］ 将例 13-2 所示电动机的三相绕组改接成三角形（△）后再接到线电压为 380V 的三相电源中，试求相电流、线电流及各相绕组的相电流与相电压的相位差。

解

$$Z_P = \sqrt{R^2 + X_L^2} = \sqrt{24^2 + 32^2}\Omega = 40\Omega$$

$$I_{\triangle P} = \frac{U_{\triangle P}}{Z_P} = \frac{U_L}{Z_P} = \frac{380V}{40\Omega} = 9.5A$$

$$I_{\triangle L} = \sqrt{3}I_{\triangle P} = \sqrt{3} \times 9.5A \approx 16.5A$$

电动机绕组是感性负载，相电压超前相电流，相位差为

$$\varphi = \arctan\frac{X_L}{R} = \arctan\frac{32}{24} \approx 53.8°$$

功率表使用

电动系单相有功功率表可以测量单相电路的有功功率。想一想如何用它测量三相对称电路的有功功率。

（3）三相功率 在三相交流电路中，不论负载采取星形联结的方式，还是采取三角形联结的方式，三相负载的有功功率 P、无功功率 Q、视在功率 S 的计算公式是相同的，相关

计算见式（13-9）、式（13-10）、式（13-11）。

［**例 14-2**］　有一个对称三相负载，每相的电阻 $R=8\Omega$，感抗 $X_L=6\Omega$，分别接成星形（图 14-3a）、三角形（图 14-3b），再接到线电压为 380V 的对称三相电源上。

试求：（1）负载作星形联结时的有功功率、无功功率及视在功率。

（2）负载作三角形联结时的有功功率、无功功率及视在功率。

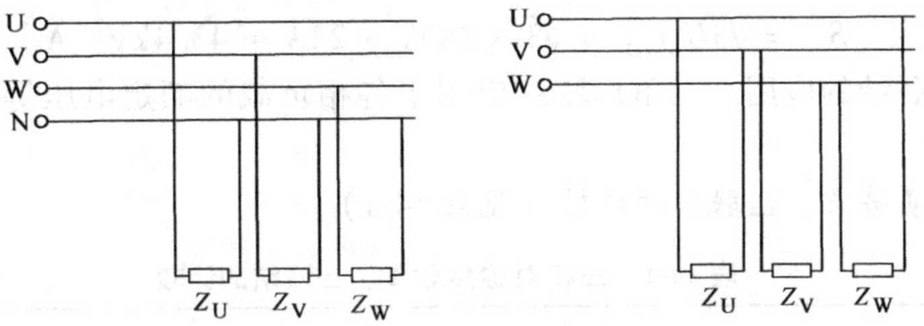

a)　　　　　　b)

图 14-3　例 14-2 图

a）星形联结　b）三角形联结

解　由已知可求得，各相负载的阻抗

$$Z=\sqrt{R^2+X_L^2}=\sqrt{8^2+6^2}\Omega=10\Omega$$

各相负载的功率因数

$$\cos\varphi=\frac{R}{Z}=\frac{8\Omega}{10\Omega}=0.8$$

$$\sin\varphi=\sqrt{1-\cos^2\varphi}=\sqrt{1-0.8^2}=0.6$$

（1）星形联结时，各相的线电流为

$$I_{YL}=I_{YP}=\frac{U_{YP}}{Z}=\frac{U_L}{\sqrt{3}Z}=\frac{380V}{\sqrt{3}\times10\Omega}=22A$$

三相负载的功率为

$$P_Y=\sqrt{3}U_LI_{YL}\cos\varphi=\sqrt{3}\times380V\times22A\times0.8\approx11.6kW$$

$$Q_Y=\sqrt{3}U_LI_{YL}\sin\varphi=\sqrt{3}\times380V\times22A\times0.6\approx8.7kvar$$

$$S_Y=\sqrt{3}U_LI_{YL}=\sqrt{3}\times380V\times22A\approx14.5kV\cdot A$$

温馨提示

通过上面例题，可以看出：$I_{\triangle L}/I_{YL}=3$；$P_\triangle/P_Y=3$。这说明，在同一三相电源作用下，同一对称负载作三角形联结时的线电流和总功率是星形联结时的 3 倍。在实际情况下，要根据电源的线电压和负载的额定电压，选择负载的正确联结方式。

（2）负载作三角形联结时，相电压等于线电压，即

$$U_{\triangle P}=U_{\triangle L}=U_L=380V$$

各相的相电流为

$$I_{\triangle P}=\frac{U_{\triangle P}}{Z}=\frac{380V}{10\Omega}=38A$$

对称负载作三角形联结时的线电流为相电流的$\sqrt{3}$倍，即

$$I_{\triangle L} = \sqrt{3}I_{\triangle P} = \sqrt{3} \times 38A \approx 66A$$

三相负载总功率为

$$P_{\triangle} = \sqrt{3}U_L I_{\triangle L}\cos\varphi = \sqrt{3} \times 380V \times 66A \times 0.8 \approx 34.7kW$$

$$Q_{\triangle} = \sqrt{3}U_L I_{\triangle L}\sin\varphi = \sqrt{3} \times 380V \times 66A \times 0.6 \approx 26.1kvar$$

$$S_{\triangle} = \sqrt{3}U_L I_{\triangle L} = \sqrt{3} \times 380V \times 22A \approx 43.4kV \cdot A$$

（4）三角形联结的应用　三角形联结应用于各相负载的额定电压等于电源的线电压的场合。

2. 三相对称负载 Y、△联结的比较（见表 14-1）

表 14-1　三相对称负载 Y、△联结的比较

项　目	星形联结	三角形联结
适用条件	对于任何一个电气设备，都要求每相负载所承受的电压等于它的额定电压	
	负载的额定电压为三相电源线电压的$\frac{1}{\sqrt{3}}$	负载的额定电压等于三相电源的线电压
负载的 I_P 与 U_P 关系	$I_P = \frac{U_P}{Z_P}$，$\varphi = \arctan\frac{X_P}{R_P}$（$\varphi$ 为 $\dot{I}_P$与对应 $\dot{U}_P$的相位差）	
U_L 与 U_P 的关系	$U_L = \sqrt{3}U_P$，U_L 在相位上比对应的 U_P 超前 30°	$U_L = U_P$，对应的二者同相
I_L 与 I_P 的关系	$I_L = I_P$，对应的二者同相	$I_L = \sqrt{3}I_P$，I_L 在相位上比对应的 I_P 滞后 30°
三相功率 P、Q、S	$P = 3U_P I_P\cos\varphi = \sqrt{3}U_L I_L\cos\varphi$ $Q = 3U_P I_P\sin\varphi = \sqrt{3}U_L I_L\sin\varphi$ $S = 3U_P I_P = \sqrt{3}U_L I_L$	
同一电源、同一负载下电流、功率的关系	$I_{\triangle L} = 3I_{YL}$，$P_{\triangle} = 3P_Y$	

小知识

Y-△降压起动

同一三相对称负载接在同一电网中，负载接成三角形时的相电流是接成星形时相电流的$\sqrt{3}$倍，负载接成三角形时的线电流是接成星形时线电流的 3 倍。为了保证三相负载能正常工作，在连接负载时必须使每相负载承受的电压正好等于其额定电压。

如一个正常运行采用三角形接法的异步电动机，由于起动电流较大，在起动过程中常采用星形接法（图 14-4 中 KM1、KM2 的三个主触头闭合，KM3 不闭合），以降低起动电流，待转速升高到接近额定值时，再将它换接成三角形（图 14-4 中 KM2 三个主触头断开，KM1、KM3 闭合）。这种方法称为 Y-△降压起动。

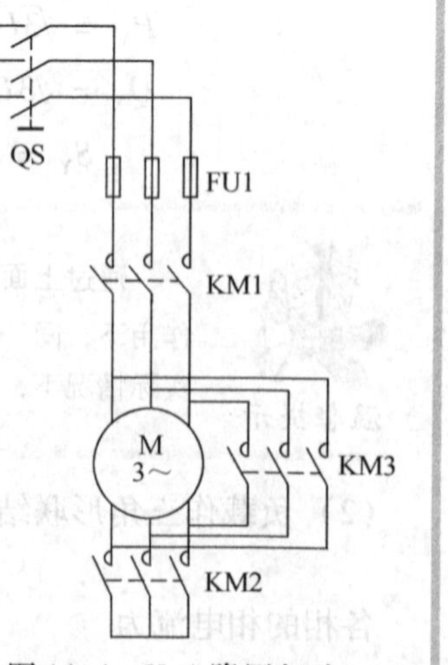

图 14-4　Y-△降压起动

3. 三相电动机连接

（1）定子绕组首尾端判别

➤ 用万用表电阻挡测绕组 6 个引线端之间是否导通，以判别出三个独立的绕组。若测得电阻很小，说明是同一绕组的两个端子（图 14-5a）；若测得电阻为无穷大，说明是不同绕组的端子（图 14-5b）。

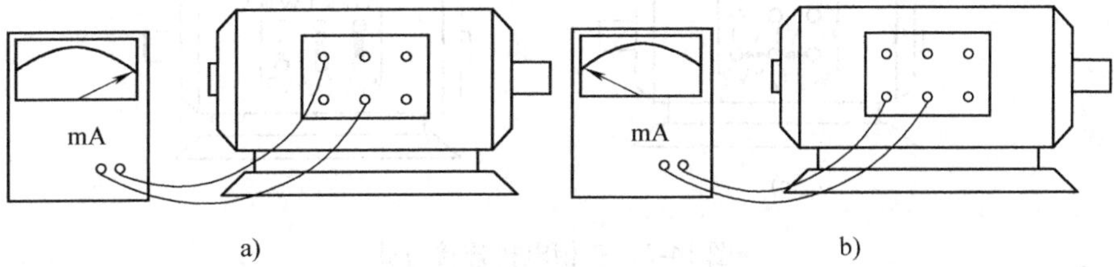

图 14-5 判别三个绕组

a）电阻很小（同绕组的两个端头） b）电阻很大（不同绕组的两个端头）

➤ 任意选取三个独立绕组的一个端子形成一组，把其余三个引线端子组成另一组。并分别与万用表的两只表笔相接，这时万用表的挡位应置于最小（mA 挡或 μA 挡）。

➤ 用力转动转子，若表头指针发生左右摆动（图 14-6a），说明不属于同名端。

➤ 更换其中一个绕组的两个端头，再一次转动转子，直到表头指针不发生左右摆动，如图 14-6b 所示，说明一组中的各端为同名端。

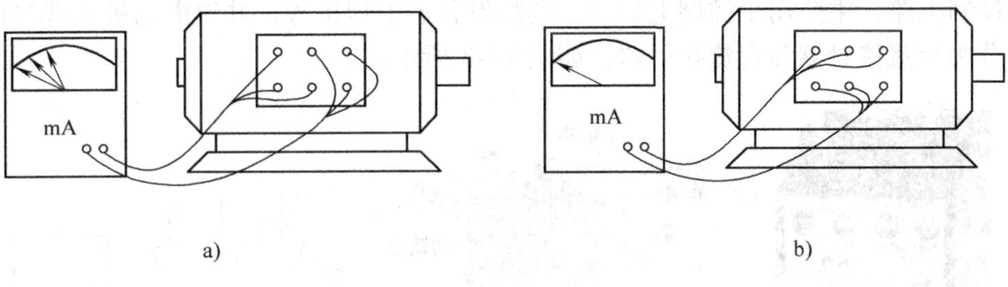

图 14-6 判别同名端

a）指针摆动（异名端） b）指针不摆动（同名端）

（2）联结方式——Y、△联结

➤ 根据上述判别结果，任选其中一组的三个端头命名为首端 U1、V1、W1，另外相对应的三个端头命名为尾端 U2、V2、W2。

➤ 星形联结就是把三个尾端 U2、V2、W2 连接在一起，三个首端 U1、V1、W1 接电源，如图 14-7a、c 所示。

➤ 三角形联结就是把一个绕组的尾（或首），与另外一个绕组的首（或尾）相连接，然后把三个接点与电源相连，如图 14-7b、d 所示。

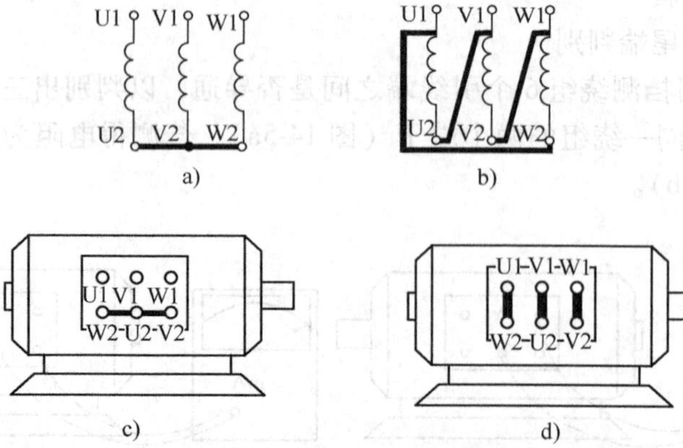

图 14-7　三相电机连接方式

a）电机绕组星形联结图　b）电机绕组三角形联结图

c）电机星形联结实图　d）电机三角形联结实图

温馨提示

当你想把一台电动机接到电源时，你必须根据铭牌上的接法或定子绕组的额定电压，然后确定合理的连接方法。如电动机的铭牌上标有 380V/220V、Y/△，这说明：当三相电源的线电压为 380V 时，电动机的绕组应该接成星形（Y）；当三相电源的线电压为 220V 时，电动机的绕组应该接成三角形（△）。

4. 常用低压电器简介

（1）接触器　接触器是一种自动控制电器，它可以频繁地接通或断开交、直流电路及大容量控制电路，主要用于控制电动机、电热设备、电焊机等，并对电动机实现欠压、失压保护。分为交流接触器和直流接触器。如图 14-8 所示。

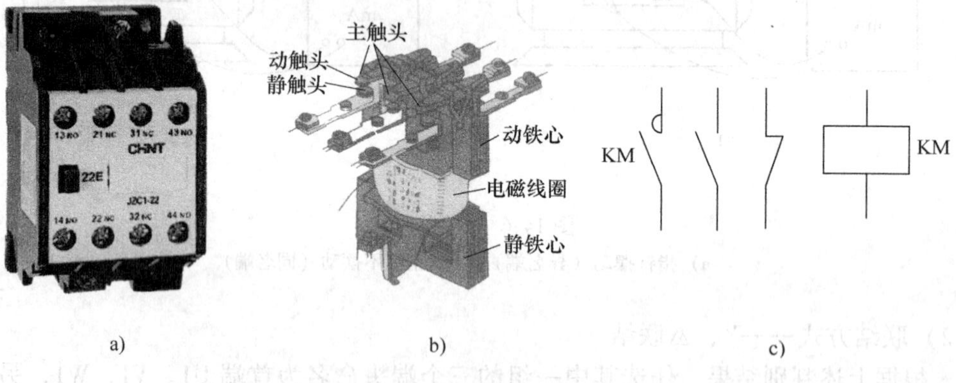

图 14-8　接触器

a）JZC1 交流接触器　b）结构示意图　c）接触器符号

➤ 结构：以 CJ10-20 为例，主要包括电磁系统、触头系统、灭弧装置以及辅助部件等。

➤ 工作原理：当线圈两端加上交流电压，电流产生磁场，铁心被磁化而产生电磁吸力，动铁心被吸合，同时带动触头动作，使常闭触头断开，常开触头闭合；断开线圈两端的交流电压，磁场消失，电磁吸力消失，在反作用力弹簧的作用下，动铁心带动触头一起复位。

（2）按钮　按钮是一种手动控制电器，常用于接通和断开控制电路。在控制电路中，起发出指令的作用。按结构形式分为按钮式、紧急式、旋钮式及钥匙式等。如图 14-9 所示。

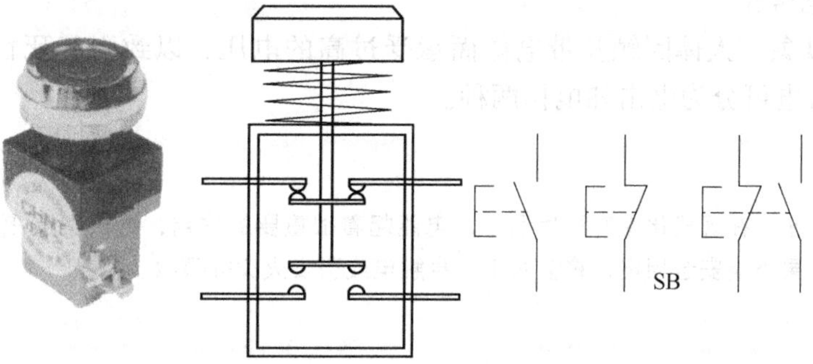

a)　　b)　　c)

图 14-9　按钮

a）实物图　b）结构示意图　c）符号

➤ 结构：按钮帽、动触头、静触头、传动杆、复位弹簧等。

➤ 工作原理：按下按钮，常闭触头先断开，常开触头后闭合；松开按钮，常开触头先断开，常闭触头后闭合。

（3）熔断器　熔断器是一种简单、有效的短路保护电器。在电热照明电路中，起过载和短路保护的作用；在控制电路中，起到短路保护的作用。常用的有螺旋式熔断器，如图 14-10 所示。

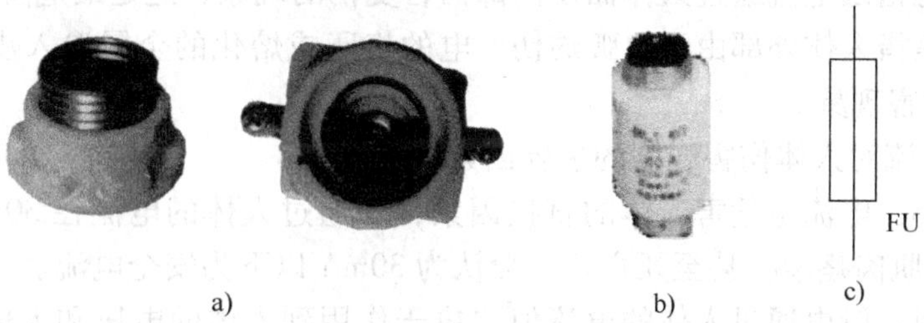

a)　　b)　　c)

图 14-10　熔断器

a）熔断器外形　b）熔芯　c）符号

➤ 螺旋式熔断器结构：瓷帽、瓷套、熔芯（内装熔体）、上接线座、下接线座、底座等。

➤ 工作原理：当电路或电气设备工作正常时，通过熔断器的电流不会产生过多的热量，不会使熔体熔断；当电路或电气设备发生过载或短路时，通过熔断器的电流很大，熔体会产生过多的热量，足以使熔体熔断，起到过载或短路保护的作用。

（4）组合开关　组合开关又称转换开关，用于接通和分断及转换电路。在控制电路中，常用作电源总开关。常用的有无限位组合开关，如图 14-11 所示。

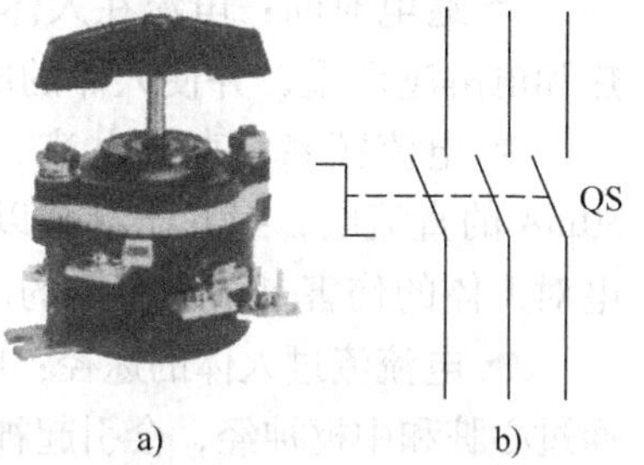

a)　　b)

图 14-11　组合开关

a）外形　b）符号

➤ 结构：动触头、静触头、速断装置、接线座、手柄、外壳等。

➤ 工作原理：开关的动触片和静触片分别装在数层成

形的胶木绝缘垫板内，动触片一起套在附有手柄的方形绝缘转轴上，当转轴转动时，便带动动触片与静触片接通或分离，达到接通和分断电路的目的。

5. 安全用电常识

（1）触电现象　人体因触及带电体而承受过高的电压，以致引起死亡或局部受伤的现象称为触电。触电可分为电击和电伤两种。

温馨提示

在现代化生产和生活中，电能起着很重要的作用，给人类造福不浅，但是，如果不能安全用电，将会发生人身触电或引发火灾等事故。

想一想

触　电

为什么有些人易受伤？有些人不易受伤？

小鸟歇在电线上为什么不触电？

电流从头部到身体任何部位及从左手经前胸到脚的途径是最危险的，其次是一侧手到另一侧脚的电流途径，再次是同侧的手到脚的电流途径，然后是手到手的电流途径，最后是脚到脚的电流途径。

为什么触电伤害程度是按该等级顺序排列的呢？请你想一想！

➤ 电击：是指因电流通过人体而使内部器官受伤的现象，这是最危险的触电事故。

➤ 电伤：是指人体外部由于电弧灼伤、电的烙印或熔化的金属渗入皮肤（称皮肤金属化）等造成的伤害现象。

（2）决定电流对人体伤害程度的主要因素

➤ 电流大小：电流是危害人体的直接因素，当通过人体的电流在 30mA 以上时，就会产生呼吸困难，肌肉痉挛，甚至死亡。一般认为 30mA 以下为安全电流。

➤ 人体电阻：触电通过人体的电流值取决于作用到人体的电压和人体的电阻值。一般人体电阻为 1000Ω 左右，与触电部分的皮肤表面状态、接触面积及身体状况等有关。

➤ 触电电压：电压越高对人体的危险越大。一般人体电阻均为 1000Ω，允许通过人体的电流可为 36mA，因此，规定 36V 以下电压为安全电压。在金属架或潮湿环境，安全电压等级还要降低，应选用 24V 或 12V。

➤ 通电时间：电流在人体内持续的时间越长，电流的热效应和化学电解效应使人体发热和电解越严重，并使人体的电阻减小，使流过人体的电流逐渐增大，伤害越来越大。

➤ 电流频率：直流电流、高频和超高频电流对人体的伤害程度较小。如人体能耐受 50mA 的直流电，对几千赫兹以上的交流电也有较大的耐受能力，而 50～60Hz 的工频交流电对人体的伤害是最为严重的。

➤ 电流流过人体的途径：电流通过头部，会使人立即昏迷；通过脊髓，会使人肢体瘫痪；通过心脏和中枢神经，会引起神经失常、心脏停跳、呼吸停止、血液循环中断，造成死亡。

（3）触电方式

➤ 单相触电如图 14-12a 所示。在我国低压三相四线制供电系统中，电源变压器低压侧的中性点一般有良好的工作接地，因此，人站在地上触及三相电源中的任何一根相线，就相当于人体一端与相线连接，另一端与零线连接，人体承受的电压为相电压，有较强的电流通过人体，造成单相触电。

➤ 两相触电如图 14-12b 所示，人体同时触及两根相线，人体承受的电压为线电压，强大的电流会通过人的心脏，后果严重。

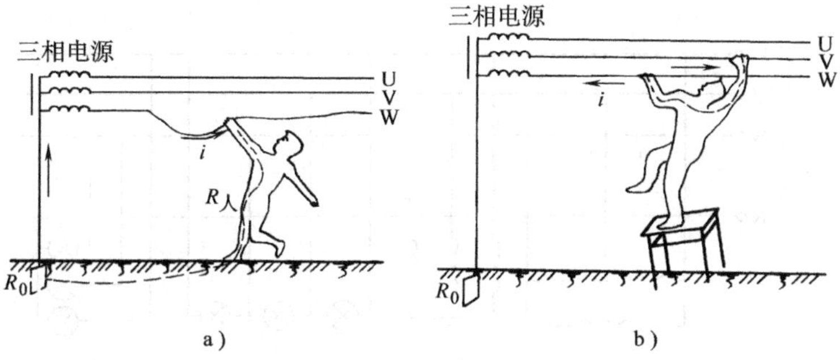

图 14-12 单相触电和两相触电

a）单相触电 b）两相触电

（4）安全用电防护措施 安全用电的原则是不接触低压带电体，不接近高压带电体。为防止发生触电事故，除应注意相线必须进开关，导线与熔丝选择合理外，还必须采取以下防护措施：

➤ 正确安装用电设备：电气设备要根据说明和要求正确安装，不可马虎从事，带电部分必须有防护罩或放到不易接触到的高处，必要时采用联锁装置，以防触电。

➤ 电气设备的保护接地：在正常情况下，将电气设备不带电的金属外壳或支架，用足够粗的导线与大地可靠地连接起来叫保护接地。保护接地适用于低压而中性线不接地的电气设备。采用了保护接地措施，若人体触及带电外壳时，人体与保护接地装置的电阻并联，人体电阻远大于接地电阻，电流几乎不通过人体，避免触电。

温馨提示

必须指出，在同一供电线路上，不允许一部分电气设备保护接地，另一部分电气设备保护接零。你知道为什么吗？

➤ 电气设备的保护接零：将电气设备不带电的金属外壳或支架，与供电系统的中性线连接，叫保护接零。保护接零适用于三相四线制中性线直接接地系统中的电气设备。保护接零后，如果电气设备某相绝缘损坏而漏电时，则该相短路，立即将该相的熔丝熔断或使其他保护电器动作，将电源切断，避免了触电事故的发生。

➤ 正确使用保护用具：保护用具是保证工作人员安全操作的工具。在使用手电钻等一些移动电器或安装、维修电器或电路时，必须严格遵守操作规程，并使用橡胶手套、绝缘鞋、绝缘钳、棒、垫等保护用具，不能赤脚或穿湿鞋站在潮湿的地面上使用。

优化训练

1. 指出题图 14-1 所示各负载的连接方式。

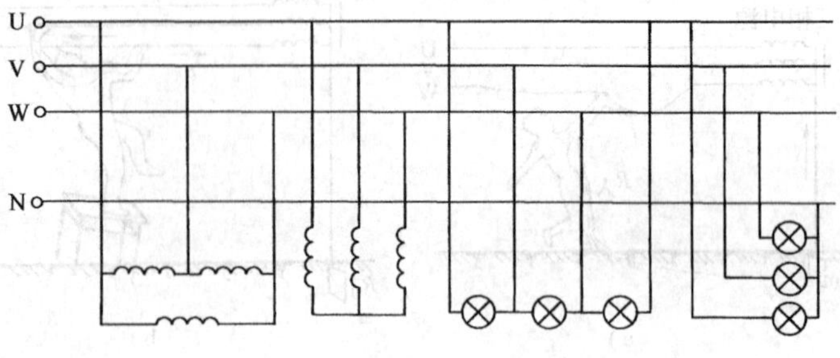

题图　14-1

2. 将三个阻值为 100Ω 的电阻作三角形联结后，接到线电压为 380V 的三相电源上，试画出电路图，并求相电流和线电流。

3. 如题图 14-2 所示，已知三相对称负载 $R_a = R_b = R_c = 10\Omega$，接到线电压为 380V 的三相对称电源上，试求各表读数。

4. 有一三相对称负载接在线电压为 380V 的电源上，每相负载的 $R = 16\Omega$，$X_L = 12\Omega$，试分别计算负载接成星形和三角形时相电流、线电流的大小。

5. 有一台相电压为 220V 的三相发电机和一组对称的三相负载。若负载的额定相电压为 380V，问此三相电源与三相负载如何连接（画图表示）。

6. 如题图 14-3 所示，对称三相负载接在线电压为 380V 的三相电源上，若 V 相断开，试求每个负载上的电压。

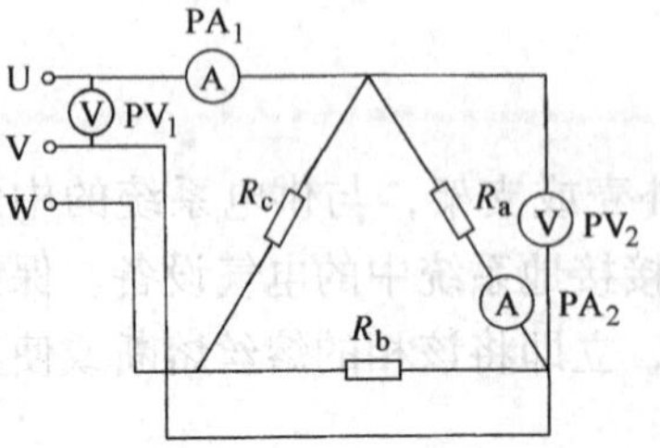

题图　14-2

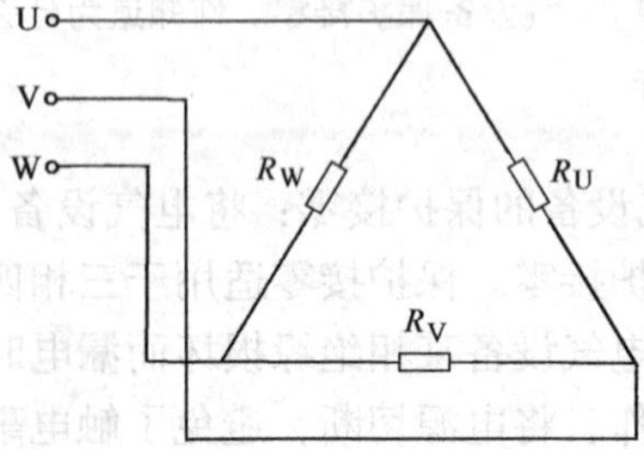

题图　14-3

7. 在线电压为 380V 的三相四线制电网中，接有三组电阻为 4Ω，感抗为 3Ω 的平衡负载。试分别计算负载作星形联结和三角形联结时的线电流、相电流及三相有功功率。

8. 一对称三相电感性负载，接于 $U_L=220V$ 的三相电源上，线电流 $I_L=5A$，负载的功率因数为0.8，求有功功率和无功功率。

9. 有一台三相电动机，定子绕组作三角形联结后，接在线电压为380V的三相四线制电源上，从电源所取用的功率 $P=5kW$，其功率因数 $\cos\varphi=0.76$，求相电流和线电流。如果将此电动机定子绕组改接成星形，仍接在上述电源上，那么此时的相电流、线电流和三相有功功率各是多少？

参考文献

[1] 章振周．电工基础［M］．北京：机械工业出版社，2004.
[2] 周绍敏．电工基础［M］．北京：高等教育出版社，2001.
[3] 机械工业职业技能鉴定指导中心．电工基础［M］．北京，机械工业出版社，1999.
[4] 刘志平．电工技术基础［M］．北京：高等教育出版社，1999.
[5] 覃斌．电工与电子技术基础［M］．北京：机械工业出版社，2004.